藏獒疾病防治与护理

主　编

尚清炎　叶得河

编著者

张　勇　李绪权

胡俊杰　范希萍

金盾出版社

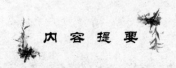

内容提要

本书详细介绍了藏獒养殖过程中常见传染病、寄生虫病、呼吸系统疾病、消化道疾病、泌尿器官疾病、生殖系统疾病、神经系统疾病、循环系统疾病、血液及造血系统疾病、内分泌系统疾病、营养代谢病、中毒病、皮肤病的诊断、防治与护理方法，以及藏獒常用外科手术及术后治疗与护理。内容科学实用，文字通俗易懂，适合广大藏獒养殖场（户）技术人员及农业院校相关专业师生阅读参考。

图书在版编目(CIP)数据

藏獒疾病防治与护理/尚清炎，叶得河主编 . —北京：金盾出版社，2014.3
ISBN 978-7-5082-8923-6

Ⅰ.①藏… Ⅱ.①尚…②叶… Ⅲ.①犬病—防治②犬病—护理 Ⅳ.①S858.292

中国版本图书馆 CIP 数据核字(2013)第 244078 号

金盾出版社出版、总发行
北京太平路 5 号(地铁万寿路站往南)
邮政编码：100036 电话：68214039 83219215
传真：68276683 网址：www.jdcbs.cn
封面印刷：北京精美彩色印刷有限公司
正文印刷：北京万博诚印刷有限公司
装订：北京万博诚印刷有限公司
各地新华书店经销
开本：850×1168 1/32 印张：11.5 字数：278 千字
2014 年 3 月第 1 版第 1 次印刷
印数：1～8 000 册 定价：23.00 元

前　言

　　藏獒是原产于青藏高原的古老大型犬种，属护卫犬，广泛分布在甘肃河曲、祁连山地区，青海玉树、果洛地区，西藏山南和藏北地区。按地域范围分为西藏型、青海型和河曲型，是唯一不惧暴力、忠于职守的护卫犬。随着藏獒养殖业的发展，这一古老犬种已走出高原，遍布全国各个地区。随着藏獒养殖热潮的兴起，藏獒的各种疾病严重威胁着这一珍稀物种。

　　本书详细介绍了藏獒在养殖中常见疾病的诊断与治疗方法，有些治疗方法已在临床上得到验证。本书由在临床上有着丰富经验的兽医根据多年治疗经验汇编而成，但在临床用药时要根据藏獒的体重、体质进行综合考虑。

　　本书侧重于中兽医在藏獒疾病上的应用，中兽医在内科病和传染病上的应用，取得了比单独应用西药治疗更好的疗效。而产科病的介绍则主要侧重于藏獒繁殖上常见疾病的诊断与治疗。

　　书中内科病防治与护理部分由尚清炎主编，外科病防治与护理部分由李绪权、范希萍编写，传染病和寄生虫病的防治与护理部分由叶得河编写，生殖系统疾病的防治与护理部分由张勇编写。疾病诊断部分由胡俊杰编写。

　　本书在编写过程中受到西北藏獒俱乐部、甘肃西北藏獒研究所、华荣獒园、兰州原生獒园、宁夏贺兰山獒园、宁夏长城玉獒缘獒园等单位和宁夏董少杰先生、陈焰先生和浙江甘瑞东先生的大力支持,在此对各单位及专家提供的帮助表示深深的谢意。

由于编写时间紧迫,笔者水平有限,书中错误、遗漏之处在所难免,敬请广大读者批评指正。

编著者

目　录

第一章　藏獒传染病的防治与护理

第一节　病毒性传染病的防治与护理

犬 瘟 热

犬瘟热是犬科动物易感的一种急性、热性传染病,临床上以双相热型、流脓性眼泪和脓性鼻液、咳嗽、支气管炎、胃肠炎、脑神经症状、后肢麻痹、硬足垫症、皮肤出现红点或疹块等为主要特征。

【病原与流行病学】　犬瘟热是由犬瘟热病毒(Canine distempe rvirus,CDV)引起,该病毒是一种 RNA 病毒,抵抗力不强,不耐热和干燥,对紫外线和有机溶剂敏感,常用的消毒药如酒精、乙醚、甲醛、来苏儿等均能将其杀死。病毒在 2℃～4℃条件下可存活数周,室温状况下可存活数天,60℃作用 1 小时可将病毒灭活,日光照射 14 小时能杀灭病毒。

本病传染性强、发病率高,传播广泛,世界各地都有流行,是危害藏獒养殖业最主要的传染病之一。

患病和带毒藏獒是本病的传染源,空气传播是主要的传播途径,也可通过眼泪、鼻液、唾液、尿液等传播。临床康复的患病藏獒,可长时间向外界排毒,应引起养獒者的重视。

犬瘟热的发生和流行具有明显的品种、年龄和季节性,纯种獒较易感,断奶至 1 岁的獒易感,初冬至早春寒冷季节易发生,并有每隔 2～3 年流行 1 次的周期性。

【临床症状】　患病藏獒首先表现为食欲欠佳,体温升高,精神沉郁,多数患病藏獒有上呼吸道感染症状,患病藏獒咳嗽、鼻孔流出水样分泌物,在1~2天内转为黏液脓性,排出脓性眼泪和脓性鼻液,角膜可发生溃疡、白内障和穿孔。肺部听诊呼吸音粗厉,伴有啰音,随着病程延长,患病藏獒可能继发肺炎、脑炎、肾炎和膀胱炎等。患病藏獒鼻镜干裂,足底变硬、龟裂,角质层开裂甚至出血,全身症状进一步加剧。血液学检查,病初可见白细胞总数减少、吞噬能力下降。有混合感染时,白细胞总数增多。

以消化道炎症为主的患病藏獒,往往出现食欲不振、呕吐、腹泻等症状,当胃肠出血时,病犬食欲废绝,厌食,排黏液便或黏血便,严重病例出现类似出血性胃肠炎的症状。

若在急性期病情未得到控制,患病藏獒往往在病后7~10天开始出现神经症状,主要表现为局部口唇、眼睑抽动,空嚼,流涎、口吐白沫,头顶部皮肤抽动,严重时牙关紧闭,倒地抽搐,四肢强直性伸直,呈癫痫样发作,持续时间不等,随着病情加重,抽搐症状越来越频繁,持续时间越来越长,预后多不良。有的患病藏獒呈现一肢或几肢抽搐或后躯麻痹。咀嚼肌群反复出现阵发性抽搐是犬瘟热常见的症状之一。大脑受损表现为癫痫、好动、转圈,精神异常。中脑、小脑前庭和延髓受损表现为步态异常和站立姿势的异常。脊髓受损表现为共济失调、反射的异常。脑膜受损后表现为颈部强直和感觉过敏的症状。

以皮肤症状为主的犬瘟热病獒,在体温升高的初期或疾病的末期于腹下或股内侧皮薄、毛稀少的部位出现米粒大至豆粒大的痘样疹,初为水疱样,后因细菌感染而发展成为脓性,最后干涸脱落。尚有少数患病藏獒的脚垫先表现为肿胀,最后呈过度增生、干燥、角化而形成硬脚掌病。经胎盘感染的幼犬,在出生1个月左右发病,出现神经症状,母犬不表现症状或症状轻微。妊娠期间感染犬瘟热病毒可出现流产、死胎和仔犬成活率下降等症状。

新生仔獒在永久齿长出之前感染犬瘟热病毒,可造成牙釉质严重损伤。小于 7 日龄的仔獒感染犬瘟热病毒引起心肌炎,临床上以呼吸困难、厌食、虚脱和虚弱为特征,病理剖检变化以心肌变性、坏死和机化作用为特征。

犬瘟热病毒对眼部的损害主要表现为眼睛突然失明,眼部肿胀变大,瞳孔反射消失。有时引起视网膜脱落,眼基底膜损伤、视网膜萎缩和瘢痕组织的形成,这主要是由于病毒侵害视神经和视网膜所致。

【病理变化】　犬瘟热病毒属于泛嗜性病毒,对上皮细胞具有亲和力,所以病变分布也十分广泛。新生仔獒主要表现为胸腺萎缩与胶样浸润,成年藏獒表现为结膜炎、鼻炎、气管炎、支气管炎和支气管肺炎。消化系统主要病变在肠道,主要为卡他性肠炎。有神经症状的藏獒可见中枢神经症状,表现脑膜充血、脑室扩张和脑水肿等引起的脑脊髓液增加的现象。鼻部和脚垫处皮肤增厚角化,甚至有的病例表现出脚垫龟裂。

【诊　断】　根据流行病学特点并结合临床症状可对本病做出初步诊断。由于本病的临床症状复杂多样,且又常与细菌、病毒混合感染或继发感染,从而使症状缺乏特征性。当患病藏獒出现高热,伴有卡他性炎症、结膜炎、鼻炎、巩膜红染和咳嗽等症状时,就应该考虑犬瘟热;出现神经症状、舞蹈症等即可诊断为犬瘟热。但最后确诊必须通过病毒学和血清学检查。

1. 病毒学检查　包括病毒分离、电镜观察及荧光抗体检测。

2. 血清学诊断　①中和抗体试验,中和抗体在感染后 6～9 天出现,30～40 天达到高峰。②补体结合试验,补体结合抗体可以在感染后 2～4 周至 2～4 个月检测出,此外,还可进行琼脂扩散试验。

3. 酶联免疫吸附试验(ELISA)诊断试剂盒诊断　可以快速、准确地诊断犬瘟热,具有方便快捷、准确率较高等优点。具体操作方法是:取试剂盒 1 个,用棉签蘸取患病藏獒鼻液、眼泪、唾液等分泌物(最好是采血后分离的血清)置入盛有稀释液的小瓶,混匀,用吸管吸取上述液体,滴入试剂板一端的凹槽内 4 滴,若为犬瘟热阳性,则在试剂板的 C 和 T(C 为对照线,T 为测试线)对应的位置出现 2 道红线;若为阴性,则仅在 C 对应的位置出现 1 道红线;若 C和 T 对应位置均不出现红线表明试剂板损坏。

4. 犬瘟热抗体快速诊断 采用犬瘟热快速诊断抗体试剂盒进行抗体水平检测。具体方法是:采取患病藏獒全血一小滴作为样品,放入盛有稀释液的样品管中搅匀,用吸管取上清液,在测试样品凹陷槽中滴入 4～5 滴,5～10 分钟即可观察结果。在检测区T 对应位置出现颜色很深的紫红线,同时在对照区 C1 和对照区C2 对应位置亦出现颜色较深的红线(C2＞C1),说明抗体水平高,患病藏獒预后良好;若在检测区 T 对应位置出现颜色较深的红线,同时在对照区 C1 和对照区 C2 对应位置亦出现颜色较深的红线(C2＞C1),说明抗体水平中等,患病藏獒预后不确定;若在检测区 T 对应位置不出现红线,仅在对照区 C1 和对照区 C2 对应位置出现颜色较深的红线(C2＞C1),说明抗体水平低,患病藏獒预后不良。

5. 包涵体检查 对患病藏獒进行鼻黏膜和眼结膜涂片,检查胞质内包涵体有一定的诊断意义。

另外,在临床诊断时,还要注意与弓形虫病、球虫病、蛔虫病、传染性肝炎、钩端螺旋体病等相鉴别。

弓形虫病除了有发热、厌食、运动失调、贫血、下痢症状外,尚有流产、早产症状。症状上同犬瘟热相似,剖检变化主要有脾脏肿大,肝脏、肺脏有坏死灶,脑组织有坏死性病变及神经角质细胞聚集形成的肉芽肿。肠道有溃疡和肠系膜淋巴结肿大病变。生前诊断主要通过实验室检查进行鉴别。

球虫病主要以顽固性厌食、血性下痢、消瘦为特征,临床上无双相热型变化;与犬瘟热的出血性胃肠炎症状相似;粪便检查有大量的卵囊,可与犬瘟热相鉴别。

蛔虫病病犬有时有抽搐症状,体躯消瘦、体温不高(或比正常偏高),有时出现黏液性血便、肠便秘或肠梗阻,血液检查可见白细胞分类计数常有嗜酸性粒细胞比例增高、红细胞总数偏低或贫血现象,粪便检查常见卵圆形的虫卵。有时呕吐吐出虫体。幼獒常以 20 日龄中消瘦、被毛粗乱、群体发生为主。

患犬传染性肝炎的病獒高热稽留,饮欲增加,鼻部、眼部流出水样液体,并有腹痛、呻吟,胸、腹皮下水肿,腹泻、呕吐等症状。最急性病例突然死亡,急性病例病死率常达 25%~40%。恢复期的藏獒常有眼部一过性角膜混浊而呈"蓝眼"病变;慢性期病例出现腹泻、便秘交替发生症状,发育停滞,轻度发热。特征性的病理变化常有胆囊壁增厚,其上附着纤维蛋白并出现血性腹水、肝脏肿大等变化。

钩端螺旋体病主要以黄疸出血型和肾炎型为主,前者主要症状有高热、呕吐、精神委靡不振、黏膜出血、黄疸、血便和尿液呈棕黄色等,严重病例出现高热、吐血、昏迷和全身组织器官衰竭症状。后者主要有少尿、无尿、黏膜黄染、体温升高、呕吐、厌食等症状。实验室检查血液、尿液以及死亡藏獒肝、肾组织,可检出钩端螺旋体。

【防　治】

1. 预防　养獒场购入新獒时,必须严格检疫,并进行隔离观察。

及时接种犬瘟热疫苗是预防本病的关键。目前广为应用的疫苗有犬瘟热、犬细小病毒病二联苗,犬瘟热、犬细小病毒病、狂犬病、副流感、犬传染性肝炎五联苗,五联苗加冠状病毒病六联苗及六联苗加钩端螺旋体病七联苗。进口二联苗一般在幼獒 28 日龄首次免疫,15 天后第二次免疫,15~30 天内进行第三次免疫;其他疫苗为 42 日龄后的幼獒首次免疫,15 天后第二次免疫,15~30 天内进行第三次免疫。

由于不同的幼獒其母源抗体水平不一,而母源抗体又是干扰疫苗发挥作用的一个主要因素。因此,当从场外新引进或本场不同窝的仔獒进行同时免疫时,应先将它们的抗体水平调整一致。为此,应先将仔獒于满月断奶时统一进行高免血清注射,10天后再注射1次,使其抗体水平一致,然后15天后进行疫苗接种,以2周间隔追加2次。当该地区发病较多时,应在3针疫苗注射之后,再追加1~2针犬瘟热单苗。当母獒抗体水平低或仔獒未吃到初乳时,可以在2周龄时就进行疫苗首次接种。

由于犬瘟热病毒与麻疹病毒之间存在密切的抗原关系,可以在仔獒1月龄时用麻疹疫苗免疫1次,剂量是每犬2.5头份,至12~16周龄时,再用犬瘟热疫苗免疫。

2. 治疗 犬瘟热发生后,早诊断、早治疗、合理用药是提高治愈率的关键,治疗的原则是抗病毒,提高免疫力,控制继发感染。建议采取如下措施。

第一,在感染初期,大量使用特异性抗血清,每千克体重2毫升。或免疫球蛋白,每千克体重0.2毫升。或犬瘟热单克隆抗体,每千克体重1毫升。并应用犬用干扰素,每千克体重10单位;聚肌胞,每千克体重1毫升;双黄连,每千克体重1毫升;病毒唑,每千克体重20毫克等,可明显增强患病藏獒抗病力。养獒场在发病初期对假定健康獒、无体温变化的獒紧急注射抗血清、免疫球蛋白或犬瘟热单克隆抗体也有一定的效果,但当临床症状明显或病情较重时,则显效缓慢或效果不明显,甚至无效。

第二,为有效控制继发感染,可同时选用广谱抗生素如丁胺卡那霉素或先锋霉素、氨苄西林、阿莫西林等治疗,如患病藏獒出现呕吐和腹泻,要禁水和禁食,并给予电解质平衡液。

第三,对症治疗,使用增强机体免疫功能的药物。早期应用维生素B_1,对控制神经症状的发生非常重要,对已经出现神经症状的病獒,治疗效果则不理想,预后不良。选用苯巴比妥、脑活素或脑神经生长因子、素高捷疗、磺胺嘧啶、维生素 B_1、甘露醇等,可以控制神经症状的发作与发展。

除采取上述综合治疗措施外,良好科学的护理对本病的康复也很重要。在治疗过程中,补充营养、保肝解毒、强心输液等措施也是治愈本病不可忽视的重要环节。

中药治疗可用大青叶和板蓝根各 15～30 克,金银花、连翘各 15 克,生石膏 30 克,煎服,每日 1 剂,分早、晚 2 次服用。舌苔腻、大便不干结者加藿香、佩兰 9 克;大便干结、舌苔黄腻者加生大黄、芒硝各 9 克;高热者重用生石膏,并加入知母 9 克、生甘草 5 克、水牛角 50 克;抽搐者加羚羊角 1.5 克;抽搐但体温不高时可用全蝎、蜈蚣、蝉蜕等,并加地龙、钩藤各 12 克,龙胆草 5 克。昏迷时加紫雪丹、安宫牛黄丸灌服。还可用金银花、杏仁、板蓝根各 10 克,生石膏 15 克(先煎),桔梗 10 克,蝉蜕 10 克,甘草 5 克,大青叶 5 克,连翘 8 克,薄荷 5 克(后入),桑白皮 10 克(为体重 10 千克藏獒 1 天的用药量),水煎服,每天 1 剂,分早、晚 2 次服用。对呼吸症状明显的犬瘟热病犬疗效较好。

【护　理】 首先应给予病獒一个干净、温暖、通风的环境,并注意患病藏獒眼部和鼻部的卫生。养獒场发生犬瘟热时,要进行獒场的消毒和对尚未发病的假定健康獒进行紧急预防注射。消毒可用 3％氢氧化钠溶液、5％来苏儿溶液、强力消毒灵等。紧急预防接种可用犬瘟热单克隆抗体和高免血清。对患病藏獒进行隔离,患病期间要对患病藏獒进行自身抗体的检测,对抗体效价低的藏獒在护理与治疗时应特别注意,一般在治疗中,抗体效价低下的藏獒预后和治愈率均不高,要提前告知犬主。此外,对患病藏獒的护理人员,尤其是要加强獒场饲养人员的隔离消毒,这是杜绝犬瘟热进一步发展的关键。特别提示的是即使恢复期的患病藏獒也可持续向周围环境排毒数周,所以要限制恢复期藏獒的活动区域,严禁无限制地在隔离区以外或健康藏獒活动区域内走动,以防止疫情扩大。痊愈后,藏獒可进入原犬舍。

对出现呕吐和腹泻的藏獒,要进行电解质的检测和补充,顽固不吃的或食欲低下的藏獒要进行白蛋白、氨基酸的补充。有呼吸困难的藏獒可进行氧气吸入疗法。给患病藏獒提供易消化食物以帮助其体质的恢复。

对出现中枢神经症状的藏獒,要进行细致的护理,尤其是要控制抽搐的发生。

一般在病毒性传染病发生时,要对犬舍和场地进行全面、彻底的清洁和消毒。清洁工作主要包括用机械方法清除患病藏獒的粪便、呕吐物和用去污剂、化学药品进行污染场地表面的清洗和冲洗。清除的物品如粪便等要用不漏水、密闭的容器运输并妥善处理。

清洁工作完毕后要进行冲洗、消毒,冲洗一般采用高压水枪进行。消毒可用物理(热、紫外线、高压)和化学(消毒剂)方法进行。将被污染的用具浸泡在消毒液中是一种错误的做法,正确的做法应该是手工将污染的污浊物擦去或将其浸泡在去污产品中。消毒剂要经过一段时间的作用方可达到满意的消毒效果,如环境温度降低时可以适当延长消毒的时间;消毒完毕要用清水冲洗,以去除表面的化学消毒剂。

门口消毒池或小毯子的清洁和消毒要将机械清扫和化学消毒结合起来,并经常更换消毒池中的消毒液。

细小病毒病

本病是近年来发病率较高的急性传染病,临床上以幼獒多发、患病藏獒发病突然、频繁呕吐、下痢、排血便、心肌炎、急性死亡为主要特征,是危害藏獒养殖业的重要传染病。本病现已遍布世界所有的养犬国家。

【病原与流行病学】　细小病毒（Canine parvovirus，CPV）属于细小病毒科、细小病毒属，是一种 DNA 病毒。病毒对心肌细胞、黏膜上皮细胞及骨髓干细胞具有亲和力，与猫泛白细胞减少症和水貂肠炎病毒抗原关系极为密切，并与它们能形成很强的交叉血凝抑制反应，用姬姆萨氏染色法染色，可以发现在感染细胞中出现嗜酸性核内包涵体。

细小病毒对多种理化因素和常用消毒药如酒精、碘酊等具有较强的抵抗力，在 4℃～10℃条件下能存活 180 天，在室温条件下能存活 90 天，在粪便中可存活数月至数年，但对甲醛、紫外线、氧化剂和次氯酸钠敏感。

每年的春、夏之际为发病盛期，纯种獒最易感。2～5 月龄幼獒发病率最高，病死率也最高。1 月龄仔獒基本不感染本病，主要因为母獒通过胎盘和初乳将母源抗体传递给仔獒，使仔獒获得 6～8 周的被动免疫。

发病獒和带毒獒为主要传染源，病毒由感染獒的粪便、尿液、呕吐物、唾液中排出，通过污染的食物、垫料、工具和周围环境，经消化道传染易感獒。康复期藏獒可能长期带毒。

【临床症状】　本病多发生于 3～4 月龄的幼獒，主要表现为急性肠炎或急性出血性胃肠炎，并伴发心肌炎症状。患病藏獒首先表现食欲不振或厌食，体温升高，以后迅速发展成为频繁的呕吐和剧烈腹泻，粪便最初为黄色或灰黄色，粪便表面附有多量黏液或假膜，随后排出番茄汁样或洗肉水样的气味极腥臭的血便。患病藏獒精神沉郁，全身乏力，嗜睡，迅速消瘦，视力模糊，可视黏膜苍白，眼球下陷，皮肤弹性降低。口、鼻发凉，精神高度沉郁并且昏睡，有时静脉注射时血管的充盈度降低。心脏听诊心音弱，频率加快，心律失常或伴有心内杂音，幼獒常因心力衰竭而突然死亡。心肌炎性的发病藏獒常出现充血性心力衰竭，病獒常出现可视黏膜发绀、呻吟、呼吸困难等症状，一般几小时内死亡或于输液治疗中突然死亡。

【病理变化】

1. 肠炎型 自然死亡的病獒极度脱水,尸体消瘦,被毛污浊,腹部卷缩,眼球下陷,可视黏膜苍白,肛门周围附有血样、腥臭的稀便,有的像番茄汤样。有的患病藏獒口腔、鼻腔中流出白色水样黏液,血液黏稠呈暗红色。消化系统病变以空肠、回肠病变最为严重,内含有酱油样恶臭的分泌物,肠壁增厚,黏膜下水肿,黏膜弥漫性或呈斑点状充血、出血。大肠内容物稀软,呈酱油色,恶臭,黏膜肿胀,表面有针尖大小的散在的出血点。结肠系膜淋巴结肿胀、充血。

2. 心肌炎型 肺脏水肿,局部充血、出血,呈斑驳状,浆膜有出血斑点。心脏扩张,左侧房室松弛,心肌和心内膜有非化脓性坏死灶,心肌纤维严重损伤,可见有出血斑点。心肌出现黄色条纹状的坏死灶。

【诊　断】 主要根据流行病学特点、临床症状、病毒学检测、血液与血清学检查进行诊断。

1. 病毒检测 取患病藏獒粪便样品,氯仿处理后低速离心,取上清液进行复染后,用电子显微镜观察可发现特征性的细小病毒即可确诊。

2. 血液学检测 由于病毒感染,导致患病藏獒的白细胞数量明显下降,发病 4～5 天时白细胞数降至 2 000～3 000 个/毫米^3。此外,由于脱水而导致红细胞压积值升高至 50%～70%。

3. 犬细小病毒抗原快速诊断 采用犬细小病毒快速诊断抗原试剂盒进行检测。具体方法是:用棉签由肛门采取患病藏獒粪便作为样品,放入装有稀释液的样品管中搅匀,用吸管取上清液,在测试样品凹槽中滴入 4～5 滴,5～10 分钟即可观察结果。在检测区 T 对应位置和对照区 C 对应位置分别出现 1 条紫红色线时判为阳性,诊断为细小病毒病;仅在对照区 C 对应位置出现 1 条紫红色线时判为阴性,不属于细小病毒病;若在检测区 T 对应位置和对照区 C 对应位置均无红线,则表示该试纸已经失效。

4. 犬细小病毒抗体快速诊断 采用犬细小病毒快速诊断抗体试剂盒进行检测。具体方法是:采取患病藏獒全血一小滴作为样品,放入装有稀释液的样品管中搅匀,用吸管取上清液,在测试样品凹槽中滴入 4～5 滴,5～10 分钟即可观察结果。在检测区 T 对应位置出现颜色很深的紫红线,同时在对照区 C1 和对照区 C2 对应位置亦出现颜色较深的红线(C2＞C1),说明抗体水平高,患病藏獒预后良好;若在检测区 T 对应位置出现颜色较深的红线,同时在对照区 C1 和对照区 C2 对应位置亦出现颜色较深的红线(C2＞C1),说明抗体水平中等,患病藏獒预后不确定;若在检测区 T 对应位置不出现红线,仅在对照区 C1 和对照区 C2 对应位置出现颜色较深的红线(C2＞C1),说明抗体水平低,患病藏獒预后不良。

5. 病理剖检变化 最明显的剖检变化是空肠和回肠黏膜出血、脱落,肠内容物中含有大量血液,肠系膜淋巴结呈暗红色、肿大。心肌松软,有黄色斑块状的变性坏死灶。

【防　治】

1. 预防 本病的预防主要通过隔离病犬、切断传播途径和免疫接种三方面综合进行。控制本病的根本措施一是进行有效的免疫预防,及时接种犬细小病毒疫苗是预防本病的关键,目前广为应用的疫苗有犬瘟热、犬细小病毒病二联苗,犬瘟热、犬细小病毒病、狂犬病、副流感、犬传染性肝炎五联苗,五联苗加冠状病毒病六联苗及六联苗加钩端螺旋体病七联苗。二联苗一般在幼獒 28 日龄首次免疫,15 天后第二次免疫,15～30 天内第三次免疫。其他疫苗为 42 日龄后的幼獒首次免疫,15 天后第二次免疫,15～30 天内第三次免疫。二是经常性对獒舍进行消毒,可以选用的消毒药有百毒杀、碘王、甲醛、氧化剂、次氯酸钠等。也可用紫外线灯对獒舍消毒,注意紫外线照射期间,人和獒不能留在照射房间,以防紫外线对人和藏獒造成伤害。患细小病毒的藏獒要进行严密的隔离,患病獒的分泌物、呕吐物要妥善处理,治疗人员和护理人员禁止进入健康犬饲养区。

2. 治疗　本病的治疗原则主要是抗病毒、止吐、止血、强心补液、抗菌消炎,及时、正确地补足有效循环血量,平衡电解质和纠正酸中毒,控制感染及抗体治疗极为重要。早期应用高免血清或免疫球蛋白在治疗本病上也具有重要作用。根据病情果断采取早期禁食,适时维护心肺功能,增强机体抵抗力等措施也不容忽视。具体治疗方法如下。

(1)特异性药物免疫增强疗法　在感染初期,治疗时尽早大剂量静脉注射犬细小病毒单克隆抗体(每千克体重1毫升)或犬细小病毒血清(每千克体重2毫升),同时肌内注射免疫球蛋白,每千克体重0.2毫升。该疗法连续应用4～5天。

(2)控制胃肠道感染　要早期应用抗菌药物,选择广谱、高效、副作用小的抗生素如庆大霉素、小诺霉素、氨苄西林、恩诺沙星、氟苯尼考、甲硝唑、青霉素、链霉素、拜有利等。

(3)止吐、止血　当严重呕吐时,可以投给止吐药物,如爱茂尔、甲氧氯普胺(胃复安)、维生素 B_6 等,止血药物可选择止血敏、维生素 K_3、氨甲苯酸,对名贵獒可选用立止血等。必要时进行输血治疗。中药白头翁散、云南白药均对肠道出血有一定的疗效。

(4)强心补液　主要包括合理补液、补充电解质和维生素 C 等,多选用5％葡萄糖注射液、5％糖盐水、10％葡萄糖注射液和复方氯化钠注射液、乳酸林格氏液等,补液总量每千克体重40毫升,静脉注射速度控制在每小时150毫升以内,补液速度不能过快。对于患心肌炎的病犬,可以投给高能物质如三磷酸腺苷、肌苷、细胞色素 C 等,以供给心肌能量,并通过静脉或肌内多次应用参麦注射液,对治疗心肌炎有较好效果。

(5)中药治疗　对于呕吐症状较轻和无呕吐症状的患病藏獒,方用白头翁汤和黄连解毒汤加味,体重10千克藏獒1天药量:白头翁10克,秦皮6克,黄柏6克,黄连3克,赤芍10克,栀子6克,仙鹤草10克,乌梅10克,葛根10克。水煎服,每天1剂,分早、晚2次服用,连用4~5天。对严重呕吐病例,可通过直肠灌注上述中药。

【护　理】　细小病毒病的治疗费用比较昂贵,在临床上发生败血性休克和出血性腹泻的藏獒预后较差,康复藏獒可给予易消化、低脂肪、低纤维的犬粮,如米饭和鸡肉,每日1~3次,也可用专为胃肠炎病犬设计的专用犬粮。患心肌炎的藏獒需长期治疗,但预后要比肠炎型的差。

患病藏獒出现呕吐时,要禁食、禁水。反复呕吐和腹泻的藏獒要进行电解质和氯化钾的支持疗法。同时,进行全血血浆或高免血清的补充。患病期间检测电解质和血浆蛋白的水平,并及时调整用药。由于心肌炎型病变为渐进性的,预后均不良好,护理和治疗时,要及时告知犬主,避免医患纠纷。

初生仔獒由于母獒初乳不足或因故未能吃入初乳,要直接进行血浆的补充,以维持抗体浓度5~6周,然后再进行疫苗注射。

发病后,紧急隔离患病藏獒,并对其环境和物品进行消毒,对饲养人员也要进行严格的隔离和消毒,妥善处理患病藏獒的呕吐物及粪便。常用的消毒步骤是先物理清除固体污物,用高压水枪冲洗圈舍地面和墙壁,然后用消毒液进行消毒,晾晒2小时左右后,再用清水冲洗1次。用具和食具根据其材质,用不同的方法进行消毒,或直接做焚毁处理。

冠状病毒性肠炎

本病是由冠状病毒(Canin coronavirus,CCV)所引起的病毒性传染病,临床上以频繁呕吐、腹泻或水样泻、血便、精神沉郁、厌食等为特征。

【病原与流行病学】 本病病原为犬冠状病毒,仅感染犬科动物,健康藏獒主要通过接触患病藏獒的呕吐物或粪便感染本病,不同年龄、性别、品种均可感染,幼獒的发病率和病死率均较高。

本病一年四季均可发生,但以冬季多发,常与细小病毒病、轮状病毒病混合感染;饲养密度过高、卫生条件差、气候突然改变及断奶、分窝等饲养管理条件的变化均能诱发本病。

冠状病毒对热及乙醚和氯仿敏感,易被甲醛、紫外线等灭活,但对酸和胰酶有较强的抵抗力。

患病藏獒和带毒藏獒是本病的传染源,病毒通过粪便被排出,污染饲养环境、食具、饲料和饮水,并经口传染给易感仔獒,主要通过舐舔等途径感染仔、幼獒,通过被带毒母犬污染的乳头和产舍可传染给新生仔犬。

【临床症状】 本病的潜伏期一般为1～3天,患病藏獒食欲减退或废绝,呕吐频繁,可持续数天不等,腹泻,病初多为糊状、水样泄泻,粪便由最初的灰白色逐步变为黄色、咖啡色,几天后转为血便,内含黏液和血液,患病藏獒精神沉郁、脱水、体重减轻;成年藏獒病死率低,幼獒则排出黄色或淡红色便,并多于24～36小时死亡。患病藏獒的体温在病初可升高,常见呕吐症状。腹泻时大多数幼犬的体温低于38℃且呕吐症状逐渐消失。急性肠炎的早期,听诊腹部常可发现肠蠕动音增强和液体的涌流声。后期由于肠麻痹而蠕动音消失,只能听到液体和气体的声音。早期腹围可能因肠道扩张而扩大,后期由于液体随粪便排出而腹围缩小。触诊腹部有时出现明显的疼痛。慢性肠炎时,通常出现软的稀便,有时出现较多黏液,常出现渐进性的消瘦,体重减轻,肌肉无力,嗜卧。出现酸中毒和电解质紊乱时,排尿量减少,尿液浓缩,患病藏獒饮水减少或饮欲降低。

【病理变化】 幼獒被毛粗乱,尸体消瘦,肛门及跗部出现粪污,皮肤因严重脱水而发硬,剖检时呈割革状。肠壁菲薄,肠管扩张,内有白色或黄绿色的稀便,肠黏膜充血、出血,肠系膜淋巴结肿大。

【诊　断】　根据临床症状可进行初步诊断,也可用酶联免疫吸附试验诊断试剂盒进行快速诊断,其操作方法是:取试剂盒1个,用棉签由直肠采取患病藏獒粪便,置入盛有稀释液的小瓶,混匀,用吸管吸取上述液体,并将其滴入到试剂板一端的凹槽内4滴,若为犬冠状病毒肠炎阳性,则在试剂板的C和T对应的位置出现2道红线(C为对照线,T为测试线);若为阴性,则仅在C对应的位置出现1道红线;若C和T对应位置均不出现红线表明试剂板损坏。

【防　治】

1. 预防　本病的预防以实施综合预防措施为主,用冠状病毒病疫苗进行预防注射,间隔3周再进行1次免疫,并每年进行加强免疫。獒场出现疫情时,要及时隔离患病藏獒并进行治疗,妥善处理患病藏獒的粪便和呕吐物。对患病动物的饲养场地、用具、运动场进行彻底消毒,常用消毒液有3%氢氧化钠溶液、1∶30漂白粉混悬液、10%草木灰溶液、强力消毒灵等。

2. 治疗　对本病的治疗原则是抗病毒、提高免疫力、强心补液、止呕、止血、控制继发感染。

早期静脉注射犬高免血清(每千克体重1毫升)或肌内注射免疫球蛋白,具有较好的治疗效果。

为制止呕吐,可选用犬吐停、维生素 B_6、爱茂尔、甲氧氯普胺、止吐灵、阿托品或颠茄酊等。

止血可应用酚磺乙胺、安络血、氨甲苯酸等,对于名贵藏獒,可选用进口药物立止血静脉注射。

为防止脱水,应及时补液,可应用复方氯化钠注射液,每千克体重30～40毫升,或用5%葡萄糖注射液配合使用双黄连(每千克体重 60 毫克或每千克体重 1 毫升)、病毒唑(每千克体重 10 毫克)等。为防止继发感染,可选用氨苄西林,每千克体重 10~20 毫克,静脉注射或肌内注射,每天 2 次。应用肠黏膜保护剂如次硝酸铋、次碳酸铋可缓解胃肠蠕动,减轻呕吐、腹泻症状,并对早期预防肠套叠具有重要意义。

另外,中药平胃散对本病有较好的疗效。

【护　理】　对患病藏獒进行紧急隔离,并对犬舍进行全面的消毒,妥善处理患病藏獒的粪便和呕吐物。

将患病藏獒安置在通风、保温良好的隔离病房,对呕吐消失的藏獒给予易消化、低脂肪的食物,同时给予口服补液盐进行电解质和葡萄糖的补充。必要时,在护理幼獒时最好有保温设备。由于肠黏膜的损伤,疾病在护理时要注意定时、定量地给予饮水和饲料,并在饲料中加入复合维生素 B 以促进肠绒毛上皮组织的恢复。严重厌食的藏獒可进行胃管插入,灌入流质食物。护理人员要固定,不得随意进入健康幼犬饲养区。

本病的确诊需要对粪便进行电子显微镜、免疫电子显微镜和反转录-聚合酶链式反应(RT-PCR)技术检查。

犬副流感病毒感染

犬副流感病毒(Canine parainfluenza virus,CPIV)感染是藏獒多发的主要呼吸道传染病,尤其参展獒多见本病,临床上主要以发热、流脓性鼻液和频繁打喷嚏、咳嗽为主要特点,病理变化主要表现为卡他性鼻炎和支气管炎。

【病原与流行病学】　本病病原为副流感病毒,是副黏病毒科、副黏病毒属的单股 RNA 病毒。

各种年龄、各种品种和不同性别的藏獒均可感染本病,但幼獒多发,且病情较重。

本病主要经呼吸道传染,急性期患病藏獒是最主要的传染源,本病发病突然,传播迅速。幼獒在环境突然改变、气候寒冷潮湿、合并饲养、过度拥挤、长途运输等应激状态下极易发病。本病常与支原体、细菌、其他病毒混合感染,使患病藏獒的病情加重,症状复杂化。

【临床症状】　突然发病,往往在几天之内獒场或参展的多数藏獒先后发病。患病藏獒体温升高,剧烈咳嗽,由鼻腔流出大量黏液性或黏液脓性鼻液。患病藏獒精神沉郁,食欲减退,干呕或做呕吐状,若不及时治疗,病程延长,病情加重,引起呼吸道重度感染,可造成死亡。少数病例出现后躯麻痹、运动障碍等症状。触诊喉部或气管能诱发咳嗽。

【病理变化】　病亡藏獒的病理剖检变化主要表现为卡他性鼻炎和支气管炎,并伴发结膜炎、扁桃体炎及肺脏点状出血、肺间质增宽等病变。死于神经症状的藏獒常出现脑室积水和脑脊髓炎症状。

【诊　断】　主要根据临床症状做出初步诊断,但本病的临床症状与犬瘟热很相似,可通过犬瘟热抗原诊断试剂盒检测和细胞培养等方法确诊,从患病藏獒分离犬副流感病毒,在细胞培养物上极易生长并可产生细胞病变。另外,副流感病毒具有红细胞吸附作用,可用于鉴定。此外,应用犬副流感病毒反转录-聚合酶链式反应技术检测,从患病藏獒的鼻液、咽部分泌物中检测到犬副流感病毒核酸片段即可明确诊断。

【防　治】

1. 预防　目前国内预防本病主要采用接种六联弱毒疫苗和五联疫苗。养獒场发生本病后,一定要加强隔离、消毒等措施。本病流行时要加强隔离,饲养人员禁止出入宠物交易市场、医院或犬展览会,以免带入本病。此外,加强犬场环境卫生和饲养管理,注意环境温度的控制,能减少本病的发生。

2. 治疗　本病的治疗主要以抗病毒、增强抵抗力、控制继发感染为原则。对患病藏獒可静脉滴注阿昔洛韦,每千克体重 10～20 毫克,或利巴韦林注射液,每千克体重 10～20 毫克,或磺胺嘧啶钠注射液,每千克体重 100 毫克。同时,应用干扰素(每千克体重 5 万单位)、双黄连(每千克体重 1 毫克)等。控制继发感染可选用抗生素、磺胺类药物和喹诺酮类药物等。中药治疗可肌内注射射干抗病毒注射液,每千克体重 0.1 毫升,每天 2 次,也有好的疗效。

【护　理】 将患病藏獒安置在良好的隔离病房,病房要求保温、通风和洁净,并供给充足的饮水和良好的营养。患病藏獒的用具、食具要进行消毒处理。

有条件的地区,可对患病藏獒进行雾化治疗,以改善其肺部通气状态和治疗反复发作的支气管炎,对患病 7 天以上的藏獒要进行肺部检查,以确定是否有肺部感染的情况。病情复杂的病例要进行支气管内冲洗并进行细胞学和支原体检查,培养并进行药物敏感实验以确定明确的治疗方案。

由于本病具有很高的传染性,故应避免病獒与其他健康藏獒接触。污染的区域要用消毒剂进行全面消毒。

养獒场在治疗本病时常见的错误是将犬放置在开放式犬舍进行治疗。由于各地气温变化和昼夜温差等条件的不同,易造成患病藏獒病情反复,迁延不愈,引起慢性支气管炎,这在护理上要引起充分重视。

犬腺病毒Ⅱ型感染

犬腺病毒(Canine adenovirus,CAV)Ⅱ型感染在临床上主要以持续性体温升高、频繁咳嗽、流浆液性或黏液性鼻液、扁桃体炎、喉气管炎或肺炎等症状为特点。本病又称为传染性喉支气管炎、犬窝咳。

【病原与流行病学】 犬腺病毒Ⅱ型(CAV-Ⅱ)属腺病毒科、哺乳病毒属,与Ⅰ型腺病毒的区别在于其只凝集人O型红细胞,不凝集豚鼠红细胞和兔红细胞。用犬腺病毒Ⅱ型A-26株免疫的藏獒,可有效产生对强毒獒传染性肝炎的免疫力。

本病主要通过呼吸道传播,患病藏獒是主要传染源,感染本病后可长期带毒,各种年龄、品种的藏獒均可感染本病,但以幼獒多发,且病死率也较高。可发生于任何季节,但以冬、春季多发。

本病传播速度很快,通常在2~3天内全场的犬只均可感染,发病前有去过宠物医院、犬展览会、旅行等病史。

【临床症状】 患病藏獒体温升高可达40℃左右,频繁咳嗽,尤其在运动或天凉时咳嗽加重,开始发病时流出浆液性或黏液性鼻液,以后进一步转化为黏液脓性鼻液,呼吸急促,精神沉郁,食欲减退,有些病例出现干呕、呕吐和腹泻症状。肺部听诊呼吸音粗厉,后期可听见啰音,若不及时治疗,最终因重度呼吸道感染而引起患病藏獒死亡。

【病理变化】 主要表现为扁桃体炎、喉气管炎、气管支气管炎、肺炎等,支气管淋巴结充血、出血,肺膨胀不全,充血实变,偶尔可见增生性腺瘤病灶。

【诊　断】 主要根据流行病学特点,结合临床症状和病理变化做出初步诊断,通过血清中和试验和血凝抑制试验可确诊本病。本病应注意与犬瘟热相鉴别。

犬瘟热的病死率较高,易发展为神经型。本病发病急,咳嗽剧烈,病理剖检可见肺脏有腺瘤样病变,而犬瘟热幼犬主要以胸腺萎缩病变为主。本病与犬瘟热的鉴别诊断主要以血清学鉴别为主。

【防　治】

1. 预防　预防本病的措施主要是定期接种犬腺病毒Ⅱ型疫苗,做好隔离、消毒等措施。

用商品化疫苗进行免疫注射或滴鼻,犬腺病毒Ⅱ型疫苗可以产生终身免疫。本病常与支气管博代氏杆菌混合感染,在商品疫

苗上通常使用博代氏杆菌疫苗进行滴鼻或注射免疫。一般在幼獒
4 周龄时进行鼻腔给药,每年加强免疫 1 次。母犬和幼獒可以同
时进行免疫。

对患病藏獒活动的场地要进行消毒处理,常用消毒液有次氯
酸钠、洗必泰或强力消毒灵等。患病藏獒要进行隔离治疗。

2. 治疗　养獒场发生本病后的治疗措施与副流感病毒感染
的治疗措施基本相同,患病轻微的可以在家进行治疗。患有严重
支气管炎或肺炎的病獒需要住院治疗。有肺炎症状和全身症状的
要使用抗生素治疗。

【护　理】　护理措施同副流感病毒感染。一般症状轻微的病
獒要及时给药,护理至少需要 2 周时间。症状较重的藏獒护理的
时间要长一些,尤其是肺炎病例,根据临床实践经验至少要 1.5 个
月的护理。护理时每周必须进行肺部的 X 线检查,直到痊愈为
止。隔离病房要通风、保温,避免过热或过冷,病房要及时清扫和
消毒,注意清扫时要将患病藏獒牵出隔离病房。

犬传染性肝炎

本病是由腺病毒(Canine adenovirus,CAV)Ⅰ型引起的一种
急性败血性接触性传染病,临床上主要以发热、角膜水肿(蓝眼
病)、黏膜充血、呕吐、虚脱、急性死亡、出血、腹部压痛等为主要特
征。

【病原与流行病学】　病原为Ⅰ型腺病毒,属腺病毒科、哺乳病
毒属,不耐热,但抗酸,病毒只有 1 个抗原型,与人的肝炎病毒型无
关。

患病藏獒或其他患病动物如犬、狐狸、带毒藏獒或其他带毒动
物及其各种分泌物和排泄物是本病的主要传染源,康复藏獒可长
期带毒,并通过尿液长期排出病毒(可达 280 天),是易被人们忽视
的危险传染源。

各种年龄的藏獒均可感染本病,主要通过消化道感染,其次是胎盘感染,最常发生于仔獒,新生仔獒感染后较少见到前驱期症状且病死率高,成年獒感染后症状较轻,死亡率低。本病一年四季均可发生。

【临床症状】 易感藏獒与患病藏獒自然接触后通常6~9天表现病状,病程较犬瘟热短得多。

最早出现的症状为体温升高至40℃以上,持续1~6天,呈稽留热型,体温曲线呈现马鞍形。

最急性病例在出现呕吐、腹痛、腹泻症状后数小时内死亡,多数病例出现剑状软骨部位的腹痛,很少出现黄疸症状。

急性病例精神沉郁,寒战怕冷,体温40.5℃左右,食欲废绝,喜饮水,有狂饮、呕吐、腹泻等症状。

亚急性病例症状轻微,主要表现贫血、可视黏膜出现不同程度的黄疸、咽炎、扁桃体炎、淋巴结肿大等症状。特征性症状是角膜水肿、混浊、变蓝,故称为蓝眼病。角膜混浊,羞明流泪,眼半闭,并伴随有大量浆液性分泌物流出,严重病例可造成角膜穿孔,恢复期混浊的角膜由四周向中心缓慢消退,也可以自愈。凝血时间和病情的严重程度有关,如有出血,往往流血不止,很难控制,这类病例预后不良。重症藏獒可因脑干出血而出现抽搐、惊厥等神经症状。具有低水平抗体的藏獒感染后也可以发展为慢性肝炎,有时与犬瘟热病毒并发感染使病情更加复杂。

【病理变化】 主要表现为全身性败血症变化,浆膜、黏膜和实质器官有斑点状出血,扁桃体、浅表淋巴结和颈部皮下组织水肿、出血,肝脏肿大或不肿大,呈斑驳状,表面有纤维素附着。胆囊壁增厚水肿、出血,部分剖检病例水肿的胆囊壁上出现出血点,胆囊黏膜有纤维素沉着。脾脏肿大、充血,肾脏出血、皮质区坏死,肠系膜淋巴结充血、肿大,腹腔中充满积液,积液中混有血液和纤维蛋白,遇空气易凝结,腹腔脏器表面常有沉着的纤维蛋白。中脑和脑干后部呈两侧对称性出血。肺脏有不同程度的硬变。

【诊　断】　一般可依据流行病学、临床症状、病理变化做出初步诊断,血常规变化主要可见白细胞减少。也可用传染性肝炎抗原诊断试剂盒进行快速诊断,确诊需做病原分离和血清学诊断。

1. 病毒分离与鉴定　可采取患病藏獒血液、扁桃体或肝脏、脾脏等材料,处理后接种犬肾原代细胞或传代细胞,随后可用血凝抑制试验或免疫荧光试验检测细胞培养物中的病毒抗原。

2. 血凝和血凝抑制试验　急性或亚急性传染性肝炎患病藏獒肝脏中含有大量病毒粒子,根据犬腺病毒Ⅰ型可凝集人O型红细胞,且此种凝集作用既可被犬腺病毒Ⅰ型血清抑制,又可被犬腺病毒Ⅱ型血清所增强的原理建立的传染性肝炎(ICH)血清学诊断方法,既可通过检测病料中的血凝抗原对急性病例做出临床诊断,也可通过血清中血凝抑制抗体检查进行免疫力测定和流行病学调查。

3. 鉴别诊断　本病应与犬瘟热、钩端螺旋体病、鼠药中毒、附红细胞体病等进行鉴别。

犬瘟热的热型为双相稽留热,并有呼吸系统和结膜的症状,剖检犬瘟热病犬无特征性的肝脏和胆囊病变及血性腹腔渗出变化,组织学检查犬瘟热病犬可见细胞核和胞质内有包涵体,而传染性肝炎病犬则仅见核内包涵体。

钩端螺旋体病具有明显的黄疸症状,无呼吸系统和结膜的炎症,检查病原体为钩端螺旋体。

鼠药中毒常是群发性,偶见个体中毒,常有呕吐、腹痛、腹泻和神经系统症状。根据鼠药的种类不同,血液常规检查时有血凝时间延长的症状。

附红细胞体病病犬通常有食欲减退、厌食、衰弱、黄疸、血红蛋白尿等症状,血液常规检查可见红细胞周围附着许多附红细胞体。用红细胞与生理盐水等量混合后做悬滴液的镜检可发现红细胞呈布朗运动状态。

【防治】

1. 预防　定期进行免疫接种是预防本病的有效措施,国外已成功应用甲醛灭活疫苗或弱毒疫苗进行免疫接种,国内多使用国产五联苗或六联苗进行预防接种。对患病藏獒要进行隔离治疗,并对其居住的犬舍、用具进行彻底的消毒。外地购进的藏獒要加强检疫,检疫合格后方可进入试验场地混群饲养。治疗中的或康复的藏獒要隔离饲养,不能与健康藏獒混群饲养。

2. 治疗　在发病早期及时静脉注射犬传染性肝炎高免血清,每千克体重 1～2 毫升,同时进行保肝解毒、防止继发感染等对症治疗措施,可有效控制病情。通常静脉注射葡萄糖及三磷酸腺苷、肌苷、辅酶 A、细胞色素 C、肝泰乐等,对保肝具有较好效果。对于患角膜混浊的藏獒,应用 0.5％利多卡因和氯霉素眼药水交替点眼,效果较好。为防止继发感染,可应用广谱抗生素。抗病毒药物疗法可选用干扰素(每千克体重 10 单位)、免疫球蛋白(每千克体重 0.2 毫升)、利巴韦林(每千克体重 20 毫克)等。

【护理】　患病藏獒在发病期间,要进行生化项目的检测和血液学检测,尤其是肝性脑病和弥散性血管内凝血的发生,其监护显得十分必要。给予患病藏獒充足的饮水和易消化的食物,对高热不退的藏獒,可采用人工物理降温。对患免疫介导性眼病的藏獒,可用皮质内固醇类激素药物治疗。对于慢性肝病的藏獒要进行长期治疗和血液生化检测,根据检测结果供给其处方犬粮,并进行对症治疗和护理。尤其注意的是即使是临床治愈的患病藏獒,由于长期向外排毒,也要进行隔离饲养,不能与健康藏獒合群饲养。

狂　犬　病

狂犬病(Rebies)俗称疯狗病,是由狂犬病毒(Rebies virus,

RV)引起的人和所有温血动物共患的急性、直接接触性人兽共患传染病。临床上以神经症状、兴奋、狂躁不安、主动攻击人和畜、意识丧失、麻痹、流涎、异嗜为特征。

【病原与流行病学】 狂犬病毒属弹状病毒科、狂犬病毒属。本病毒主要存在于患病动物的延髓、大脑皮质、海马角、小脑和脊髓中,唾液腺和唾液中也常含有大量病毒。

本病广泛分布于世界各地,所有温血动物均可感染本病,携带病毒的犬、猫是本病的主要传染源。

本病一年四季均可发生,春、夏季发病率稍高。主要通过舔、咬等直接接触感染;人、畜主要通过被患病犬咬伤、挠伤而感染。据观察,本病也可以通过呼吸道传播。其传播方式呈现链锁性,即一个接着一个以散发的形式出现。

【临床症状】 本病的潜伏期比较长,最短为8天,长的可达数月,潜伏期的长短主要取决于感染部位距神经中枢的距离、所感染病毒的毒力和数量以及机体的免疫状态。

临床上将本病分为狂暴型、麻痹型和顿挫型。典型的狂暴型病犬潜伏期一般为1～2天,初期主要表现为精神反常或烦躁不安,喜欢藏于暗处,举动反常,常伏卧在犬舍阴暗的角落或家具底下,呼之不出或出来后对主人比平时殷勤,喜欢摇尾、奔跑跳跃;有些病犬则表现为不安,在犬舍或运动场无目的地运动,喜欢突然立定向天空中吠叫,外界的轻微刺激如突然的声音、光线均可使其突然跃起或恐惧,食欲反常,对平时常吃的食物无兴趣,厌食,喜欢啃咬异物或粪便,唾液增多,性欲亢进,常舔舐自己或其他藏獒的性器官,吞咽食物时颈部伸展呈现喉部麻痹症状,后期对主人表现冷漠。

兴奋期一般3～6天,常由兴奋状态转变为癫狂状态,病犬常表现为疲劳,卧地不起,但时间不长又表现为亢进状态。不认主人,主动攻击人、畜,见东西就咬,甚至撕咬自己。常表现无目的地逃窜状态,一夜可奔走数十千米,并经常咬伤人、畜。患病藏獒意识障碍,有的病例见到或听到水流声,就引起癫狂性的发作,故又称之为恐水病。由于长期厌食,患病藏獒被毛粗乱、无光泽、体躯消瘦,叫声低微、沙哑,眼球下陷,瞳孔散大或缩小,目光凝滞,角膜干燥无光泽,下颌麻痹,口流泡沫甚至带有黏液,颈部和下颌部被毛污浊不堪。

麻痹期为1~2天,发病藏獒张口吐舌,咽肌麻痹,吞咽障碍,满口流涎,下颌下垂,舌头露出口外,行路摇摆,卧地不起,消瘦脱水,最终因全身衰竭和呼吸肌麻痹而死亡。

整个病程为5~9天,个别病例病程可达10天以上。

顿挫型的患病藏獒常不表现临床症状,但唾液和脑组织中含有病毒。

麻痹型的患病藏獒兴奋期和狂暴期很短或临床上症状表现轻微,很快进入麻痹期,主要表现为喉头、下颌和后肢麻痹,呼吸困难或吞咽障碍,流涎,张口,舌伸出,恐水,经2~4天后死亡。

人患狂犬病多由于被患病藏獒咬伤所致。病初表现为头疼、乏力、不振、恶心、呕吐。被咬伤的部位发痒、有蚁行感,多泪、流涎、出汗。有时咬肌和咽肌痉挛,恐水。有时也出现狂暴而不能自制,通常在发病后4~6天因全身麻痹而死亡。

【诊　断】　典型病例根据临床症状、结合咬伤病史,做出初步诊断,再通过组织病理学、荧光抗体法、病原分离培养等确诊。

本病有时要与伪狂犬病、急性脑炎、脑膜炎相鉴别,伪狂犬病病犬对人、畜无攻击性、无意识障碍,唾液有泡沫但下颌不麻痹,常见有突然死亡,流行特点常为散发。组织学检查内基氏小体呈阴性。

急性脑炎、脑膜炎病犬常出现高度兴奋状态,有时出现攻击人、畜的行为和咬癖,麻痹症状没有狂犬病典型。

【防　治】

1. 预防　本病的预防主要以疫苗接种为主,主要接种的动物是犬和猫,按要求对饲养的藏獒定期进行狂犬病疫苗的免疫接种是防治本病的关键。对于长期接触犬、猫的养殖人员、兽医要进行预防性的疫苗接种。因本病危及公共安全,一旦发病,要首先向上级主管部门报告疫情,对患病藏獒立即实施安乐死,并对尸体进行焚毁或深埋。对污染的环境进行彻底消毒,避免疫情扩大。对于接种狂犬病疫苗的藏獒,在免疫期内如果被患病藏獒咬伤,应进行彻底的清创手术,再进行疫苗的免疫接种,并在隔离条件下观察30 天。

2. 治疗 患病藏獒要立即扑杀,尸体焚烧并深埋。人被藏獒咬伤时,应立即用肥皂水或碳酸氢钠溶液彻底清洗伤口,充分挤出组织中的血液,然后涂上碘酊或酒精。注射免疫血清进行紧急的被动免疫,并按要求注射狂犬病疫苗(在咬伤后 24 小时内注射第一次,共注射 5 次)。

伪狂犬病

本病是由伪狂犬病病毒(Pseudorabies Virus,PRV)引起的人兽共患的一种急性传染病,临床上以体温升高、局部或全身奇痒及神经系统症状为主要特征。

【病原与流行病学】 伪狂犬病病毒属于疱疹病毒科,仅有 1个血清型,世界各地分离的不同毒株毒力有差异,同一毒株对不同动物的致病性有所不同,人也可感染本病,但一般不发生死亡。

本病毒对外界环境具有较强的抵抗力,但对甲醛、氢氧化钠、氯仿等消毒药和紫外线敏感。

各种动物包括野生动物均易感染本病,藏獒主要由于食用了死于本病的猪和牛、鼠的尸体感染本病,此外也可经皮肤伤口、呼吸道感染本病。

【临床症状】 本病潜伏期为 3～10 天,病初患病藏獒精神委顿,频繁舔舐皮肤受伤处,随后局部瘙痒,患病藏獒用爪搔面部、鼻部、耳部或肩部,造成局部溃烂、肿胀。随后患病藏獒躁动不安,对外界刺激敏感,并具攻击性,病犬撕咬各种物品,发痒时与其他犬只相斗,但绝不攻击主人。头部神经损伤的病例常见瞳孔大小不等、瞳孔散大、牙关禁闭和叫声异常。多数患病藏獒表现为颈部或口唇部肌肉震颤、呼吸困难、抽搐,多于6小时内死亡。

死亡患病藏獒剖检无特征性病变,主要表现为局部皮肤破溃,流出血液和组织液,或周围组织肿胀等,以腹侧和大腿部位较多。胃肠黏膜和脑膜有时充血,肺脏水肿。

【诊　断】　主要根据流行病学特点并结合临床症状进行,通过病毒分离、动物接种或病毒免疫荧光试验、血清学试验确诊本病。

【防　治】

1. 预防　适时接种伪狂犬病疫苗是防治本病的主要措施,可用猪的伪狂犬病疫苗进行滴鼻免疫。养獒场要避免藏獒食用死鼠、流产死亡的死猪仔等,避免与患有伪狂犬病的猪接触,不能饲喂生猪肉。加强环境消毒,加强养殖场防鼠设施的完善。

2. 治疗　本病治疗通常无效,患病藏獒常以死亡告终。

【护　理】　本病治愈率极低,患有本病的藏獒要进行安乐死处理。由于本病属于人兽共患病,在死尸处理的过程中,要注意个人防护,手臂部位有破损的人员要禁止接触死尸或污染的物品。

轮状病毒病

本病是由轮状病毒(Canine rotavirus,CRV)引起的以侵害新生仔獒为主的一种急性传染病,临床上以剧烈腹泻、脱水、末期体温低、循环障碍、急性死亡、冬季发生、排黏血便等为主要特征。

【病原与流行病学】　本病毒属呼肠病毒科、轮状病毒属,对乙醚、温度、胰酶和酸类消毒药不敏感,对猪和人红细胞具有较好的凝集作用。

本病主要感染仔獒,成年藏獒多呈隐性经过。患病藏獒和隐性带毒藏獒、患病和隐性感染的人是主要传染源,带毒粪便通过污染环境或食品用具,使健康藏獒感染。本病多发生于晚冬和早春季节,卫生条件差、管理不善的犬场,如合并其他病原体感染,可使病情加剧,死亡率增加。

【临床症状】 患病藏獒主要以幼犬为主,成年藏獒一般感染后症状较轻,多数成年藏獒一般不表现临床症状。患病幼獒主要表现为精神沉郁,食欲减退,不愿走动,一般先发生呕吐,然后腹泻,病初排黄绿色稀便,严重者出现黏液便和血便。因严重腹泻造成患病藏獒脱水,皮肤干燥,眼球下陷,由于腹泻导致大量电解质和水分丧失,引起代谢性酸中毒,造成患病藏獒循环障碍,致使心律失常,皮温与体温降低,甚至因衰竭而引起死亡。

【诊 断】 根据临床症状和流行病学特点,主要发病季节在冬、春季节的寒冷时期,多发生于幼獒,突然发生腹泻,发病率高且死亡率低,剖检变化多发生于小肠等可做出初步诊断,确诊需要进行实验室检查。

用腹泻死亡仔獒中分离的轮状病毒人工感染易感仔獒,于接种后 20～24 小时出现中度腹泻,采集培养 12～15 小时的粪便能分离出病毒。

还可应用电镜及免疫电镜、荧光抗体检查、中和试验、酶联免疫吸附试验等手段进行诊断。

本病应与单纯性消化不良、细小病毒病、犬瘟热、犬冠状病毒性肠炎、犬传染性肝炎相鉴别。

幼獒患消化不良性腹泻时,粪便中常有未消化的食物,有突然变更食物、更换食物加工人员、调配的饲料忽干忽湿没有规律等饲养史。因消化不良导致的病死率比轮状病毒病低。

细小病毒病肠炎型病犬常有呕吐、厌食和腹泻症状,粪便呈番茄酱色,或带有血液和黏液,气味特别腥臭,常感染 3 月龄以上的幼獒,病理解剖除了肠道有出血症状外,心肌炎型的病例心脏有心肌变性、坏死性病变;临床上表现为干咳、黏膜发绀、呻吟、呼吸困难、突发性心力衰竭等症状。

轮状病毒病的肠道病变主要在小肠,肠道轻度扩张,肠壁菲薄,肠内容物为黄绿色,严重时肠道出血,小肠黏膜脱落,肠内容物混有血液。哺乳期的仔獒和幼獒常感染,成年藏獒以隐性感染为主。

犬瘟热病犬高热稽留,体温为双相热型,呼吸道症状严重,有时出现出血性胃肠炎、厌食、呕吐以及神经症状,皮肤出现足垫增厚的症状。

犬传染性肝炎体温呈典型的马鞍形,高热,呻吟,有狂饮水症状,剑状软骨压痛明显,约1/4的病例出现一过性角膜肿胀、混浊的蓝眼病症状。病理剖检有肝脏肿大、质脆、切面隆起,胆囊壁增厚且出血,腹腔血性积液、遇空气易凝结等病变。

冠状病毒性肠炎主要以2周龄藏獒发病严重,病犬呕吐、持续性腹泻,体温一般低于正常体温,粪便由糊状至水样,呈绿色或黄绿色,严重时粪便中混有黏液或血液。

【防　治】

1. 预防　本病的预防主要以疫苗注射为主,间隔3～4周进行第二次疫苗接种,并每年进行加强免疫。及时给予初乳使仔獒获得免疫保护。鉴于目前无有效的轮状病毒病疫苗,加强饲养管理,采取综合性防疫措施,严格消毒饲养环境和用具,可降低发病率。

2. 治疗　本病的治疗应以强心补液、增强免疫力和防止继发感染为原则,主要采取如下措施。

(1)免疫增强剂疗法　可选用成年獒的血清静脉注射(每千克体重2毫升)或肌内注射(每千克体重1毫升),也可选用转移因子、胸腺肽、干扰素等注射给药。

（2）强心补液疗法　根据脱水程度和电解质失衡情况确定补液量及液体种类，补液总量控制在每千克体重 40～50 毫升。

（3）防止继发感染疗法　可应用氨苄西林（每千克体重 0.1克）或庆大霉素（每千克体重 3 千单位），每天 2 次，肌内注射；30%氟苯尼考注射液（每千克体重 0.1～0.2 毫升），每 2 天用药 1 次。

（4）中药治疗　藿香 9 克，紫苏 6 克，厚朴 9 克，陈皮 9 克，半夏 6 克，茯苓 9 克，桔梗 6 克，生姜 6 克，白芷 3 克，甘草 3 克。粪便中有黏液者，加入焦栀子 9 克、黄连 6 克；有血便者加白头翁 9克、炒黄柏 6 克、诃子 9 克、地榆 9 克；食欲不振者加山楂、麦芽、神曲各 9 克。加水煎至 200 毫升，成年藏獒每天 1 剂，连用 5 天，幼獒酌减。服药期间注意补充营养，避免酸中毒和脱水。

【护　理】　给患病仔獒提供温暖、通风良好的隔离病房进行治疗，并供给充足的饮水，饮水中可加入口服补液盐以纠正其脱水和电解质紊乱。在患病藏獒康复期间，给予易消化的食物，特别是以恢复肠道功能的食物为主。也可饲喂急性胃肠炎专用犬粮，并循序渐进地增加饲喂量，以帮助藏獒恢复。护理期间注意季节和天气变化，提前采取相应的措施，以免造成患病藏獒感冒或着凉。应用庆大霉素时要注意仔细称量仔獒的体重，严格掌握用药剂量，切不可用药量过大而造成耳聋后遗症。

犬疱疹病毒病

本病是由疱疹病毒（Canine herpesvirus，CHV）引起的仔犬急性、致死性传染病。

【病原与流行病学】　本病毒属疱疹病毒科、甲型疱疹病毒亚科，只有 1 个血清型，对温、热的抵抗力差。

小于 14 日龄的新生仔獒易感性最高，病死率亦高，患病藏獒和带毒獒通过唾液、鼻液和尿液向外界环境排毒，健康獒通过呼吸道、消化道和泌尿道感染本病，新生仔獒可经胎盘、阴道分泌物感染本病,也可通过仔犬互相舔舐接触而感染。

【临床症状】 2周龄的患病藏獒感染为致死性感染,最初精神不振,委靡,不愿爬动,腹泻,粪便呈黄绿色或绿色,有时恶臭,后期排水样便、呕吐、流涎、腹部压痛,发出持续性的痛苦叫声,食欲不振或废绝,呼吸促迫。仔獒常出现共济失调,角弓反张,四肢呈游泳状划动等神经症状。发病仔獒多在停止吮乳后3天内持续鸣叫而死亡。1周龄的患病藏獒常表现为突然死亡,没有明显的临床症状;日龄较大的犬感染耐过后,出现共济失调、转圈或眼睛失明症状。临床检查时病初体温不高,后期体温降低。

大于21日龄的幼獒主要表现为上呼吸道感染症状,主要以鼻炎和咽炎为主。患病藏獒流鼻液、打喷嚏、咳嗽、呼吸困难,在鼻黏膜表面可见广泛性斑点状出血。

成年母獒多表现流产、不孕及阴道黏膜弥漫性小疱状病变,公獒多表现阴茎炎和包皮炎。部分患病和康复藏獒表现有神经症状。

血液学变化包括血清谷丙转氨酶、心肌酶、碱性磷酸酶活性增高,血清白蛋白-球蛋白的比例增加,血小板减少,可提示出现弥散性血管内凝血。

【病理变化】 剖检可见肝脏、肾脏、肺脏、肾上腺、小肠等器官有点状出血,并有散在的多量针尖大至粟粒大的灰白色坏死灶,肾脏坏死灶和出血点的外观宛如麻雀蛋状。肺水肿、出血,支气管断端流出含气泡的血样液体。有非化脓性脑膜脑炎。

【诊 断】 主要根据临床症状、血液学变化、病理剖检做出初步诊断,通过病毒分离鉴定做出确诊。

本病易与犬传染性肝炎、犬瘟热相混淆。传染性肝炎具有血凝时间延长、胆囊肿大、胆囊壁增厚且表面附有纤维蛋白等症状,犬疱疹病毒病无以上变化,肾肿大且有点状或条纹状的出血和坏死,同样可与犬传染性肝炎、弓形虫病相鉴别。病死率极高和特征性病变、发病日龄等也可将本病与犬瘟热相鉴别。

【防　治】

1. 预防　目前尚无预防本病的疫苗,养獒场发生本病后,要加强隔离和消毒措施,防止疫情扩散,尤其在公獒和母獒配种季节要加强检疫,避免因配种而感染。

2. 治疗　本病的治疗原则是抗病毒、提高免疫力和环境温度,防止继发感染。

(1)抗病毒药物疗法　可选用吗啉胍,每千克体重 10 毫克,口服,每日 3 次。阿昔洛韦,每千克体重 100～200 毫克,口服,每日 4～5 次。

(2)免疫增强疗法　皮下或腹腔注射免疫球蛋白,每千克体重 2 毫升。或注射康复犬血清,每千克体重 2 毫升。

(3)防止继发感染疗法　可应用氨苄西林、庆大霉素、新霉素等口服治疗或注射给药。

另外,提高环境温度可使病毒丧失致病活性,可将患病藏獒置于保温箱等温度较高的环境中,有利于患病藏獒康复。

【护　理】　本病的护理是对 3 周龄前的患病仔獒进行保温,并提供充足的营养。据报道,仔獒保持体温和产窝温度在 37℃时,可有效阻止病毒增殖。保温时需要专用的仔獒保温箱,并注意其温、湿度。勿用过热的热水瓶、远红外线等进行温度的控制而忽略湿度的调节,使仔獒因脱水而衰竭。患本病的仔獒在治疗中,病死率很高。

第二节　细菌性传染病的防治与护理

犬钩端螺旋体病

犬钩端螺旋体病是犬、猫和人等多种动物共患的传染性疾病,

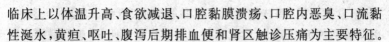

临床上以体温升高、食欲减退、口腔黏膜溃疡、口腔内恶臭、口流黏性涎水,黄疸、呕吐、腹泻后期排血便和肾区触诊压痛为主要特征。

【病原与流行病学】 本病由致病性钩端螺旋体引起,世界各地都有本病流行,几乎所有温血动物都可感染,一般7~10月份为流行高峰期,其他月份为个别散发。

鼠类和猪是钩端螺旋体病的主要传染源。主要经皮肤、黏膜尤其是损伤的皮肤和黏膜及消化道感染,也可经交配、人工授精、胎盘感染,吸血昆虫蝇、体虱、水蛭等的叮咬也能传播本病。犬多通过接触被钩端螺旋体污染的水源、土壤或食用污染食物、饮水而感染,也能因接触带菌畜禽的分泌物、排泄物、血液、内脏而感染。患病藏獒和带菌藏獒是危险的带菌者,可通过尿液长期间歇性向外界排菌,时间由数月至数年不等。

钩端螺旋体对外界理化物质的抵抗力比细菌弱,在水田、池塘、沼泽及淤泥中可生存数月或更长时间,对酸、碱、热、光线敏感,一般常用消毒药的常用浓度均易将其杀死。

【临床症状】 本病的潜伏期一般为5~12天。根据感染的钩端螺旋体的血清型不同,临床上一般分为急性出血型和黄疸型、亚急性肾炎型。

急性出血型和黄疸型病犬主要表现为精神委靡,呕吐,肌肉震颤,病初体温常高达41℃,眼部和口腔黏膜充血发红,严重时出血。患病藏獒呼吸次数增加,心跳加快,节律失常。多数病犬出现黄疸或血便,尿少且呈棕黄色。皮肤及黏膜黄染,且有出血斑点。后期病情较病初更为严重,食欲减退或废绝,黄疸逐渐加深,出血现象更加明显,有便血、咯血、呕血、子宫出血、皮肤及黏膜出血淤斑、牙龈部出血等症状。最急性病例常在无黄疸症状前出现高热和吐血症状,并很快发生昏迷、衰竭,然后出现黄疸症状。部分病例出现少尿、无尿症状,精神委靡,昏迷并伴有肝、肾衰竭的症状。

肾炎型的患病藏獒体温升高,可达39.5℃~40℃,精神沉郁,嗜睡,食欲减退,四肢无力。口腔黏膜充血、溃疡,口腔内恶臭,常由口唇两侧流出涎水,口色偏黄。初期症状不明显,患病藏獒出现食欲减退或废绝,以后逐渐发展为尿毒症,患病藏獒呕吐、食欲废绝、饮欲增加,精神不振,虚弱无力,腹泻后期排血便,少尿或无尿、脱水,肝脏损害时出现黄疸、食欲废绝,触诊腹部有疼痛反应,尿液呈黄褐色。黏膜出现淤斑和注射部位出现血斑,多在发病后5～7天死亡。

【病理变化】 剖检病变主要表现为黄疸、口腔黏膜、各个脏器的肿大和出血,消化道黏膜坏死,胸腹膜、膀胱黏膜、肠系膜、肠黏膜黄染且有点状出血或块状出血,肾脏点状出血,出血性肠炎,出血性淋巴结炎,肝、脾充血肿大、出血,胆囊充盈肿大。肾肿大或萎缩,切面或表面有灰白色的坏死灶和点状出血,肾盂出血。肺脏严重出血,气管切开流出大量暗黑色的血液。

【诊　断】 根据流行病学和临床症状有呕吐、厌食、高热、可视黏膜发黄、尿液呈黄棕色、少尿、无尿等可做出初步诊断,实验室检查可做出确诊。

在感染早期,白细胞减少,后期白细胞增加,核左移,血小板减少及贫血。血沉增加,凝血时间延长,由于肾脏和肝脏的炎症,血清尿素氮及肌酸酐和磷升高,谷丙转氨酶、碱性磷酸酶、总胆红素均升高。血浆总蛋白量减少,白蛋白、球蛋白比例倒置。

急性患病藏獒的尿沉渣中常有少量的蛋白质和管型,尿液中有红细胞、膀胱上皮和肾上皮细胞,严重病例有管型和脓细胞。同时,尿量减少,黄疸病例的尿液中胆红素、尿胆原同时增加。

粪便隐血检查阳性较多,有时粪便呈黑色或柏油样,发生严重黄疸时粪便的颜色变淡。

心电图常见各种心律失常、P-R 间期延长,QRS 低电压,T 波变低或倒置,R-T 段移位等。

在洁净试管中加入 1 毫升 10％柠檬酸钠溶液,采 10 毫升血,

1 000 转/分离心 10 分钟,吸取上层血浆,再以 4 000 转/分离心 90 分钟,取沉渣镜检,早期患病藏獒血液中存在钩端螺旋体。

【防　治】

1. 预防　主要措施是控制传染源,切断传播途径和保护易感动物。

老鼠、病犬、患病的猪是主要的传染源,平时要定期做好犬舍的灭鼠、防鼠工作,管理好患病藏獒和其他病畜,做好预防接种工作。对患病犬和猪进行隔离治疗,防止病原菌向外界散布。

在疫区及高危犬群中,要进行钩端螺旋体的疫苗接种工作。仔獒于 9 周龄首次接种钩端螺旋体病疫苗,11～12 周龄第二次接种,14～15 周龄第三次接种。

严格环境消毒,清理污染的水源及场地、饲料、用具等,防止随尿液排出的病原体污染水源、饲料。

注意养獒人员的个人防护,在疾病流行的地区,养獒场的人员要避免在疫水中游泳、捕鱼;饲养员、兽医以及藏獒的主人接触病獒时要戴胶皮手套,以防止皮肤感染。

2. 治疗　本病的治疗原则是杀灭病原体和对症治疗。

青霉素是治疗钩端螺旋体病的首选药物,每千克体重 10 万单位,肌内注射,每天 2 次,连用 5 天。为杀灭肾脏中的病原体,可同时选用链霉素,每千克体重 1 万单位,肌内注射,每天 2 次,连用 5 天。四环素,每千克体重 10 毫克,口服,每日 2～3 次。对于高热病獒,可用苯巴比妥钠、地西泮(安定)等药物和物理降温、镇静。体温超过 40℃以上、毒血症严重、缺氧造成脑水肿、肺弥漫性出血的患病藏獒,可应用肾上腺皮质激素如氢化可的松、地塞米松等药物治疗,疗程一般以 3～5 天为宜。

出现尿毒症时,应用 5% 或 10% 葡萄糖注射液静脉滴注,同时应用呋塞米肌内注射,每千克体重 2～4 毫克,每日 2 次。或口服呋塞米,每千克体重 0.25～0.5 毫克,每日 3 次。若配合使用安体舒通,每千克体重1～2毫克,口服,每日2次,效果更好。

肝功能不良的藏獒,可选用维生素 B_1 200～400 毫克/千克体重、维生素 B_{12} 0.2～0.4 毫克/千克体重,肌内注射;三磷酸腺苷、肌苷、辅酶 A 肌内或静脉注射,每日 1 次。

本病属温邪疫毒,中药治疗宜清热解毒、祛湿凉血,可用银翘白虎汤加减治疗。

【护　理】　患病藏獒进行单独的隔离护理,护理期间经常对治疗的藏獒进行血液生化和尿常规的检测,对肝功能和肾功能损伤引起的脱水、电解质紊乱等情况进行相应的处理,同时提供处方犬粮进行营养供给。早期的患病藏獒要给予高热量、富含 B 族维生素、维生素 C 和易消化吸收的流质食物。

对于病犬排泄的分泌物、尿液、粪便最好用生石灰、漂白粉进行处理。治疗和护理人员要注意个人防护,尤其在处理排泄物时,要穿戴长筒靴和胶皮手套,以保护皮肤不受感染。与病原体接触的兽医、养殖人员、实验室检验人员,应进行多价灭活疫苗的免疫接种,避免感染本病。

本病在治疗时,要注意青霉素产生的赫氏反应,一般在用药30 分钟后,由于钩端螺旋体被大量杀灭,产生毒素,引起藏獒突然高热、震颤、心率和呼吸加快,使原有症状加重,同时伴有休克、体温下降,四肢冰冷等症状,严重时可导致患病藏獒死亡。发生赫氏反应时,要立即静脉滴注氢化可的松 300 毫克,并采用抗休克、镇静等疗法。

沙门氏菌病

本病是由沙门氏菌引起的多种动物和人共患的人兽共患传染病,临床上以发热、腹泻、腹痛、血便、脱水为主要特征。幼龄藏獒多发,主要表现为肠炎和败血症。

【病原与流行病学】　病原为沙门氏菌属(Salmonella)的鼠伤

寒沙门氏菌、肠炎沙门氏菌、亚利桑那沙门氏菌、猪霍乱沙门氏菌等,菌体呈两端钝圆的杆状,能够产生毒力较强的内毒素,可引起机体发热、黏膜出血、中毒性休克以至死亡。

人和各种动物均易感染本病,带菌和患病藏獒的粪便污染饲料、饮水、用具及环境后,健康藏獒通过消化道和呼吸道感染本病。没有煮透的或不合理加工的已感染沙门氏菌的牛、羊、猪、禽类肉食品和副产品也是感染的潜在来源。

任何年龄和季节均可发病,但多发生于3~8月龄的幼獒,长途运输、阴雨潮湿、环境卫生差及饥饿等因素能够诱发本病。在医院治疗时,经污染的器械感染也可引起本病。

【临床症状】 患病藏獒精神沉郁,体温升高,厌食,体温升高达40℃~41℃,不安,迅速出现急性胃肠炎或急性出血性胃肠炎症状,频繁呕吐和腹泻,发病初期排出米汤样稀糊状粪便,若病情未得到控制,后期则排出腥臭血便,患病藏獒全身乏力,嗜睡,迅速消瘦,脱水,可视黏膜苍白,眼球下陷,皮肤弹性降低。

妊娠母獒感染后常发生流产或死胎,初生仔獒体弱、消瘦。感染本病的患病藏獒还可出现肺炎,表现为咳嗽、呼吸困难及鼻出血。心脏听诊心音弱,频率加快,心律失常或伴有心内杂音,若不及时治疗,最终因脱水和心力衰竭死亡。

血常规检查可发现白细胞总数增多,核左移,血红蛋白含量升高。

【病理变化】 病理剖检的主要变化是尸僵不全,黏膜苍白,胃肠黏膜水肿、淤血或出血。十二指肠肠段发生溃疡和穿孔。肝肿大,呈暗红色或带黄色,胆囊肿大。脾脏肿大,被膜紧张,实质脆弱,呈暗红色或暗褐色。肠系膜淋巴结肿大,切面多汁。肾被膜下点状出血,皮质与髓质界限不清。膀胱黏膜有少量点状出血。脑脊液增多,脑实质水肿。部分病例出现纤维素性化脓性肺炎,肺脏组织出现水肿变化。

【诊　断】　根据临床症状可做出初步诊断。

血液学检查主要特点是白细胞总数增多,核左移,继发病毒性胃肠炎时白细胞总数下降,红细胞压积和血红蛋白含量升高。

采取患病藏獒病变明显的组织或粪便进行细菌培养,并进行分离鉴定,可确诊为沙门氏菌。

本病要与犬细小病毒病、犬钩虫病、犬球虫病进行鉴别诊断。犬细小病毒病有血性腹泻、粪便气味腥臭、呕吐、白细胞总数减少的症状,用聚合酶链式反应技术快速诊断检测呈阳性。犬钩虫病有血性腹泻、厌食或间歇性呕吐并常伴有贫血症状。犬球虫病有顽固性厌食症状和血性腹泻,并常在秋、冬季节潮湿的环境中发生。钩虫病和球虫病以贫血、血便和粪便虫卵、卵囊的检查呈阳性而确诊。

【防　治】

1. 预防　本病的预防主要以做好平时的饲养管理和防疫卫生工作为主,并采取综合性的防治措施。在饲养管理上坚持每日对犬舍、运动场、圈笼、用具进行清扫和消毒,在温暖的气候条件下,定期用水冲洗犬舍地面并进行消毒、灭鼠、杀虫等工作。

对于肉食品和饲料等要妥善保管,严禁鼠类在饲养场地、库房中活动。禁止食用病死牲畜的肉类和内脏,对可疑食物如肉类、乳品、内脏、蛋类、禽类要煮熟后饲喂,严格畜产品进货的卫生防疫和检疫。

对于患病的犬、猫和痊愈的带菌藏獒要隔离饲养,并固定食具和场地、饲养人员,不得混群饲养,以防止带菌藏獒或患病藏獒在犬舍、运动场、食具等处散布病菌。

2. 治疗　本病的治疗原则是抗菌消炎、强心补液、纠正酸中毒和保护胃肠黏膜等,主要采取如下措施。

(1)抗菌消炎　可肌内或静脉注射氨苄西林(每千克体重0.1克)、庆大霉素(每千克体重1万单位)以及喹诺酮类抗菌药物如诺氟沙星等,为预防药物过敏并降低炎症对机体的刺激,可应用地塞米松磷酸钠注射液等,每次 2～5 毫克。也可应用 0.1% 高锰酸钾溶液和活性炭灌肠,以吸附细菌和毒素,并减缓炎性产物对胃肠黏膜的刺激作用。

(2)强心补液 补液总量按每千克体重 40～50 毫升剂量,可选择 5% 葡萄糖注射液、5% 糖盐水、复方氯化钠注射液等,对出现酸中毒症状的患病藏獒,应及时静脉注射 5% 碳酸氢钠注射液。

(3)保护胃肠黏膜 可口服或深部灌肠次碳酸铋、次硝酸铋、蒙脱石散(思密达)等药物,若胃肠道出血,可选用止血敏、维生素K 及氨甲苯酸等止血药。

(4)中药治疗 可选用白头翁汤和黄连解毒汤加减:白头翁10 克,黄连 10 克,黄柏 5 克,秦皮 5 克,栀子 5 克,乌梅 10 克,诃子5 克,甘草 3 克,茯苓 10 克,厚朴 10 克,苍术 10 克。水煎服,此为体重 10 千克体重的藏獒用药量。或用白头翁汤和葛根芩连汤加减:白头翁 10 克,黄连 10 克,黄柏 5 克,秦皮 5 克,葛根 10 克,地榆炭 10 克,金银花 10 克,栀子 5 克,乌梅 10 克,诃子 5 克,甘草 3克,茯苓 10 克,厚朴 10 克,苍术 10 克。水煎服,此为体重 10 千克藏獒的用药量。

【护 理】 隔离患病藏獒,对患病犬的居住环境、用品进行彻底消毒,常用消毒药如漂白粉、季铵盐类均对沙门氏菌有效。妥善处理呕吐物和粪便。根据患病犬胃肠症状,进行对症治疗和护理。在禁食期间,给予患病藏獒充足的饮水或多离子等渗液,以补充丢失的体液。对出血严重的藏獒,可静脉输血或输入血浆。腹泻和呕吐停止后 48 小时,可给予患病藏獒适当的饮食和饮水,饮食以胃肠炎专用的处方犬粮为主。康复藏獒也可能成为病原携带者,所以良好的卫生习惯可以减少疾病的发生。目前,沙门氏菌的耐药性在不断增强,故治疗时应根据药敏试验选择合适的抗生素。

饲养人员要注意个人防护,患有沙门氏菌病的饲养人员要调离工作岗位。

犬传染性支气管炎

犬传染性支气管炎是由病毒、细菌、支原体等病原单一或混合感染引起的呼吸道传染病，又称犬窝咳，临床上以患病藏獒咳嗽，伴随黏性、脓性鼻液或眼泪等症状为特点。

【病原与流行病学】 本病是由病毒、细菌或支原体等单一或混合感染所致，包括支气管败血波氏杆菌、犬副流感病毒、犬腺病毒Ⅱ型、犬瘟热病毒等。

各种年龄和品种的藏獒均可感染本病，但幼獒发病率较高。

本病主要由健康獒吸入病原体污染的空气而经呼吸道传播，近几年在藏獒展会期间本病流行甚为广泛。此外，发病前藏獒或主人通常去过宠物商店、宠物医院，或主人参观过发病的獒园。

气候寒冷、昼夜温差大等可增加犬对本病的易感性。

【临床症状】 本病的典型症状是患病藏獒体温升高，并伴发频繁咳嗽。随运动加剧咳嗽加重，眼睛流出黏液性至脓性分泌物，鼻腔流出浆液性至脓性鼻液，肺部听诊呼吸音粗厉，后期可能伴发病理性呼吸音如干啰音或湿啰音等，用犬瘟热抗原试剂盒检测呈阴性，若伴发犬瘟热感染时则为阳性。继发细菌感染时可使病程延长。

【诊　断】 根据病史和临床症状可做出初步诊断，因本病症状与犬瘟热极为相似，故诊断时应首先排除犬瘟热。

犬瘟热最初常出现眼结膜弥漫性潮红、高热、流水样鼻液，体温呈双相热型，咳嗽的症状比本病轻。舌底周边赤红、舌苔薄白或微黄。

犬传染性支气管炎病犬鼻液由最初的水样逐步转变为黏液性、脓性鼻液，常有干呕、咳嗽症状，体温没有犬瘟热病犬高，常有咽部、扁桃体红肿，舌根部位糜烂等症状，眼部最初无流泪症状。

咳嗽症状比犬瘟热病犬严重。实验室的鉴别诊断主要依靠反转录-聚合酶链式反应技术检查。

【防　治】

1. 预防　预防本病的措施是在幼犬 21 日龄时由滴鼻接种犬传染性支气管炎疫苗,成年藏獒每年滴鼻接种 1 次。獒场发生本病后,要严格做好隔离消毒措施,发生本病的獒场,每隔 1～2 周用强力消毒灵、次氯酸钠、洗必泰或新洁尔灭进行消毒。

2. 治疗　本病的治疗原则是抗菌消炎、抗病毒、止咳平喘、控制继发感染等。

临床上多选用青霉素,每千克体重 5 万单位,每日 2 次。链霉素,每千克体重 1 万单位,每日 2 次,配合使用中药制剂射干抗病毒注射液,每千克体重 0.5 毫升,每日 2 次,一般在病初能获得较好的治疗效果。若患病藏獒咳嗽且痰多,可选用盐酸溴己新注射液,肌内或静脉注射。为控制咽喉部的细菌感染,可让患病藏獒含服六神丸。中药方剂可选用葛根、黄芩、黄连、生石膏、杏仁、甘草、射干、金银花、桔梗等。

【护　理】　患病藏獒要进行严格的隔离,应单独圈养在隔离舍中,适当休息,并注意犬舍的保暖,避免藏獒吸入冷空气或接触生人,引起藏獒吠叫加重病情。多饮水,刺激性咳嗽可通过让病犬吸入水蒸气治疗或用生理盐水进行超声雾化治疗。一般常见的上呼吸道感染需要 2 周左右的休息治疗时间。支气管肺炎要住院观察治疗。不可将患病藏獒隔离在开放式犬舍中进行治疗与护理,只进行药物治疗而忽略环境的温度变化,常使患病藏獒病程延长,病情加重,甚至发展为慢性支气管炎。

布鲁氏菌病

本病是由布鲁氏菌引起的人兽共患病,其临床特征是流产、产死胎、睾丸炎、不孕、不育、角膜炎、淋巴结肿大、生殖器官炎症及各种组织的局部病变。

【病原与流行病学】　　布鲁氏菌(Brucella)为球杆状或短杆状的需氧菌,不形成荚膜和芽孢,革兰氏染色阴性。藏獒感染的常见布鲁氏菌有犬布鲁氏菌、流产布鲁氏菌、猪布鲁氏菌和马耳他布鲁氏菌,属革兰氏阴性杆菌,抵抗力不强,巴氏灭菌10～15分钟可杀死,1‰来苏儿溶液、2‰甲醛溶液或5‰石灰乳等消毒药短时间内可杀死本菌,但在干燥土壤中可存活37天,在阴暗处胎儿体内可存活数月。

患病藏獒和带菌藏獒是本病的主要传染源,妊娠母獒是最危险的传染源,其在流产或分娩时,大量布鲁氏菌随胎儿、羊水、胎衣排出,污染周围环境;流产后的分泌物、乳汁及感染本病的公獒精液也含有布鲁氏菌。

本病主要是通过消化道感染,即通过摄取被污染的饲料和饮水而感染。此外,也可经损伤的皮肤、黏膜、结膜、呼吸道、吸血昆虫叮咬、交配等途径传播本病,尤其在牧区以牛、羊下水饲喂的藏獒最容易通过消化道而感染本病。

人和其他多种动物(主要是牛、羊、猪)对布鲁氏菌易感,而且可以感染牛型、猪型或羊型布氏菌。各种年龄和性别的藏獒均易感,但母獒比公獒易感,幼獒有抵抗力,随年龄的增长抵抗力逐渐减弱。

【临床症状】　　本病的潜伏期长短不一,最短的约2周,长的可达6个月,多数病例以隐性感染为主,少数病例呈现发热性全身症状。

妊娠母獒多在妊娠的40～50天发生流产,流产前体温不高,常见阴部黏膜、阴唇红肿,阴门排出绿褐色恶露或污褐色分泌物。流产胎儿部分发生组织自溶,皮下水肿、淤血,腹部皮下出血,有的妊娠母獒在妊娠早期出现胚胎死亡,胎儿被母体吸收的现象;流产后的母獒出现子宫内膜炎症状,常发生明显的妊娠失败和胎儿死亡。

公獒往往发生单侧或双侧睾丸炎、附睾炎、包皮炎、前列腺炎及淋巴结炎。睾丸后期萎缩,因产生精子的能力差而导致不育。

病獒因多发性关节炎、腱鞘炎而出现跛行,体表淋巴结肿大. 少数患病藏獒发生角膜炎、眼前房出血等局部病变。

多数患病藏獒呈隐性感染,临床症状不明显。

【诊　断】　本病主要根据流行病学和临床症状即可做出诊断,确诊需要细菌学检查和血清学检查。

1. 细菌学检查　采取胎衣、绒毛膜水肿液、流产胎儿胃内容物样本,直接镜检或通过细菌培养和动物试验来检查,血清学试验有平板凝集试验、补体结合试验、全乳环状试验等。一般常用平板凝集试验进行诊断。取可疑患病藏獒血清与平板凝集抗原各 1 滴,在玻板上充分混匀,放置 2 分钟后观察有无凝集块及凝集颗粒,如出现则为阳性(血清凝集价 1：50 以上)。

2. 乳汁环状试验　取乳样 1 毫升,置于小试管内,加入布鲁氏菌乳环状抗原,摇匀后置于 37℃水浴 1 小时,乳脂上浮并形成红环,乳柱由原来的红色变为白色者判为阳性。

【防　治】

1. 预防　本病的预防主要采取以下措施:一是应用平板凝集法检疫,发现阳性藏獒应立即隔离淘汰或积极隔离治疗。二是污染的獒舍应用 5%～10%石灰乳、1%～3%石炭酸溶液、1%来苏儿溶液、2%甲醛溶液等消毒药物进行环境消毒。流产胎儿、胎膜及分泌物加生石灰后深埋。三是清洁场(群)和检疫处理后的污染场(群)每年接种 1 次羊布鲁氏菌 5 号弱毒疫苗,并严格做好消毒隔离等措施。四是本病属人兽共患病,应注意预防。饲养人员、兽医在给藏獒接生时或治疗本病时应佩戴胶皮手套,穿工作服,并进行定期的预防注射。国内常用的疫苗为 M104 弱毒疫苗,接种方法是臂部划痕接种。

2. 治疗 由于布鲁氏菌通常在机体的单核巨噬细胞中成为细胞内寄生菌,药物难以进入细胞内或睾丸屏障将其杀死,故目前尚无有效的治疗方法。早期大量使用抗生素有一定的治疗效果,可选用30%氟苯尼考注射液,每千克体重0.1～0.2毫升;链霉素,每千克体重1万单位,每日2次;卡那霉素,每千克体重2万单位,每日2次;四环素,每千克体重20毫克,口服,每日2次,连用3周;恩诺沙星,每千克体重15毫克;庆大霉素,每千克体重1毫克。同时,投给维生素C等效果更佳。

【护 理】 新购进的藏獒和繁殖配对的藏獒要进行布鲁氏菌检测试验,以确定是否感染布鲁氏菌。由于犬布鲁氏菌常存在于患病藏獒组织细胞中,对抗生素有耐药性,目前尚无有效的治疗方法。所以,对布鲁氏菌阳性的养獒场要进行长期的检测,必要时进行淘汰处理。护理人员和养獒人员要做好个人防护,防止经皮肤、黏膜和呼吸道感染本病。人患布鲁氏菌病时体温曲线呈波浪形,有关节炎、生殖器炎症和流产等症状。治疗期间要经常检查藏獒的体温并加强营养。给予充足的饮水和足量的维生素B、维生素C和易消化的食物。患病藏獒的尿液要进行消毒处理。

大肠杆菌病

大肠杆菌病是由致病性大肠杆菌引起的以腹泻和败血症为主要特征的人兽共患病,世界各地均有发生。

【病原与流行病学】 大肠杆菌(Escherichiacoli)为肠杆菌科、大肠杆菌属的革兰氏阴性杆菌,两端钝圆,有的近似球杆状,无芽孢,对物理和化学因素较为敏感,60℃作用1小时即可将其杀死;对甲醛和苯酚高度敏感。致病性大肠杆菌主要能产生内毒素和肠毒素,内毒素为脂多糖成分,耐高热;肠毒素有1～2种,耐热的肠毒素无抗原性,不耐热的肠毒素对动物有较好的抗原性和较大的毒性。

本病为人兽共患病,在藏獒中,主要侵害幼獒,成年藏獒发病率较低,发病后症状亦较轻。

本病一年四季均可发生,但以炎热、潮湿季节发病率较高,在我国南方地区的发病率和病死率均明显高于北方地区。

患病獒与带菌獒是主要的传染源,其由粪便排出细菌,污染獒舍、场地、用具、饲料和空气,从而通过消化道和呼吸道传播本病,使健康獒发病。仔獒主要经污染的产房感染本病,且同窝内仔獒均先后发病。

环境因素和应激因素能够明显影响本病的发生,环境炎热潮湿、卫生状况差、饲养管理不良是促发本病的主要诱因。

【临床症状】　患病藏獒精神沉郁,体温多数降低,吮乳停止,并排出黄白色混有气泡的腥臭稀便,若不及时救治,则很快死亡。新生仔獒潜伏期短,多在 1～2 天内死亡,主要以败血症症状为主,多发生于出生后 1 周左右,仔獒精神委靡,体温降低,四肢厥冷,可视黏膜发绀,常有剧烈腹泻症状,死前常有抽搐、角弓反张等神经症状。幼獒的潜伏期多为 3～4 天,主要表现急性胃肠炎症状,患病藏獒体温升高至 40℃以上,呕吐、腹泻,腹泻物多为黄绿色和污灰色,后期出现血便,并迅速脱水,个别病例伴随痉挛、抽搐等神经症状。

【病理变化】　主要表现为实质器官的出血性败血症变化,肝脏、脾脏充血、肿大、出血,胃肠道出现卡他性和出血性胃肠炎变化,大肠段出血病变更为严重。

【诊　断】　主要根据流行病学特点、临床症状和病理剖检变化做出初步诊断,通过实验室相关检验确诊本病。

取病料组织或培养物涂片,革兰氏染色后镜检观察,视野可见阴性两端钝圆的小杆菌。通过细菌的分离培养、生化试验和动物接种试验可进一步确诊,将分离菌株菌液与大肠杆菌标准定型血清做玻片凝集试验,可进行血清型定性。

另外,本病要与犬轮状病毒病、疱疹病毒病、冠状病毒性肠炎相鉴别。

犬轮状病毒病主要发生于仔獒,1周龄的仔獒常出现腹泻,以排黄绿色稀便和黏液便为主要特征,严重时出现血便;体温常降低,脱水,被毛粗乱,常成群、成窝暴发。剖检变化主要在小肠空肠、回肠部位,肠管扩张,肠壁菲薄,严重时肠黏膜脱落、坏死,部分肠道有出血。其他脏器无明显变化。

新生仔獒疱疹病毒感染主要发生在1周龄左右的仔犬,成窝发生,病犬皮肤上有出血点,不停地嚎叫,触摸时疼痛。粪便稀软呈黄绿色,无臭味。体温前期升高,后期降低,同时伴有呼吸困难,食欲减退或废绝。病理变化主要以全身实质器官表面有多量针尖大小的灰白色坏死灶和红色的出血点为特征。

犬冠状病毒性肠炎主要发生在2周龄或2周龄以上的仔獒,主要症状以腹泻、呕吐为主,粪便最初为灰白色,逐步转变为黄绿色、咖啡色,或混有血液,粪便不成形,呈糊状或水样。病理变化主要有肠黏膜充血、坏死或脱落,肠系膜淋巴结肿大、充血、出血和水肿,脾脏常有肿大现象。

以上疾病症状比较相似,从流行病学上分析由于繁殖仔獒的季节主要在冬季,故差异不显著,因此实验室的鉴别诊断显得尤为必要。

【防 治】

1. 预防　预防本病发生的关键是要搞好环境卫生,加强日常消毒隔离措施,加强饲养管理,保证仔獒能够吃到初乳。流行本病的养獒场,在流行季节和产獒季节来临前,要给母獒接种大肠杆菌病疫苗。污染的蛋、奶、肉制品及病死的尸体要进行深埋或焚烧处理。病獒使用的用具、獒舍要进行彻底消毒。临床上一旦发现本病病例,要进行隔离治疗。

2. 治疗　本病的治疗原则是抗菌消炎,强心补液。若有条件建议在药敏试验的基础上选择最敏感的抗生素进行治疗,往往会收到更好的效果。常用以下药物治疗:氨苄西林,每千克体重0.1克;庆大霉素,每千克体重2毫克;阿米卡星,每千克体重5毫克;小诺霉素,每千克体重2毫克;恩诺沙星,每千克体重5毫克。以上药物每日肌内注射2次。此外,口服土霉素、诺氟沙星、四环素以及磺胺类药物,结合补液盐饮水治疗,效果也不错。

对于脱水的病例要进行纠正,一般常注射葡萄糖电解质溶液或口服补液盐等。也可以静脉滴注5‰葡萄糖注射液。

【护 理】 严格隔离患病藏獒,对幼獒要采取保温措施,如用电热加温笼、暖水瓶或暖水袋进行保温护理。脱水的藏獒要口服或静脉补液。其他护理要点同沙门氏菌病引起的肠炎的护理。

炭 疽

本病为炭疽杆菌引起的人兽共患病,临床上主要以急性败血症、天然孔出血、淋巴结肿大、血液凝固不良等为特征。

【病原与流行病学】 炭疽杆菌(Bacillus anthricis)为革兰氏染色阳性杆菌,有荚膜,无鞭毛,在体内不形成芽孢,对外界的物理、化学因素抵抗力不强,与一般非芽孢菌相似,但在体外于适宜条件下(12℃~42℃)可形成芽孢,芽孢的抵抗力很强,在干燥状态下可存活12年以上。

患病藏獒和病畜是主要传染源。病畜濒死期的血液、分泌物、排泄物中常常含有大量炭疽杆菌。病畜尸体处理不当,则形成大量具有强大抵抗力的芽孢,污染土壤、水源等,成为长久的疫源地。鸟类、狐狸、犬、狼等吞食炭疽病畜的血、肉之后,可通过粪便传播炭疽杆菌芽孢而成为本病的传染源。

经消化道感染是肠炭疽传播的主要途径,藏獒采食污染的饲料、饮水或在污染的场地活动时受到感染,还可因咬伤或接触污染源而经皮肤、黏膜感染,藏獒被带菌的吸血昆虫叮咬时也可感染。

在通风不良的皮毛加工厂还可发生呼吸道感染。

本病的易感动物是人、犬和多种动物，草食家畜亦是本病的易感动物。

【临床症状】　感染本病的藏獒主要表现急性败血症病变，全身淋巴结肿大，体温升高，食欲减退。因感染途径不同一般可分为3种。

1. 皮肤炭疽　由于皮肤伤口感染病菌导致发病，局部发生水疱或水疹，起初如粟粒大小，以后渐次向周围扩散，并形成痈肿，俗称疔疮。

2. 肠炭疽　主要由于食入被炭疽感染的肉类而感染本病，病犬发病突然，体温升高，出现剧烈呕吐，排血样或柏油状粪便，有腹痛等症状。

3. 肺炭疽　主要由呼吸道吸入病菌而引起，患病藏獒呼吸困难，体温升高，鼻孔、咽喉黏膜红肿，咳嗽，胸部压疼，并伴有浸润性肺炎和渗出性胸膜炎等症状。

【诊　断】　根据流行病学特点和临床症状可做出初步诊断，确诊必须进行实验室涂片镜检和其他实验室检验。取血液涂片，革兰氏染色镜检，炭疽杆菌为革兰氏阳性的粗大杆菌。血清学检查可使用荧光抗体检查和炭疽沉淀反应等。

【防　治】

1. 预防　流行本病的养獒场，每年进行 1 次炭疽疫苗的免疫接种；平时要搞好环境卫生，做好日常消毒、病獒隔离等工作，加强饲养管理。

2. 治疗　青霉素是炭疽杆菌的敏感抗生素，对疑似患病藏獒可肌内注射青霉素，每千克体重 10 万单位，每日 3～4 次。也可注射抗炭疽血清，每千克体重 2 毫升。另外，口服磺胺类药物、四环素、土霉素等药物，疗效也较好。

对于确诊为本病的动物，必须深埋或焚烧，死后不得剥皮食用,不得私自处理尸体。

【护　理】　本病属于人兽共患烈性传染病,发生疫情时,要立即向当地防疫部门上报疫情并划定疫区,封锁发病场所,禁止动物、动物产品和草料出入疫区,并合理处理患病藏獒和尸体。确诊为发病的动物,必须扑杀后深埋或焚烧,不得剥皮食用,不得随意处理尸体。对可疑病犬用药物进行防治,污染的饲料、垫草、粪便焚烧处理;污染的场地和墙壁要用20%漂白粉混悬液或10%氢氧化钠溶液喷洒3次,每次间隔1小时,待消毒液干燥后再用火焰消毒。在最后一只藏獒死亡或痊愈14天后,如无新病例出现,可报请有关部门批准,并经终末消毒后解除封锁。

第三节　其他传染病的防治与护理

皮肤真菌病

皮肤真菌病是寄生在藏獒等多种动物的被毛、表皮、趾爪角质蛋白组织中的真菌引起的各种皮肤疾病,其特征是在皮肤上出现界限明显的脱毛圆斑,潜在性皮肤损伤,具有渗出液、鳞屑或痂皮,发痒等,人医临床上称为“癣”,本病为人兽共患病,世界各地均有发生。

【病原与流行病学】　本病的病原主要是小孢子菌属和须毛癣菌属的真菌,感染藏獒的真菌病原主要是犬小孢子菌。

本病的发生和流行受季节、气候、年龄、性成熟和营养状态等因素的影响较大,炎热潮湿季节的发病率较高,南方地区多发生,年老体弱营养差的藏獒犬多发,也易继发于患皮肤寄生虫病的藏獒。

藏獒主要通过接触被真菌污染的刷子、铺垫物及土壤或地面感染本病,感染本病的藏獒与健康藏獒接触后亦可使健康藏獒感染本病。此外,患病藏獒也通过饲养人员的接触,通过人员的感染再感染给健康藏獒。

皮肤真菌的生命力极强,能存活 5～7 年,痊愈的藏獒可重复感染。

【临床症状】 患病藏獒感染本病后,通常在面部、鼻部、耳朵、尾根、四肢、趾爪和躯干等部位的皮肤出现圆形、椭圆形或不规则的脱毛斑块,并迅速向四周扩展;感染皮肤的表面伴有鳞屑或红斑状隆起,有的形成痂皮,并在痂皮下继发细菌感染造成化脓,痂下的圆形皮破损呈蜂巢状,并有许多小的渗出孔,有时会造成大面积的皮肤损伤。形成急性感染时,患病藏獒的病程通常为 2～4 周,若急性感染未得到有效控制,可转化为慢性,病程可持续数月乃至数年。

【诊　断】 根据病史、流行病学、临床症状等做出初步诊断,确诊本病需进行实验室检验和真菌培养鉴定等。

1. 直接镜检 取病变部病料棉签蘸取或刮屑,放在载玻片上,用 10％氢氧化钾溶液溶解后,在弱火焰上微热,待其软化透明后,盖上盖玻片,若为犬小孢子菌感染,可见到许多棱状、厚壁、带刺并含有 6 个分隔的大分生孢子,若为石膏状小孢子菌感染,可看到多呈椭圆形、带刺、多分隔的大分生孢子,若为念珠菌病可见到密集的酵母样细胞和假菌丝。

2. 真菌培养 镜检病料加氯霉素直接接种于沙氏培养基上,24℃培养,几天后若有奶油样菌落,再接种于玉米培养基,产生厚膜孢子即可确诊。

3. 伍氏灯检查 将患病部位的痂皮、被毛、皮屑采集后,在暗室中用伍氏灯检查,被犬小孢子菌、石膏状小孢子菌感染的被毛、皮屑、痂皮能发出黄绿色荧光。

【防　治】

1. 预防 预防本病的措施在于平时搞好环境消毒,可选用碘制剂如碘王、速效碘、络合碘以及 2％甲醛溶液、1％氢氧化钠溶液等。近年来发现,本病的发生与滥用抗生素和大剂量使用类固醇激素等有很大关系,提示我们合理选用抗生素,也是预防本病发生的主要措施。

南方地区的养獒场,在处理犬舍地面、运动场地面时,要进行防水、防潮处理。过度的湿度易使真菌生长,不适宜养殖藏獒,尤其近几年的统计表明,南方地区藏獒的皮肤真菌感染发病率比西北地区要高得多。

2. 治疗 本病的治疗原则是消灭病原菌,对症治疗皮肤疾病。

为防止发生本病,应避免长期使用广谱抗生素和皮质类固醇激素。

将 0.15％大蒜素注射液 40～100 毫升加入 5％葡萄糖注射液内静脉滴注,每日 1 次。

局部或全身投给制霉菌素、克霉唑、酮康唑霜、伊曲康唑、橘皮素、水杨酸酒精溶液、硫酸铜凡士林软膏等。

口服药物治疗可选用灰黄霉素,每日每千克体重 20 毫克,分 2 次口服,连用 5 周,直至痊愈为止。酮康唑,每日每千克体重 50～100 毫克,分 3 次口服,连用 2 周,并在用药期间注意肝、肾功能的检测。

【护 理】 对患病藏獒进行治疗时,注意药物的副作用,尤其是用伊曲康唑药物治疗时,口服用药注意与食物同时服用,胃内的酸性环境有利于药物的吸收,胃炎和十二指肠炎症治疗期间,不可长期服用本药。服药期间要进行肝功能的检测,有厌食、呕吐和腹痛表现时要停止治疗。肝功能恢复时,可减少用药量继续治疗。用酮康唑治疗时,可引起厌食和呕吐,同时引起肝脏和肾上腺功能的减退。住院期间要进行全身体重、症状的检查,治疗期间每月进行临床复查,包括血液生化项目的检测。对于有食物过敏的患病藏獒,平时要尽量避免吃入易导致过敏的食物。

附红细胞体病

藏獒附红细胞体病是由不同附红细胞体引起的疾病,临床上以贫血、黄疸、发热、呕吐、腹泻、腹水、消瘦等为特征。

【病原与流行病学】 附红细胞体是人兽共患病,不同年龄和品种的藏獒均有易感性,病原体属立克次体目、无浆体科的附红细胞体属,是一种专性血液寄生物,寄生于犬的血浆和红细胞内,其传播途径、生活史、感染及致病机制尚不清楚,其属于条件性致病微生物,被感染的人或动物不一定出现临床症状。如果藏獒体内有 60% 以上的红细胞受到附红细胞体感染,则会出现较严重的临床症状,甚至会导致患病藏獒死亡。

患病藏獒和带菌藏獒是主要传染源,临床治愈的藏獒亦可长期带菌,成为传染源。

本病的传播途径一般认为有 3 种,一是接触性传播,发生本病后,动物之间、人与动物之间长期或短期接触会感染此病。二是通过血源传播,使用被附红细胞体污染的注射器、针头等医疗器械,或藏獒互相舔咬破损的伤口可传播本病。三是昆虫媒介传播,蜱、虱、蚤、蚊通过叮咬患病藏獒和健康藏獒,使健康藏獒发病。

本病多发于高热、多雨且蚊虫繁殖滋生的夏、秋季节,尤其在我国南方地区如湖北、湖南及两广地区,7~10 月份吸血节肢动物滋生旺盛,是本病的高发期。本病近几年由于活畜的交流,西北地区也时有发生。

【临床症状】 病犬体温升高,多在 39.5℃ 以上,心跳加快,心率多在 80 次/分以上。呼吸浅快,达 50 次/分以上。病初患病藏獒食欲欠佳,精神沉郁,并伴随呕吐、腹泻、便血等症状。随着病情发展,病犬食欲废绝,呼吸困难,眼结膜、口腔黏膜和牙龈苍白或黄染。疾病后期,患病藏獒皮肤亦变黄,排少量浓缩黄色尿液,此时

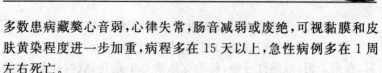

多数患病藏獒心音弱,心律失常,肠音减弱或废绝,可视黏膜和皮肤黄染程度进一步加重,病程多在 15 天以上,急性病例多在 1 周左右死亡。

【病理变化】　剖检的主要特点是出血、贫血和黄疸。尸体黏膜、浆膜和脏器黄染。肝脏肿大,呈土黄色,表面有出血点。脾脏肿大质软,胃肠黏膜有程度不等的出血,主要呈现卡他性出血性肠炎病变。胸腹腔积液、心包积液。淋巴结肿胀、多汁、黄染。

【诊　断】　首先要注意本病与细小病毒性肠炎、冠状病毒性肠炎、犬传染性肝炎、钩端螺旋体病的鉴别诊断。可采用细小病毒病快速诊断抗原试剂盒、冠状病毒性肠炎快速诊断抗原试剂盒、犬传染性肝炎快速诊断抗原试剂盒和钩端螺旋体病快速诊断抗原试剂盒排除上述疾病。

血常规检查可见患病藏獒红细胞总数显著减少,红细胞总数均低于 5.5×10^9 个/升;血红蛋白降低,血红蛋白测定值均低于 120 克/升。

还可进行血液悬滴镜检。取血液 1 滴置于载玻片上,加 1 滴灭菌生理盐水,盖上盖玻片,在暗视野显微镜下可见附着在红细胞上的大量附红细胞体,也可见游离的呈扭曲状的附红细胞体,由此即可确诊为附红细胞体感染。

【防　治】

1. 预防　建议采取以下三方面措施。一是搞好环境卫生,切断传播途径,消灭蜱、虱、蚤、蚊、蝇,坚持做好杀虫、灭鼠工作。二是严格无菌操作程序,切实做到注射器和手术器械的彻底消毒。三是采取药物预防,在疾病流行季节来临之前,在每千克饲料中添加金霉素 48 毫克,拌匀后饲喂,或在每升饮水中添加金霉素 50 毫克饮水预防,连续应用 3～5 天。对来自于污染地区的犬只,可在 1 周龄时注射国产土霉素针剂 25 毫克,右旋糖酐铁注射液 20～30 毫克,3 周龄后重复注射 1 次。

2. 治疗　本病的治疗主要以杀灭病原体，对症治疗为主。

抗寄生虫药物可选用贝尼尔，每千克体重 3.5 毫克，肌内注射，连用 2 天；混感红弓链，每千克体重 0.1 毫升，肌内注射，连用 2 天，严重病例连用 2 天后，间隔 2 天再用药 2 天。可选用的抗生素是金霉素，每千克体重 50 毫克，口服，连用 5 天。在治疗过程中，针对贫血和黄疸，按藏獒体重选用维生素 B_{12} 0.1 毫克/次，三磷酸腺苷 10～20 毫克/次，肌苷 25～50 毫克/次，辅酶 A 25～50 单位/次等。针对胃肠出血，按藏獒体重选用酚磺乙胺，每千克体重 0.5 毫克，肌内或静脉注射；氨甲环酸，5～15 毫克/次，静脉注射；维生素 K_3，每千克体重 20 毫克，肌内注射等。呕吐病例配合使用维生素 B_6 40 毫克/次或爱茂尔 2～4 毫升/次。

【护理】　患病藏獒在治疗期间，要进行血液生化项目的检测，根据组织器官的损伤程度，确定患病藏獒的预后，严重的慢性感染和尿毒症病例预后均不良。对脱水和肾功能障碍的藏獒要进行输液对症治疗，贫血的要进行输血治疗，对患败血症的患病藏獒要进行广谱抗生素的治疗。患病藏獒高热期间给予充足的饮水，根据临床诊断结果，选定不同的处方犬粮，患病期间以易消化、低纤维的肉汤、菜汤为主。贫血的患病藏獒护理期间注意保温，以防并发感染，在患有本病的疫区，定期口服四环素进行预防。

第二章 藏獒寄生虫病的防治与护理

弓形虫病

犬弓形虫病是由龚地弓形虫引起的一种人兽共患原虫病,临床上以发热、咳嗽、视力障碍、运动障碍、神经症状为特征。

【病　原】 弓形虫为细胞内寄生虫,根据其发育阶段不同,分为各种类型,滋养体和包囊出现在中间宿主体内,裂殖体、配子体和卵囊只出现在终末宿主——猫的体内。

1. 滋养体 见于急性感染的病例,呈新月形、香蕉形或弓形,经姬姆萨氏染色或瑞氏染色后,胞质呈浅蓝色,有颗粒,核为紫红色。滋养体离开宿主后迅速死亡,在传播疾病上无重要意义。

2. 包囊 见于慢性病例或无症状病例,呈卵圆形,囊膜较厚且富有弹性,囊内含有数十个或数千个滋养体。包囊的抵抗力较强,在疾病的传播上有着重要意义。

3. 裂殖体 呈长卵圆形,内有许多条形裂殖子。

4. 配子体 有大、小的区别,均呈长卵圆形。

5. 卵囊 呈椭圆形,有 2 层囊壁,表面光滑。

【生活史及流行病学】 弓形虫的整个生活史是在终末宿主和中间宿主内完成的。猫吞食了含有弓形虫卵囊的动物组织或发育成熟的卵囊后,包囊内的滋养体或卵囊内的子孢子就进入消化道,并侵入肠上皮组织,在肠上皮组织细胞内进行裂殖生殖和配子生殖,最后形成卵囊。卵囊随猫的粪便排出体外,在适宜条件下,经2～4 天发育为感染性卵囊。也有一些子孢子或滋养体进入淋巴和血液循环,从而被带至全身各脏器和组织,侵入有核细胞内,进行无性繁殖,最后形成包囊型虫体,后者抵抗力较强,可在宿主体内存活数年。

犬及其他动物通过各种途径感染弓形虫滋养体后,通过淋巴和血液循环侵入有核细胞并进行无性繁殖,产生大量的滋养体造成动物弓形虫病的急性发作,或在一些脏器组织内形成包囊,动物出现轻微发作或不出现临床症状。

猫是各种动物的传染源,其他感染动物的肉尸、内脏、血液和蛋中均可能含有滋养体和包囊。

本病主要通过猫排出的卵囊污染饲料、饮水、蔬菜和其他食品而传播。人或动物均可因食入卵囊而经消化道感染,还可经呼吸道、皮肤等途径感染,也可经胎盘或乳汁传播给后代,输血和脏器移植也可传播本病。

弓形虫宿主范围很广,已知有人、猫、犬、山羊、牛、马、兔等。

【临床症状】 本病多发生于幼獒,主要表现为发热、眼有分泌物、咳嗽、厌食、沉郁。严重患病藏獒可出现呕吐或剧烈呕吐、血便、呼吸困难、黄疸等症状。少数病例可伴发虹膜炎及视网膜炎,从而导致失明,还有麻痹、痉挛等神经、肌肉症状。肌炎常表现为身体虚弱,可视黏膜苍白,步态异常、僵硬,运动失调,后肢轻瘫或四肢瘫痪。患有心肌疾患的藏獒,表现心电图异常。本病可导致妊娠母獒早产或流产,有的甚至产出死胎。

【病理变化】 脾脏肿大,肠系膜淋巴结肿胀、充血,肠道溃疡,肺脏、肝脏肿大并有坏死灶。脑组织有神经角质细胞组成的肉芽肿病变和坏死性病变。重度感染病例死后剖检坏死灶常见于脑、心脏、淋巴结、肺脏、肝脏、脾脏等实质器官和横纹肌。死于先天性病例的常见有脑部,尤其是脑部的脑室周围区域有局灶性或弥漫性脑膜脑炎等病变。

【诊 断】 由于弓形虫病在临床上与神经型犬瘟热的症状很相似,故其症状、病理变化虽有一定的特征性,但确诊仍需要根据实验室检查做出。

1. 病原检查 直接采取疑似患病藏獒急性期的体液、脑脊液或尸检病料,制作涂片、组织切片,染色镜检发现滋养体即可确诊。当滋养体检查为阴性时,可做集虫检查。取剖检的肺脏及肺门淋巴结 2 克,研碎后加灭菌生理盐水 10～20 毫升,以 500 转/分离心 3 分钟,弃去沉渣,取上清液以 1 500 转/分,离心 10 分钟,取沉渣涂片,甲醇固定,姬姆萨氏或瑞氏染色,镜检观察。

2. 动物接种 将待检液或病料悬液腹腔接种小白鼠、豚鼠或家兔,2～3 周发病时,采病料检查病原,若呈阴性可再传 2～3 代。

3. 组织培养 将病料悬液接种于猴肾或猪肾单层细胞培养,弓形虫可在细胞内增殖。

4. 血清染色试验 用组织感染或接种小鼠的虫体,分别加入正常血清和待检血清。37℃水浴 1 小时,然后用 pH 值为 11 的碱性美蓝染色镜检。若加正常血清的虫体染色良好,待检血清的虫体染色不良,则判为阳性。抗体于感染后 2 周出现,持续时间长,特异性强。急性病例应间隔 2 周后采集双份血清测定。

5. 抗体检测 主要检测 IgG 和 IgM,两者检测为阳性,说明患病藏獒处于急性感染期,IgG 检测呈阳性而 IgM 检测呈阴性的,说明以前感染过弓形虫。

【防　治】

1. 预防 禁止给藏獒吃未煮熟的肉类。血清学阳性的母獒,用磺胺类药物进行预防性治疗,以防感染下一代。加强隔离消毒措施,保持环境清洁。养殖场最好不要养猫,特别注意饲料、饮水的卫生,以免猫粪便污染。扑灭犬场内的老鼠,消灭传播媒介。由于弓形虫的卵囊在自然界中可保持感染力数月之久,多种昆虫和蚯蚓也可机械性地传播卵囊,吸血昆虫和蜱也可传播本病,所以平时藏獒的饲养管理工作要特别注意做好环境中的灭虫工作。

2. 治疗 用磺胺类药物及磺胺增效剂效果良好。可选用磺胺嘧啶、磺胺-6-甲氧嘧啶、磺胺二甲氧嘧啶等,每千克体重 100 毫克,分4次口服;或选用长效磺胺,每千克体重60毫克,肌内注射。使用上述磺胺类药物时,配合使用甲氧苄啶效果更好。乙胺嘧啶、磺酰胺苄苯砜杀灭滋养体效果最好。也可使用克林霉素,每千克体重10～20毫克,口服,每日3次,连用4～6周。

【护　理】　本病的护理主要以隔离治疗为主,加强对患病动物的护理,护理人员有免疫功能障碍的要避免接触患病的猫、犬。妥善处理患病猫的便盆,严禁猫的粪便污染藏獒的饲料和饮水,严禁使用动物性下脚料作为饲料。

绦 虫 病

绦虫病是由多种绦虫寄生于犬、猫小肠而引起的一种常见寄生虫病,临床上以腹泻、消瘦、食欲增加、腹部异常感觉等为主要特征。

【病　原】　引起藏獒绦虫病的绦虫种类很多,但最为常见的是犬复孔绦虫和泡状带绦虫,另外还有豆状带绦虫、阔节裂头绦虫、多头绦虫、细粒棘球绦虫、中线绦虫、孟氏迭宫绦虫等。绦虫虫体呈带状,背、腹扁平,左右对称,虫体呈白色不透明状。体长为几毫米至几十米,雌、雄同体,由头节、颈节和链体三部分组成。链体由未成熟节片、成熟节片、孕节组成,孕节随粪便排出体外,其中含有大量虫卵。

【生活史及流行病学】　绦虫的发育史比较复杂,其发育需要1～3个中间宿主才能完成整个生活史。孕节脱落随粪便排出体外,在外界孕节片破裂,虫卵散出,中间宿主(蚤类)幼虫食入虫卵,虫卵在其肠内孵化,六钩蚴钻入肠壁,进入血腔开始缓慢发育,当中间宿主成长为蛹最终成为成虫时,六钩蚴也发育为感染性的似囊尾蚴,犬、猫食入有感染性的似囊尾蚴中间宿主后,似囊尾蚴就在犬、猫体内发育为成虫。

犬绦虫除复孔绦虫以蚤为中间宿主外,其他都是以人、猪、羊、牛、马、蛙、蛇、鸟等及野生动物为中间宿主,犬为终末宿主。藏獒主要吞食了含有囊尾蚴(细颈囊尾蚴、裂头蚴、四槽蚴、豆状囊尾蚴、多头蚴、棘球蚴)的中间宿主的内脏而感染,最终囊尾蚴在肠道中发育成成虫。

各种动物和品种均可感染本病,其中绦虫幼虫引起的动物疾病比成虫所造成的危害更为严重。

【临床症状】 通常感染藏獒无特征性临床症状。致病程度因寄生绦虫的种类、感染程度及藏獒的健康程度而不同。轻度感染很难发现,细心的主人在检查粪便时会发现孕节片。严重病例则可出现肛门瘙痒或疼痛发炎、腹痛、腹泻、消化不良或腹泻和便秘交替发生,呈现贫血和消瘦。虫体量大时可导致肠梗阻、肠套叠、肠扭转甚至肠破裂。

【诊 断】 根据病史和临床症状,结合实验室检查和粪便检查即可确诊。如粪便或肛门周围可见类似米粒的白色孕节片或短链体,用饱和盐水浮集法检查粪便内的虫卵即可确诊。

【防 治】

1. 预防 每季度对藏獒进行1次预防性驱虫,并对驱虫后的粪便及时进行无害化处理,防止传播病原。

不给藏獒饲喂生肉、生鱼以及屠宰加工厂的废弃物。驱杀藏獒体表和犬舍的跳蚤、毛虱,保持环境和体表清洁,定期消毒。牧区的藏獒要禁止饲喂患有棘球蚴病的牛、羊内脏,散养藏獒要经常进行驱虫治疗。

人在接触患病藏獒后要先洗手再进食,防止本病造成饲养人员感染,尤其在养殖场,员工每年要进行寄生虫病的粪便检查。定期进行驱虫,督促饲养人员搞好个人卫生,养成良好的卫生习惯。

在疾病流行地区,通过流行病学调查,对全地区养殖的犬只进行每年2次的驱虫治疗。

2. 治疗 对于确诊为本病的藏獒,可选用下列药物进行治疗。

(1)吡喹酮 按每千克体重 5～10 毫克的剂量口服或按每千克体重 2.5～5 毫克的剂量肌内注射。

(2)氯硝柳胺 商品名称为灭绦灵,以每千克体重 150～200 毫克的剂量口服,用药前禁食 12 小时。

(3)丙硫苯咪唑 以每千克体重 40 毫克的剂量口服,每天 1 次,连用 2～4 天。

(4)氢溴酸槟榔素 以每千克体重 1.5～2 毫克的剂量口服。为防止犬呕吐,可在服药前 20 分钟口服稀释的碘酊(蒸馏水 20 毫升,加碘酊 4 滴)10 毫升。

(5)南瓜子 每千克体重 20 克,与每千克体重 2 毫克槟榔末混合后夹在肉块中给犬喂服。

(6)中药雷丸制剂 对本病有较好的疗效,且副作用少,可研末后掺入肉类中进行饲喂。雷丸生药粉末口服,可有效地保留其有效成分,溶解虫体,效果也良好。

【护 理】 患有本病的藏獒驱虫时注意检查粪便中的虫体,尤其检查头节是否驱出,以确定是否再次用药;驱虫期间注意观察藏獒有无腹痛现象,注意有无肠梗阻,并采取相应的措施;对呈现贫血症状的藏獒,肌内注射维生素 B_{12},消化不良的藏獒喂给易吸收、易消化的食物,有条件的地区可使用处方犬粮,并要注意本病恢复阶段的食物和饲养管理。护理本病的人员要注意个人防护,避免感染本病。

钩 虫 病

本病是由钩虫寄生在藏獒小肠引起的一种人兽共患寄生虫病,临床上以黏血便、消瘦、贫血、步态蹒跚、食欲减退、消化功能紊乱、嗜酸性粒细胞增多等为特征。

【病 原】 钩虫的种类很多,感染藏獒的钩虫主要有犬沟口线虫、巴西钩口线虫、锡兰钩口线虫和狭头弯口线虫等,但最常见的是犬钩口线虫和狭头弯口线虫。犬钩口线虫简称犬钩虫,虫体为淡黄色,呈线状,头端稍向背侧弯曲,口囊很发达,呈漏斗状,口囊前缘腹面两侧各有 3 个钩状牙齿。雄虫长 10～12 厘米,雌虫长 14～16 厘米,虫卵为浅褐色,呈钝椭圆形。

【生活史与流行病学】　犬钩虫虫卵随粪便排出体外,在外界适宜环境下,经 12～30 小时孵出幼虫(杆状幼虫),幼虫再经 1 周左右蜕化为感染性幼虫(带鞘的丝状幼虫)。

经口感染的幼虫钻入藏獒食管黏膜,进入血液循环,最后经呼吸道、喉头、咽而到达小肠发育为成虫。

经皮肤感染的幼虫,钻入藏獒皮肤血管,随血液到达右心、肺,穿破毛细血管和肺组织,经肺泡、细支气管、支气管、气管,随痰液进入口腔,吞咽后到达小肠发育为成虫。

狭头钩虫的生活史与犬钩虫相似,以经口感染的途径较为多见。

母獒也可将幼虫经胎盘感染给胎儿或经乳汁感染给幼獒。

本病主要分布于热带和亚热带地区,在我国分布也甚广,以华南、华东、华中及四川省的若干地区最为严重。

【临床症状】　经胎盘或初乳感染的仔獒,多于 2 周龄左右发病,以食少、沉郁、被毛枯糙、贫血乃至虚脱为特征。

仔獒多在 1 个月后发生本病,犬钩虫以其发达的口囊吸附在宿主的肠黏膜上,用其牙齿刺破肠黏膜血管而吮吸大量的血液,造成黏膜出血、溃疡,虫体本身可分泌抗凝血的物质使出血时间延长。患病藏獒在临床上表现为食欲不振或废绝、消瘦、结膜苍白、贫血、弓背腹痛,排出黏血便或气味腐臭的黑色柏油便。

成年獒则表现不明显,通过虫卵检查而发现感染。仅表现为轻度贫血、胃肠功能紊乱和因营养不良而消瘦。

趾部皮炎型的患病藏獒,则表现为棘皮症或过度角化症状。

严重者趾间发痒而摩擦,出现发红、破溃、脱毛、肿胀甚至变形等症状。

【诊　断】　根据病史和临床症状即可做出初步诊断,确诊需进行实验室检查。

1. 虫卵检查　取患病藏獒新鲜粪便1克放入试管中,加入试管2/3高的饱和食盐水并充分混合,然后加满饱和盐水并使液面突出试管口部,静置30分钟,最后用载玻片盖取液面,镜检虫卵。钩虫虫卵无色、呈椭圆形,两端钝圆,内含2~8个卵细胞。

仔獒和幼獒发病时虫卵检查阳性率低,需根据嗜酸性粒细胞计数和贫血症状进行综合诊断。血液涂片后瑞氏染色,患病藏獒的嗜酸性粒细胞数量增加10%~35%。患病藏獒年龄越小升高越明显,红细胞也变小。

2. 血液学检查　患病藏獒常出现贫血,红细胞数降至180万~400万个/毫米^3,红细胞压积则为15%~35%。

【防　治】

1. 预　防

(1)预防性驱虫　藏獒出生20天后,开始驱虫,以后每月驱虫1次,8月龄后每季度驱虫1次。

(2)杀灭环境中的虫卵　应经常用喷灯或沸水浇烫环境,以杀死虫卵。

(3)加强环境卫生管理　每日清除犬舍中的粪便,清扫犬舍,减少宿主与寄生虫虫卵或幼虫的接触机会,犬舍保持干燥,粪便要及时清理并堆积发酵,利用生物热、阳光的暴晒杀灭虫卵或幼虫。养殖藏獒的主人要有社会责任感,严禁遛獒时进入儿童活动场地,因为儿童对本病易感,且草地上的温、湿度均适合于虫卵发育,故极易感染在草地上运动的儿童。

(4)增强藏獒机体的抗病能力　科学饲养藏獒,加强日常饲养管理,饲料使用全价优质犬粮或科学配比的犬粮,加强藏獒合理运动量,减少应激因素,提高藏獒的抗病能力,对妊娠母獒和幼獒进行精心管理。

2. 治疗

(1)驱虫 钩虫病所致的重度贫血,其治疗原则以"先驱后补"或"先补后驱"为主,要根据患病藏獒的临床检查结果具体制定。一般临床检查发现体质较好、无心力衰竭、无感染性发热的,要进行"先驱后补",否则要考虑"先补后驱",综合治疗。驱虫可一次口服左旋咪唑,每千克体重 10 毫克,连用 3 次;丙硫苯咪唑,每千克体重 40 毫克。以每千克体重 20 毫克剂量投服硫苯咪唑,既可杀虫,又可杀灭虫卵。伊维菌素或阿维菌素制剂对体内外寄生虫有较好的驱杀作用,剂量通常为每千克体重 0.2 毫克,因其商品名称及含量不一,可按制剂推荐剂量足量投给,目前市售商品制剂主要有痒可平、灭虫丁、伊维菌素、阿维菌素、害获灭、888 癣螨净等。

(2)输血治疗 对于贫血严重(红细胞压积在 20%以下,血红蛋白在 7%以下)、心前区出现奔马率或出现心力衰竭者要采取输血疗法,按输血量计算,大致为每千克体重 5~35 毫升。

(3)对症治疗 病獒排血便时可注射止血敏、维生素 K_3、氨甲苯酸、安络血等止血药物,贫血者投给维生素 B_{12}、铁制剂等,出现循环障碍时可应用双吗啉胺 5~30 毫克/次,并静脉注射 5%葡萄糖注射液。钩虫病导致的心力衰竭主要以纠正重度贫血为主,加强输血、利尿和补充铁制剂等措施。强心剂不宜过早使用,尤其是洋地黄制剂,因为低血钾会使洋地黄毒性增加,容易诱发洋地黄中毒。皮肤被钩蚴感染的,要用左旋咪唑涂肤剂进行治疗,有较快的止痒、消肿疗效,轻症患病藏獒每日涂擦 3 次,重症藏獒连续用药 3 天以上才会有效。也可用 15%噻苯咪唑软膏进行涂擦,主要用于早期钩蚴性皮炎,每日涂擦 3 次,连用 2 天。

【护理】 根据患病情况不同,其护理亦有所不同。贫血严重的藏獒,除了加强日常的饲养管理外,对贫血状态应进行临床治疗,饮食上以投给易吸收、易消化的高蛋白质饲料为主。肠道出血严重的,可用胃肠黏膜保护剂进行治疗,同时可用奥美拉唑等药物进行长期治疗。对顽固性厌食的藏獒可以进行流质食物的灌服或通过静脉补充营养。定期进行粪便寄生虫虫卵的检测和血液常规检查,尤其需要注意的是,体质差的藏獒应先纠正严重贫血后,再进行驱虫治疗。

治疗时要注意患病藏獒的体质,采取缓慢运动方式,定时进行粪便颜色、形状的感官检查,尤其是对胃肠溃疡的患病藏獒的护理,一定要仔细观察粪便颜色变化,及时调整食物结构。服用一些驱虫药物时要注意食物中油脂的含量,避免增加药物的吸收而出现毒副作用,出现心力衰竭。

护理人员、兽医在治疗本病时要注意个人防护,避免与犬、猫、羊等粪便污染的场地、土壤接触,定期给犬、猫驱虫,以消灭传染源。人感染本病主要在皮肤感染部位出现红色的丘疹、红肿和水疱,虫体在皮内移行时出现典型的蜿蜒状皮疹,并伴有奇痒。

犬恶丝虫病

本病又称心丝虫病,是由寄生于藏獒右心室及肺动脉的恶丝虫所引起的一种寄生虫病,临床上以患病藏獒出现食欲减退、消瘦、腹痛、黏血便、里急后重、脱水、呼吸困难和咳嗽等症状为主要特点。

【病　原】　犬恶丝虫为细长白粉丝状虫体,雄虫长 12～16 厘米,尾部短而钝,后端呈螺旋状弯曲。雌虫长 25～30 厘米,尾部较直。幼虫长 220～360 微米,在血液中做蛇形或环形运动。

【生活史与流行病学】　在右心室内的恶丝虫成虫交配后,受精卵在雌虫的子宫内发育和孵化为微丝蚴后,进入患病藏獒血液中,微丝蚴可在血液中生存 1 年或 1 年以上,在被中间宿主——各种蚊子或蚤吞食之前,不能进一步发育。若随着蚊子的吸血而进入其体内,约 2 周即可发育为侵袭性幼虫,然后移行到蚊的口部,当蚊子再吸血时,即将感染性幼虫通过吸血的方式注入到藏獒机体内。

感染性幼虫在藏獒的皮下组织、肌肉和脂肪组织内发育和生长,经 2~4 个月的发育后,经静脉移行进入右心室,再经 4~5 个月达到性成热,故血液中第一次出现微丝蚴是在感染后 8~9 个月。成虫可存活数年,且不断产生微丝蚴,成虫寄生于心室、后腔静脉、肝静脉和前腔静脉到腔动脉的毗邻血管内。

本病在我国大多数地区均有发生,感染季节多在夏季,且呈地方流行性。我国常见的中间宿主为中华按蚊、白色伊蚊、淡色库蚊等。

【临床症状】 典型恶丝虫病的最早症状是慢性咳嗽且无上呼吸道感染表现,运动时加重,易疲劳。随着疾病的发展,出现食欲减退、呼吸困难、咳嗽、疲劳、体重下降、被毛粗乱无光、贫血、脱毛等症状。皮肤出现类似湿疹样的变化。患病藏獒的皮肤呈多发性、破溃性、灶性结节,皮肤瘙痒、破溃、化脓,出现丘疹样病变。主要发病部位常在耳郭基部,皮肤剧烈瘙痒,其他部位的皮肤发生溃疡。尤其在化脓性肉芽肿的皮肤病灶血管周围常有微丝蚴寄生。

成虫寄生于右心室和肺动脉中,引起心内膜炎,继发心室肥大和右心室扩张,寄生虫虫体刺激肺动脉内膜而导致增生时,因肺水肿或静脉淤血而出现呼吸困难、肝脏肿大、四肢水肿、胸、腹和心包积液。移行至肺脏的微丝蚴,可引起严重的肺炎。

当并发后腔静脉综合征时,则出现血色素尿、贫血、黄疸、虚脱和尿毒症,并可听到三尖瓣闭锁不全的心杂音。有的患病藏獒出现癫痫症状。

胸部 X 线造影,可见心房、心室、肺动脉扩张,并可见到虫体。

心电图检查,可见心轴有变位和出现肺性 P 波。

血液检查,可见血清转氨酶活性升高,血清尿素氮升高,而红细胞压积及血红蛋白含量均降低,网状红细胞增加,血沉加快。血清蛋白在疾病的初、中期增加,后期减少。约有 1/3 的患病藏獒出现低蛋白血症。

【诊　断】　根据在外周血液中发现微丝蚴即可确诊。

1. 微丝蚴检查　可用 1 滴鲜血涂片直接镜检,如果检不出微丝蚴,并不能完全否定本病,因为在一些特殊情况下不能检出微丝蚴。取血液 1 毫升,加入 1‰盐酸 5 毫升,混合均匀后,以 1 500转/分离心 3 分钟,弃去上清液,取沉淀物进行镜检,在多数情况下可检出微丝蚴。也可用改良的 Knott 氏试验进行检查,具体方法是:在 15 毫升的离心管中加入 2‰甲醛溶液 9 毫升,吸取患病藏獒的新鲜血液 1 毫升,加入离心管中,混合后,以 1 500 转/分离心 8 分钟,弃去上清液,取 1 滴沉淀物与 0.1‰美蓝溶液混合,置于载玻片上,在显微镜下检查。

2. 血液学检查　可见嗜酸性粒细胞增多,嗜碱性粒细胞增多,γ 球蛋白升高。有时转氨酶增高,肌苷和尿素氮升高。尿液检查可见白蛋白尿、血红蛋白尿。

3. 快速检测　即利用酶联免疫吸附试验对抗凝血中的恶丝虫抗原进行检测。

【防　治】

1. 预防　在蚊、蚤繁殖的季节(5～10 月份),使用杀虫药消灭中间宿主蚊或蚤,对藏獒按计划进行预防性驱虫。对流行区域的藏獒,定期进行血液检查,血液检查阳性的藏獒及时治疗。

2. 治疗　主要选用以下药物进行治疗:

(1)乙胺嗪　每千克体重 100 毫克,口服,每天 1 次,连用 1周。

(2)伊维菌素或阿维菌素　每千克体重 0.05～0.1 毫克,皮下或肌内注射。

(3)硫乙肿胺钠　每千克体重 0.22 毫升(2.2 毫克),肌内注射,每天2次,连用2天。

(4)左旋咪唑　每千克体重10毫克,口服,每天1次,连用3天。治疗后第七天进行血液检查,微丝蚴检查呈阴性时停止用药。

(5)非拉辛　每千克体重1毫克,口服,每日3次,连用10天。

【护　理】　患病藏獒在治疗期间的护理要密切注意用药并发症,硫乙肿胺钠静脉注射时,切忌药液漏出或滚针,以免引起静脉炎。由于个体的差异,用药后可能引起药物中毒,如出现呕吐、厌食、黄疸症状要立即停止用药。成虫死亡后引起的肺动脉梗阻一般在用药治疗5～9天后出现,病獒常会出现发热、呼吸加快、咳嗽等症状,重症病例常出现弥散性血管内凝血。治疗期间应限制藏獒的活动。护理和治疗人员要注意个人防护,防止感染。微丝蚴侵入人体常表现为皮下结节,少数病例表现为移行性的皮肤损害。

球虫病

本病是主要发生在幼獒的寄生虫病,临床上主要表现为患病藏獒发热、食欲减退或废绝,排黏液便、血便,脱水等症状。

【病　原】　藏獒球虫病是由等孢球虫引起的主要侵袭幼獒的寄生虫病,等孢球虫的特点是囊内的胚孢子形成2个孢子囊,每个孢子囊内含有4个圆形孢子。等孢球虫卵囊大小为10微米×38微米。球虫对消毒药有很强的抵抗力,但在干燥空气中很快死亡,温度为55℃时15分钟被杀死,在水温为80℃时10秒钟被杀死,100℃时5秒钟即被杀死。

【生活史与流行病学】　等孢球虫通常寄生于犬、人、猫及其他食肉动物的小肠黏膜上皮细胞内,受精卵囊随粪便排出体外,在良好的外界条件和适宜温度(25℃～30℃)条件下,卵囊发育为孢子,形成4个子孢子和2个囊形球虫。

患病藏獒和带虫的成年藏獒是重要的传染源,主要经过消化道感染,吞吃被污染的饲料和饮水或吞食带球虫卵囊的苍蝇、鼠类均可导致发病。藏獒吞食了具有感染力的孢子化卵囊,子孢子在小肠中逸出后,进入小肠后1/3处的小肠黏膜上皮细胞中,进行裂殖发育,形成裂殖体,裂殖体破裂逸出裂殖子,裂殖子再侵入新的肠上皮细胞中,重复上述发育并在3代裂殖发育后,形成大、小配子体,大、小配子体接合后,形成合子,发育成卵囊,并随粪便排出。

　　本病广泛传播于藏獒群中,幼年獒对球虫病特别易感。卫生条件差、饲养密度过高的犬舍,地面潮湿污浊的养殖场常出现严重的流行。带虫的成年藏獒、病獒是传播本病的主要来源,通过其粪便污染饮水、饲槽、垫草、食物等而传播本病,也可以通过携带球虫卵囊的苍蝇、鼠类等污染而引起藏獒发病。

　　【临床症状】　患病藏獒水样腹泻,或排出黏液便,甚至黏血便。患病藏獒进行性消瘦,食欲减退乃至废绝。体温轻度升高或正常,被毛粗乱无光泽。因出血性肠炎而失血、贫血,继发细菌感染时体温升高,并因衰竭而死亡。

　　【病理变化】　剖检主要病变在小肠黏膜,呈卡他性炎症和出血性炎症,球虫病灶处常发生糜烂、出血,尤其以回肠段最为严重。慢性经过时小肠黏膜有白色结节,内含大量卵囊。

　　【诊　断】　临床上根据有顽固性厌食和便血、渐进性消瘦、贫血等症状,结合实验室进行粪便检查做出确诊。可用饱和盐水浮集法检查粪便中的虫卵,每个卵囊含有2个孢子囊,每个孢子囊含有4个子孢子。

　　另外,本病要与细小病毒病、出血性腹泻相鉴别。

　　细小病毒病以出血性腹泻和呕吐为主,粪便具有特殊的腥臭味,犬细小病毒检查呈阳性,初期白细胞总数低,具有强烈的传染性。

出血性胃肠炎以突然死亡、腹泻和呕吐为主，粪便以黏液血便为主，血便的血液常呈鲜红色或暗红色，具有腥臭味，多发生于 2 岁左右的青年藏獒。

【防 治】

1. 预防　平时加强对患病藏獒的管理，消灭老鼠、苍蝇和其他昆虫，杜绝卵囊的传播。在母獒分娩前 10 天饮用 900 毫克/升的氨丙啉溶液，产出的幼獒也要连用 7 天或用 50 毫克/天的剂量连喂 7 天。发现患病藏獒要及时隔离，獒舍要经常冲洗、消毒，粪便做无害化处理，最好进行焚烧，防止球虫卵囊污染环境。保持饲养环境的干燥，避免过于潮湿。

2. 治疗

(1)氨丙啉　每千克体重 100～200 毫克，混入食物或饮水中，连用 7 天。

(2)磺胺二甲氧嘧啶　每千克体重 55 毫克，口服，连用 11 天。

(3)磺胺嘧啶　每千克体重 0.11 克，口服，首次剂量加倍，每日 2 次。

另外，对脱水严重的患病藏獒可以进行补液治疗，贫血严重者可进行输血以及投给造血原料维生素 B_{12}、铁制剂等。

【护 理】　氨丙啉可引起藏獒厌食、腹泻，并能引起因维生素 B_1 缺乏而导致的中枢神经症状。磺胺类药物在治疗中能引起大红细胞性贫血和肝坏死等症状，因此治疗期间要进行血液学检测，以采取相应的治疗措施。同时，口服等量的碳酸氢钠，以免形成尿结石或尿结晶。对顽固性食欲减退、厌食的藏獒应进行营养液的补充。

蛔 虫 病

蛔虫病是藏獒常见的寄生虫病，临床上主要表现为幼獒发育不良、生长迟缓、呕吐、消瘦等症状。

【病　原】　主要为犬弓首蛔虫,虫体为淡黄白色,头端有 3 片唇,头部向腹部弯曲,雄虫长 5～10 厘米,雌虫长 9～18 厘米。虫卵呈椭圆形,大小为 68～85 微米×64～72 微米。

【生活史与流行病学】　犬蛔虫的虫卵随粪便排出体外,在适当的条件下,经 10～15 天发育成为感染性虫卵,污染饲料和饮水。感染性虫卵被宿主吞食后,即在小肠内孵出幼虫,幼虫进入肠壁,沿血管或淋巴液移行至肝脏。数日后移行至肺,进入呼吸道沿支气管、气管到达咽喉部,又被吞下至小肠内发育为成虫。

另一种方式是:含有幼虫的感染性虫卵被母獒吞咽后,通过血液循环经胎盘进入胎儿血液中,于仔獒出生后 2 天穿入肠壁,在 3 周龄内,仔獒的粪便中即可出现虫卵。此时,母獒因舔舐仔獒又被感染,亦可能排出虫卵。

新生幼獒可因吮吸初乳中的幼虫而感染本病,幼虫不经过移行而在小肠内直接发育为成虫。

幼獒感染犬弓首蛔虫的概率较高,根据资料报道,1 岁獒的犬弓首蛔虫感染率最高,可达 45%～90%。

【临床症状】　幼獒感染的最早症状是生长停滞和逐渐消瘦,以后腹底部逐渐膨大,有时可引起肠套叠或肠梗阻,患病藏獒被毛粗乱无光泽,黏膜苍白,食欲减退、呕吐,有时呕吐出虫体,粪便中常有蛔虫,有时异嗜,先腹泻后便秘,有时出现神经症状。

蛔虫幼虫在体内移行时,可损伤肠壁、肺毛细血管和肺泡壁、胆囊管,引起肠炎、肺炎和胆管阻塞。临床上表现为呕吐、腹痛、肠道功能紊乱、咳嗽和肺水肿。

【诊　断】　根据临床症状,并在粪便中检查发现虫卵即可确诊。

【防　治】

1. 预防　对养獒场的藏獒定期进行预防性驱虫,及时清理粪便,经常清洗饲槽和獒舍地面,并搞好环境卫生。由于蛔虫虫卵抵抗力强,黏附力强,所以产房和獒舍要每日清扫,食具要用沸水洗烫处理,地面进行火焰消毒处理。加强对饲养人员的管理,养成饭前洗手的习惯,防止吞入感染性卵而造成感染。

2.治 疗

(1)左旋咪唑 每千克体重 10 毫克,口服,每天 1 次,连用 2 天。

(2)伊维菌素或阿维菌素 每千克体重 0.05～0.1 毫克,皮下或肌内注射。

(3)丙硫苯咪唑 每千克体重 40 毫克,口服,连用 2 次。

【护 理】 治疗本病时要严格按体重用药,严防中毒,对于肠套叠、肠梗阻的患病藏獒要立即手术治疗。驱虫治疗时注意粪便的无害化处理。值得注意的是,犬弓首蛔虫对仔犬的垂直感染力很强,一般要在 20 日龄左右进行驱虫。以后定期检查粪便中的虫卵,每月检查 1 次并驱虫 1 次。8 月龄以后再进行一次驱虫。营养不良的患病藏獒,要加强营养。

护理人员在进行驱虫和治疗时要注意个人防护,以免感染本病,尤其是要避免患病藏獒的粪便污染儿童游乐场所。本病感染人时常表现为持续的嗜酸性粒细胞增高,并伴有肝肿大、肝脏压痛和高球蛋白血症。部分病人出现关节痛、消瘦、抽搐和癫痫发作等神经症状。眼内炎常见于儿童。

蠕形螨病

本病是由犬蠕形螨寄生于藏獒的毛囊、皮脂腺和淋巴腺内引起的体外寄生虫病,临床上以体表脱毛、发痒、皮肤增厚等症状为特征。

【病 原】 犬蠕形螨虫体细长,呈蠕虫状,体长为 0.25～0.3 毫米,宽约 0.04 毫米,分为前、中、后三部分。口器位于前部,由 1 对须肢、1 对螯肢和 1 个口下板组成。中部有 4 对很短的足,后部细长,上有横纹密布。雄虫的生殖孔位于背面,雌虫的生殖孔开口于腹面。

【生活史与流行病学】 发育过程包括卵、幼虫、若虫和成虫4个阶段,全部在藏獒机体的毛囊和皮脂腺中进行,雌虫在毛囊或皮脂腺内产卵,虫卵孵出幼虫,幼虫蜕皮变为前若虫,再蜕皮变为若虫,最后蜕皮变为成虫。全部发育期为25～30天。成螨在藏獒体内可存活4个月以上。据报道,成螨能在宿主的组织和淋巴结内发育繁殖。

本病主要通过直接接触或间接接触传播,发病与遗传因素有关,藏獒的遗传素质不同,发病率也有不同,饲养管理不良、饲料中缺乏维生素、身体瘦弱及应激因素能够促使发病。

【临床症状】 患病藏獒皮肤脱毛或被毛折断,呈多发性不规则形病灶,有的融合成片,有癣屑或明显的痂皮;有的呈局限性脱毛或丘疹,形成血痂。病变部位常位于藏獒的眼部、唇部、耳部和头部,由于皮肤瘙痒而使藏獒搔挠,有时四肢的爪部、无毛部位出现脱毛或丘疹;有的全身脱毛,皮肤增厚,局部出现皮肤色素过度沉着;如有继发化脓菌如化脓杆菌、葡萄球菌等感染则出现脓皮症并伴有皮肤瘙痒。

【诊　断】 根据临床表现和实验室皮肤刮取物的检验就可以确诊。

取病灶部被毛、痂皮、脓疱脓液、脱屑涂于载玻片上,滴加10%氢氧化钾溶液,放置20分钟,待角质溶解后于低倍镜下暗视野观察,可见被毛上附有蠕形螨虫体。病初检出率低,应反复多部位检查,可提高检出率。

【防　治】

1. 预防　加强饲养管理,提高藏獒的机体抵抗力。患有蠕形螨病的藏獒要进行隔离治疗,对于患病藏獒污染的环境、场地要用消毒药、灭虫药处理。患有本病的藏獒由于有遗传倾向应采取绝育手术,禁止繁殖。保持饲养环境的干燥,防止皮肤炎症的发生。

2. 治 疗

(1)赛巴胺 在脱毛和痂皮等病变部位涂擦,一般有良好效果。

(2)伊维菌素 每千克体重0.05~0.1毫克,皮下注射。

(3)888癣螨净 每千克体重0.1毫升,皮下注射。

患脓皮病的藏獒要用手术刀刀尖或止血钳刺破脓疱,挤出脓液,并用3%过氧化氢溶液冲洗;应用抗生素控制炎症和感染,最好通过药敏试验筛选敏感抗生素使用,效果更好。另外,蠕形螨病常与真菌病混合感染,建议在治疗用药时配合使用抗真菌药,如灰黄霉素,每千克体重10~20毫克,口服,每天1次,连用4~8周。伊曲康唑,每千克体重30~100毫克,口服,每天2次。局部外用抗真菌药膏,加碘剂或复方水杨酸软膏,每天1次。治疗期间注意检测肝、肾功能。也可用特比萘芬-米尔贝肟喷雾剂,每天1~2次,连续使用3~5天,如果病情加重,可以用药5天后,每隔1天喷1次,7天后有效。

【护 理】 患病藏獒隔离治疗,治疗期间,每2~4周进行1次皮肤多点部位的深层刮取物的检查,如呈阴性,再持续治疗4~6周,在最后用杀虫药治疗后,再过1个月进行皮肤的寄生虫检查。饲养场地用二嗪磷等药物进行喷洒。冬季藏獒常因绒毛生长,且空气湿度较大,导致皮肤局部湿度适合于蠕形螨的生长和繁殖。母獒在繁育期雌激素水平上升,也有利于蠕形螨病的暴发,应注意预防。由于藏獒发情季节常在秋、冬季,且用伊维菌素治疗时,其毒性作用常造成母獒不孕,因此造成本病治疗上的困难。建议患有全身性蠕形螨的藏獒进行绝育手术。治疗本病时要避免使用可的松类药物,以免复发。

疥 螨 病

本病是由疥螨属寄生虫寄生于藏獒皮肤内所引起的皮肤寄生虫病,临床上以剧烈发痒、湿疹性皮炎、脱毛等症状为主要特征。

【病　　原】　引起本病的病原体主要是犬疥螨。犬疥螨呈圆形,微黄白色,背部稍隆起。雄螨大小为 0.2～0.23 毫米×0.14～0.19 毫米;雌螨大小为 0.33～0.45 毫米×0.25～0.35 毫米。虫体背面有刚毛、锥突、鳞片和细横纹。虫卵为椭圆形,大小为 150 微米×100 微米。

【生活史与流行病学】　螨属于不完全变态的节肢动物,发育过程包括卵、幼虫、若虫和成虫 4 个阶段。雌、雄虫交配后,雄虫死亡,雌虫在宿主表皮内挖凿隧道,在隧道内产卵,卵经 3～8 天孵化为幼虫,幼虫移行到皮肤表面,在毛间的皮肤上开凿小穴,在小穴内经 3～4 天蜕皮变为若虫,若虫再钻入皮肤形成浅穴道,并在浅穴道内经 3～4 天蜕皮变为成虫。全部发育期为 2～3 周,雌虫在产卵后 21～35 天死亡。

【临床症状】　患病藏獒皮肤呈现丘疹和剧烈瘙痒,病变存于四肢末端、面部、耳郭、腹部两侧和腹下部,逐渐蔓延至全身。初期为红斑、丘疹和剧烈瘙痒,进而形成水疱,破溃时流出黄色的黏稠状油性分泌物,渗出物干涸后形成黄痂,有时和局部被毛黏附在一起。临床检查时,用器械可将其从皮肤上轻轻撕脱,除去痂皮后的皮肤呈鲜红色且表面湿润,伴有出血现象。有细菌继发感染时,患处皮肤发红、有脓性分泌物。有时患处皮肤干燥、龟裂,局部皮肤增厚,皮肤弹性降低,用手触之发硬。因患病藏獒奇痒而发生啃咬、摩擦、搔抓而出血、结痂,形成痂皮。病变部位脱毛,皮肤增厚,以面部、颈部、胸部和尾根部的皮肤形成皱襞最为常见,多为干燥性病变,有的呈急性湿疹状态。

患病藏獒由于受螨虫发育过程中分泌物和排泄物的刺激,导致Ⅰ型变态反应,出现丘疹、皮肤角质细胞受损和炎症,引起剧烈瘙痒,使藏獒烦躁不安,不停啃咬患病部位,影响正常的休息和采食,使患病藏獒的胃肠功能降低,引起食欲下降,逐渐消瘦。剧痒可贯穿整个病程,尤其是在运动后和气温上升时痒觉更明显。

继发细菌感染者则多发展为深在性脓皮症。

【诊　断】　本病的确诊主要以皮肤刮取物的实验室检查为主。

用刀片刮取皮肤健患交界处直至出血,将刮取物置于载玻片上,加10％氢氧化钾溶液,混合后静置20分钟,覆以盖玻片,如检到成虫、幼虫和虫卵即可确诊。

本病要与蠕形螨病、湿疹、皮肤真菌病、虱病相鉴别。一般蠕形螨病没有瘙痒或仅有轻微的瘙痒,多数病例有脓疱,并伴有葡萄球菌的感染。湿疹痒觉不明显,且环境温度升高后也不加剧。皮肤真菌病和虱病一般无皮肤增厚的现象。

【防　治】

1. 预防　加强犬场的饲养管理和环境卫生工作,合理安排饲养密度,以减少犬只之间的相互接触。发现患病藏獒要及时隔离,避免其与健康藏獒接触。平时保持獒舍的干燥和卫生。定期对场地和用具进行消毒和杀虫。患病獒的用具和獒舍要进行彻底地清扫、冲洗、消毒,并用火焰喷射器杀虫处理。注意治疗时的个人防护,避免自身感染。

2. 治疗　对局部皮肤及周围的被毛进行剪毛、除痂,除痂可用碱性肥皂液、石炭酸、甘油等,待痂皮软化后24小时,用温肥皂水洗净患处,然后涂擦蜱螨洗剂,或200倍稀释后药浴或喷洒,每周用药1～2次,持续用药2个月。

还可用伊维菌素,每千克体重0.05～0.1毫升,皮下注射;888癣螨净,每千克体重0.1毫升,皮下注射。患脓皮病的藏獒配合应用敏感抗生素,每周使用1次,连用4周。

止痒消炎可用泼尼松注射液,每千克体重 0.5～2 毫克,皮下注射。

【护　理】　对獒舍及用具进行彻底消毒;患病藏獒隔离治疗,治疗后第四周复查,如果存在螨虫,则继续治疗,以后每隔 2 周复查 1 次,直至检查不出螨虫为止。饲养场地用二嗪磷等药物喷洒,并保持饲养场地通风良好、光照充足。南方地区的藏獒犬舍在修建时注意地面的防潮处理。

本病在治疗时要注意藏獒因皮肤瘙痒而啃咬、搔挠引起皮肤损伤的护理,护理时要进行口笼保定,以防止啃咬。

第三章 藏獒呼吸系统疾病的防治和护理

第一节 上呼吸道疾病的防治与护理

感 冒

感冒是以上呼吸道黏膜感染为主的急性全身性疾病,临床上以咳喘、流鼻液、体温正常或偏高为特征。

【病 因】 多因饲养管理不当、营养不良、天气忽冷忽热、机体抵抗力降低,幼獒上呼吸道感染、受凉等导致发病,多发生于外界环境剧烈变化的晚秋、初冬或初春季节。

犬舍构造不合理,潮湿、灰尘过多,有贼风,饲养密度过高、通风不良,犬只在剧烈运动后受凉,气候突然变化等均可引起藏獒呼吸系统抵抗力降低,从而引起感冒。

【临床症状】 藏獒精神不振,食欲减退,呼吸加快,体温升高,常有恶寒怕冷症状,幼獒常出现体温低下、不能站立、发抖等症状。眼结膜潮红,流眼泪。咳嗽,流清鼻液,最初为浆液性的鼻液,随着病情的发展逐渐变为黏液性鼻液,有时鼻腔黏膜发红、糜烂,鼻黏膜肿胀,藏獒常用前爪挠鼻,呼吸急促,心率加快,心音增强。皮温不均,四肢和耳朵的温度较低。

【诊 断】 根据气候突变后突然发病、咳嗽、流鼻液等症状即可做出初步诊断。本病应与犬瘟热、副流感、腺病毒Ⅱ型感染相鉴别。

犬瘟热有双相稽留热,群发,有传染性,通常有上呼吸道和眼部症状,并伴有抽搐等神经症状。

副流感发病急剧,病獒高热,除有感冒症状外,尚有结膜炎和胃肠卡他炎症。感冒有受寒病史,咳嗽,流水样清鼻液,病初无结膜炎症状。

腺病毒Ⅱ型感染的病獒常出现鼻炎、喉支气管炎的症状,体温一般不高,流清鼻液,进而流出黏液性、脓性鼻液,咳嗽剧烈,以干咳为主。流行病学调查常有人员接触病犬或出入犬交易市场、宠物医院的病史。

【防 治】

1. 预防　加强饲养管理,平时加强动物的耐寒性训练,尤其在保温獒舍条件下饲养的藏獒,要逐步进行耐寒性的锻炼,以逐步提高机体抵抗力,在天气突变的情况下,要对藏獒进行保温,防止突然受凉而发病。在下雨时要将藏獒圈入犬舍,以免被毛淋湿感冒。

2. 治疗　本病的治疗原则以解热镇痛、祛风散寒为主。解热镇痛可用复方氨基比林、安乃近、安痛定等。为防止继发感染,可用抗生素进行治疗。做好藏獒尤其是幼獒的防风保温工作,加强患病藏獒的护理。体温降低的患病藏獒,要进行保温处理,同时静脉注射能量合剂和5%糖盐水,也可使用参麦注射液。

【护 理】　加强患病藏獒的护理,注意保暖。检查獒舍的防寒设施,包括垫草的更换,犬床和犬舍有无贼风侵袭等,并在营养护理上加强藏獒的营养摄入,尤其是维生素类的补充,要让幼獒多休息。

体温降低的幼獒,护理时要注意在输液的同时,身下要用热水袋保温,身上加盖小毛毯。注意热水袋的温度,避免烫伤幼獒。

本病在治疗中要注意抗生素的使用,无继发感染时尽量不使用抗生素。在治疗期间要给予多量、洁净的温水,以补充机体水分。

喉　炎

喉炎是藏獒喉黏膜和黏膜下层的炎症,临床上以剧烈咳嗽,喉部肿胀,喉部触诊敏感性增强、疼痛为特征。

【病　因】　原发性喉炎的病因一般由物理、化学因素以及各种机械因索引起,如寒冷的刺激尤其是初冬季节,藏獒在受寒时,呼吸道黏膜的抵抗力降低,使正常寄生在黏膜上或外界的细菌得以繁殖而发病。

继发性喉炎多因吸入刺激性的气体或含有灰尘较多的空气,异物梗阻或划伤导致,且多有鼻炎、支气管炎、肺炎伴发。

另外,犬瘟热、犬副流感、犬腺病毒Ⅱ型感染的藏獒常常继发喉炎。

【临床症状】　根据病程可依次分为急性型和慢性型,按性质可分为卡他性、格鲁布性喉炎。

1. 急性型　病初由于喉头黏膜敏感,多发出短促的干咳,随着病程的发展和喉头病理渗出物的增加,藏獒由原先的干咳转变为湿咳,在藏獒初出犬舍,刚一接触冷空气或在剧烈运动后,咳嗽便发作或加重。病獒经常低头、张口呼吸,呼吸节律加快,经常有咳后呕恶,触诊喉部时疼痛敏感、咳嗽加剧,有时出现咽喉部水肿,下颌淋巴结肿胀。有时睡觉吸气时发出异常声音。

病初体温稍有升高,由病毒性和细菌性传染病继发的,常有全身症状,如体温升高至 39.5℃~41℃、精神沉郁、脉搏增数等,同时常伴有呼吸困难、黏膜发绀、食欲减退等症状。

2. 慢性型　藏獒的慢性喉炎常发生于拴系的犬只,拴系的颈圈过紧、饲养环境噪声刺激、过多的参观等均可引起藏獒喉黏膜增厚或萎缩,发病一般以 4~5 岁的藏獒为主,咳嗽一般常见于早晨,嗓音沙哑,反复咳嗽,吠叫后常引发咳嗽,触诊喉部可诱发咳嗽,检查喉部可发现喉黏膜红肿、增厚。

【诊　断】　根据临床症状、病史和临床检查结果做出初步诊断。确诊需用喉镜进一步诊断。临床症状以频繁的咳嗽，沙哑的叫声，咽喉局部肿胀、疼痛、敏感性增高为主，听诊时有狭窄气流音或啰音等。

本病要与咽炎、急性支气管炎和感冒相鉴别。

咽炎病獒有流涎、咽下困难、饮食时食糜或饮水从鼻孔逆出的症状，由于咽部和喉部距离近，所以咽部和喉部常先后或同时出现炎症，在临床上应详加鉴别。

急性支气管炎病犬全身症状明显，体温升高，肺部听诊常听到各种啰音并伴有咳嗽、食欲减退等症状。

感冒病獒常有体温升高、流水样鼻液、肺部听诊呼吸音增强、喉部触诊疼痛不明显等症状，且有明显的受凉、受寒和天气突然变化的病史。

【防　治】

1. 预防　加强饲养管理，平时注意周围环境和饲养场地的环境卫生，避免藏獒受到寒冷、化学性、机械性不良因素的刺激，对引起本病的病毒性、细菌性疾病要及时治疗。

2. 治疗　急性型喉炎的治疗原则是消炎、止咳、祛痰、消除致病因素。

有全身症状的藏獒，可选用青霉素、链霉素混合肌内注射或用头孢菌素类药物消炎。青霉素每千克体重4万单位，链霉素每千克体重10毫克，肌内注射，连用5～6天。头孢菌素以每日每千克体重15～30毫克剂量口服。

渗出液特别黏稠，痰液不易咳出时可用枇杷止咳露5～10毫升/次，或用川贝止咳糖浆等。痛性干咳可用磷酸可待因，每千克体重1～2.2毫克，皮下注射，每天2～3次。或用中药制剂六神丸3～5粒口服，每天2～3次。喉部肿胀明显的藏獒可用0.25%普鲁卡因青霉素溶液分点进行喉部封闭注射。呼吸困难或有窒息的要立即进行喉部气管切开术。

中药方剂可用玄参15～30克,麦冬6～12克,桔梗6～12克,甘草3～6克。水煎服,每天1剂,分3次口服。兼风热表证者加薄荷、桑叶祛风解表;热重者加金银花、连翘、黄芩清热解毒;咽喉肿痛甚者加山豆根、射干以增强清热解毒止痛之效;兼气阴两虚者加青果、沙参各10克,以加强补气、滋阴之效。

慢性喉炎的治疗原则是降低机械性刺激,项圈过紧的可以用背带拴系。改善饲养环境,降低环境噪声,避免生人参观。下列中药对湿痰结聚、气血瘀滞性慢性喉炎有效。玄参12克,麦冬10克,川芎10克,当归10克,胖大海6克,青果9克。每天1剂,水煎服。

【护 理】 急性型喉炎病犬在咳嗽期间要多给饮水,避免在患病期间吠叫,可以安排患病藏獒在安静的犬舍中或隔离区休息;饮食以清淡的食物为宜。治疗上链霉素的使用一定不能过量,并在治疗时注意监测肝、肾功能。有条件的地区,可进行雾化吸入治疗。对因病毒性感染引起咽喉炎的患病藏獒要进行隔离治疗,其护理参见病毒性疾病护理的相关内容。

鼻 炎

鼻炎是由于环境因素引起的鼻腔黏膜或鼻窦黏膜的炎症。

【病 因】 鼻炎主要由犬瘟热病毒、副流感病毒、疱疹病毒、腺病毒Ⅱ型引起,细菌感染、真菌感染(如曲霉菌、隐球菌、青霉菌属等)、寄生虫感染(如肺丝虫病)、肿瘤等亦可引起。另外,吸入刺激性气体、尘埃、真菌孢子、花粉等,过敏反应、外伤、肺炎、慢性呕吐和反流等也可引起鼻炎。

【临床症状】 急性发作初期,病獒精神不振,体温略有升高,患病藏獒鼻黏膜敏感,时常打喷嚏,有时摇头,用前爪挠鼻,鼻液根据病程呈现浆液性、黏液性、脓性、血性鼻液,鼻孔处常见有干燥的分泌物,有时下颌淋巴结肿大。

慢性鼻炎的病情发展缓慢,临床上主要表现为流鼻液,时间长则为黏液脓性。鼻液量时多时少,混有血丝或有时发出腥臭的气味。鼻腔黏膜出现糜烂和溃疡。

【诊　断】　临床检查以一般检查和专用器械检查为主,根据病史和临床症状进行检查。面部不对称的,一般是由肿瘤引起,鼻、腭骨或额骨畸形,软腭部位肿胀,并导致疼痛,扁桃体和颌下淋巴结肿胀,鼻面及鼻翼上色素变淡。溃疡者一般为犬曲霉病导致。

细胞学检查可发现特异性鼻炎和真菌性鼻炎、寄生虫性鼻炎,以及肿瘤细胞。

本病应与副鼻窦炎、犬瘟热、感冒相鉴别。

副鼻窦炎常单侧鼻孔流出脓性鼻液且有恶臭气味;鼻腔黏膜常无变化,颜面部常有不对称的肿胀。X线检查可见鼻旁窦腔呈现广泛性的阴影和局部密度增加。

犬瘟热病初体温较高,有双相热型,除鼻炎症状外,尚有结膜炎、支气管肺炎、胃肠炎的症状,初期白细胞减少,后期出现神经症状。

感冒多在环境温度突然变化时突然发病,问诊时有明显的受凉、受寒病史,临床检查体温常偏高,有咳嗽、食欲减退或厌食症状。

【防　治】

1. 预防　加强饲养管理,平时注意环境和饲养场地的卫生,物理性清扫犬舍和运动场时要将藏獒隔开,避免藏獒吸入灰尘。春季开花季节要避免藏獒接触花粉,用甲醛溶液消毒犬舍后,避免犬只接触有毒气体。避免藏獒受到寒冷、化学性、机械性不良因素的刺激,对引起本病的病毒性、细菌性疾病要及时治疗。

2. 治疗　本病的治疗原则以除去病因、对症治疗和抗菌消炎为主。

对症治疗可用 0.5％高锰酸钾溶液清洗鼻腔,并清理鼻腔内的分泌物,鼻分泌物为脓性的,用广谱抗生素治疗。鼻黏膜肿胀严重时,可用 1％～3％盐酸麻黄素、1.25％去甲肾上腺素滴鼻。口服苯海拉明,每千克体重 2～4 毫克,每天 3 次。

鼻腔黏膜发生溃疡时,可用消毒液清洗鼻腔后滴入碘甘油制剂。

鼻腔内有异物时可用鼻镜除去异物,或用镊子取出异物。小的异物可用盐水冲洗,如异物不能用以上方法取出时可用手术方法取出,手术后用广谱抗生素治疗 7～10 天,常用的有阿莫西林,每千克体重 11～22 毫克,口服或静脉注射,每天 2 次。

真菌性鼻炎可根据病原种类具体用药,常用的药物有酮康唑,每千克体重 5 毫克,口服,每天 2 次;伊曲康唑,每千克体重 5 毫克,口服,每天 2 次。国外报道用手术法植入管子局部使用克霉唑,可治疗真菌性鼻炎,有效率在 90％以上。

寄生虫性鼻炎可肌内注射伊维菌素,每千克体重 300 微克,每周 1 次,连用 3～4 次。

过敏性鼻炎可以口服氢化可的松或强的松龙,每千克体重 2 毫克,连用 14 天。

【护 理】 注意防寒和预防感冒,做好环境温度的调控工作,避免藏獒受到寒冷或化学、机械因素刺激。将患病藏獒置于通风良好、温暖的环境中进行护理,一般轻症鼻炎可不治自愈。对于原发性鼻炎或继发感染的患病藏獒,要积极治疗原发病并加强患病藏獒的营养保障工作,经常清理鼻腔。对鼻炎的护理一般是针对真菌性鼻炎,由于要长期服用药物,故要定期检查肝、肾功能的生化指标。局部用药时要注意克霉唑不要吸入气管中,以免造成藏獒意外死亡。过敏性鼻炎要对过敏物质进行检测,并保证患病藏獒远离致病环境。鼻肿瘤要进行手术治疗或放疗、化疗等,但其预后常表现不良。

急性支气管炎

急性支气管炎是由于病毒和细菌感染,物理和化学性刺激或过敏反应对气管和支气管黏膜所造成的急性炎症。

本病的主要特征是支气管黏膜表面或深层发生炎症,一般黏膜表面有溃疡,杯状细胞增生,黏膜增生,黏液纤毛清洁功能被破坏。依经过时间的长短可分为急性和慢性2种。急性病例依支气管发炎的部位可分为3种类型:一是弥散性支气管炎,是全部支气管发生炎症,并以中等支气管病变最为严重的疾病。二是大支气管炎,即炎症局限于较大支气管,同时并发气管炎,故又称为气管支气管炎。三是毛细支气管炎,即炎症局限于小支气管与毛细支气管。单独的毛细支气管炎是非常少见的,支气管炎常和气管及喉卡他同时发生。

【病　因】　原发性支气管炎多由感冒引起,即在气候变化较大季节如冬季和春季、风吹雨淋或犬舍不良、贼风侵入等引起感冒,藏獒机体抵抗力降低,寄生或侵入支气管黏膜的微生物得以发育增殖,致使支气管黏膜发炎。

急性支气管炎也可能因吸入刺激性气体、粉尘、真菌、芽孢或其他毒性气体、污浊液体或粉碎饲料等引起。

继发性支气管炎多与某些传染病并发或继发,如副流感病毒、犬腺病毒或犬瘟热病毒可导致呼吸道上皮细胞感染,病毒破坏气管上皮组织,抑制肺泡组织中巨噬细胞的吞噬作用和细菌作用,继发细菌感染(主要为布鲁氏菌属或支原体)。疾病的高传染性导致在易感的藏獒群中快速传播,在接触有传染性的动物后2～10天,可见到临床症状。新生动物和免疫缺陷动物易发展为布鲁氏菌属肺炎或支原体肺炎。另外,邻近器官疾病的蔓延(如肺丝虫病、喉炎、气管炎)或维生素A缺乏等也可导致支气管炎的发生。

【临床症状】　藏獒病初有上呼吸道感染的症状,如鼻塞、打喷嚏、咽喉发红等症状，全身症状较轻，呼吸方式通常无变化，气管触诊经常引起阵发性咳嗽，胸部听诊有时可以听到湿性啰音。病初体温变化不明显，常为低热，咳嗽开始不重，呈刺激性，痰少。发病几天后，痰由黏液性变为黏液脓性，藏獒往往在早晨吸入冷空气后或在剧烈活动后，有阵发性咳嗽。严重的病例甚至终日咳嗽，呕吐或干呕。

黏液在较大气管中时可听到有粗的干性啰音，水样分泌物在小支气管中常表现为湿性啰音。

胸部叩诊，肺界后移，呈清音，并发支气管肺炎时，出现局灶性浊音。

血液常规检查，白细胞数基本正常，变化不大，胸部 X 线检查通常正常，偶尔在支气管周围可以看见渗出物。

【诊　断】　诊断主要依靠病史调查和临床表现，气管镜检查有明显的气管和支气管黏膜红斑，气管和支气管黏液中度增加。支气管细胞学检查中性粒细胞相对增多。气管和支气管常在菌培养呈支原体阳性。

鉴别诊断应与支气管异物、支气管外伤、气管萎陷相区别，多种疾病如肺结核、肺癌、肺脓肿、犬瘟热、扁桃体炎等，在发病时常有急性支气管炎症状，应进一步检查，详加区别。

犬副流感病毒、腺病毒Ⅱ型感染在症状上与急性支气管炎相似，正确的诊断有赖于流行病学调查、病毒的分离和补体结合反应。

【防　治】

1. 预防　由于呼吸道病毒感染常是细菌性急性支气管炎、肺炎和慢性支气管炎急性发作的诱因，因此加强平时对藏獒运动性能的锻炼，尤其是活动场地偏小而藏獒数量偏多的养獒场，必须保证藏獒每天不得低于 4 个小时的运动量。进行耐寒锻炼以增强藏獒的体质，做好疾病的疫苗注射，是预防呼吸道感染的有效措施。

加强对养殖环境的卫生管理,避免藏獒吸入有害气体、粉尘。及时治疗原发病。按时驱虫。

2. 治疗 有全身症状的藏獒,应单独圈养在隔离犬舍中,适当休息,并注意犬舍的保暖,避免藏獒吸入冷空气或接触生人,引起藏獒吠叫加重病情。多饮水,刺激性咳嗽用生理盐水超声雾化吸入;阵发性咳嗽在应用止咳药的同时避免细菌感染,药物可用咳必清25毫克或可待因15毫克,每天3次,祛痰剂可用氯化铵0.3克、碘化钾0.1~0.2克,每天3次,可与复方甘草合剂连用;如有支气管痉挛时,可用氨茶碱等;有发热等全身症状时,可用氨基比林肌内注射。如同时有细菌感染时加适当抗生素治疗,如四环素,每千克体重10毫克,每天3次;氨苄西林,每千克体重10~20毫克,口服,每天2次。对诱发急性气管炎的疾病应积极治疗。

中兽医理论将急性支气管炎分为风热咳嗽和风寒咳嗽2种。

风热咳嗽症见咳黄脓痰、发热、口腔干燥、舌红苔微黄,治疗应祛风清热、化痰止咳,用以下方剂效果较好。淡豆豉12克,蝉衣5克,荆芥5克,薄荷3克(后下),前胡5克,桔梗5克,炒牛蒡子12克,僵蚕12克,防风6克。干咳无痰者加沙参、麦冬各9克;咳喘者加旋覆花9克,水煎2次,温服,每天1剂。

如发热咳喘较剧者,可用麻杏石甘汤煎剂随症加减。

风寒咳嗽症见咳稀薄痰或白色黏泡沫痰,畏寒、微有发热,舌质淡,苔白滑,应散寒止咳。用荆芥、防风、杏仁、姜半夏、前胡各9克,甘草、陈皮各6克。煎服,每天2次。寒重者加麻黄6克、细辛3克;舌苔厚腻湿重者加苍术9克、厚朴6克。

【护 理】 对患有病毒性、细菌性疾病的病犬要及时隔离并治疗。有全身症状的藏獒,应单独圈养在隔离犬舍中适当休息,并注意犬舍的安静、保暖、通风和清洁卫生。避免藏獒吸入冷空气或接触生人,引起藏獒吠叫加重病情。多饮水,刺激性咳嗽可用生理盐水超声雾化吸入,加强饮食营养。

慢性支气管炎

慢性支气管炎是由于物理、化学等因素,引起支气管、气管黏膜炎性变化,导致黏液分泌物增加的疾病。在临床上藏獒表现为反复和持续的咳嗽、咳痰和呼吸困难等症状,并伴有大量黏液产生。早期发病症状较轻,多在寒冷季节发作,晚期炎症加重,症状可长期存在,无季节之分。

【病　因】　导致慢性支气管炎的病因极为复杂,常见原因如下。

1. 外界环境污染　化学气体如氯气、氧化氮、二氧化硫、臭氧,被动吸烟、吸入垃圾焚烧的烟雾等,均对气管、支气管黏膜有刺激作用,并对细胞有毒性作用,粉尘如煤尘、棉尘等对支气管黏膜不仅有刺激作用,而且可以引起肺组织纤维增生,使肺脏的清除功能遭受损害,为病原微生物的入侵创造了条件。

2. 感染　引起慢性呼吸道感染的常见细菌有博氏杆菌属、变形杆菌以及其他的革兰氏阴性菌,呼吸道感染是导致慢性支气管炎发病和加剧的重要因素之一。病毒感染对慢性支气管炎的发生和发展也起到重要作用,尤其是副流感病毒、腺病毒Ⅱ型、疱疹病毒等。据每年全国藏獒展览会的报道,参展的藏獒在展览会后返回养殖场,由于疫苗注射和隔离措施不到位,常引起全场藏獒支气管炎病例增多。病毒感染造成的呼吸系统上皮组织的损伤有利于细菌的继发感染,引起慢性支气管炎的发生和发作。

3. 过敏反应　过敏反应与慢性支气管炎的发病有一定的关系,在临床上,患病藏獒在服用皮质激素后,咳嗽症状有所减轻,证明细菌致敏与慢性支气管炎的发病有一定的关系。

4. 寄生虫感染　在藏獒常见的有毛细线虫感染,寄生虫感染引起肺脏组织损伤,造成肺脏纤维组织增生,尤其是奥斯勒寄生虫可以在远端气管和气管主干的黏膜下形成淋巴小结,造成气管黏膜高低不平,使气管支气管黏液分泌物增加。

5. 气候原因 患慢性支气管炎的藏獒对气候变化非常敏感。冷空气刺激支气管黏膜,能引起黏液腺肥大增生,引起黏液分泌物的增加,并引起支气管平滑肌痉挛,气管气道阻力增加,使气管中的分泌物排出困难,引起临床症状加重。

6. 其他原因 老龄藏獒由于性腺及肾上腺皮质功能减退,呼吸防御功能退化,拴系的藏獒由于喉头部位的长期刺激,单核巨噬系统功能衰退,使得慢性支气管炎的发病增加。营养因素对支气管炎也有一定的影响。维生素 C 缺乏可使机体对感染的抵抗力降低,血管的通透性增加;维生素 A 缺乏可使支气管黏膜上皮细胞及黏膜的修复功能降低。未确定的感染可以引起气管上皮细胞的脱落和增生,杯状细胞肥大和增生,黏膜下腺体增生肥大和分泌增加,导致黏膜下和黏膜有水肿和细胞浸润。支气管腔中有大量黏液、水肿及细胞浸润可以引起气道阻塞,部分病例有纤维组织增生现象。

【临床症状】 部分藏獒发病前有急性支气管炎、副流感等急性呼吸道感染史,常在寒冷季节发病,出现咳嗽、呕吐和干呕现象,采食、运动后和早晨、晚上遛犬后症状加重,干咳或咳嗽时有痰,痰常呈白色黏液泡沫状,黏稠不易咳出。患病藏獒呼吸困难,不愿运动,在急性呼吸道感染时患病藏獒的症状进一步加重,痰量增加,由原先的白色黏液状逐步变为黄色脓性。慢性支气管炎在反复发作后,黏液腺体增生肥大,支气管黏膜上皮细胞纤毛变短,参差不齐,纤毛的清除功能降低,支气管壁有炎性细胞浸润,黏膜充血、水肿和纤维组织增生,黏液分泌增加,支气管黏膜发生溃疡,肉芽组织增生甚至机化,引起支气管管腔狭窄,支气管黏膜的迷走神经感受器敏感反应性增高,副交感神经亢进,可出现喘息症状。随着病情的进一步发展,患病藏獒常表现为顽固性的咳嗽、咳痰,尤其在冬、秋季节时症状加剧。病程进一步发展可使病獒表现为哮喘样发作,患病藏獒常不能平卧休息,睡觉时经常变换睡姿,并发肺气肿时,随着病程的发展和肺气肿程度的增加,患病藏獒表现为呼吸困难逐步加剧。本病在早期常表现为呼气时间延长,听诊肺部有湿性啰音,肺泡音增强,并发肺气肿时肺泡音减弱,常听到干性啰音。

X线检查肺脏纹理增粗,或呈条索状。

【诊　断】　本病主要根据病史,以及明显的咳嗽,胸部听诊有干、湿性啰音,有时甚至可听到整个肺部有喘鸣音。X线检查可见肺部纹理增粗或呈条索状等症状进行确诊。

鉴别诊断应与急性支气管炎、慢性心衰、犬恶丝虫病、肺炎等相鉴别。

急性支气管炎发病急,主要为短痛咳嗽,流水样浆液性、黏液性、脓性鼻液,全身症状较重,肺部听诊有小的水泡音。

慢性心衰表现为心率增加,体温正常,呼吸困难,黏膜发绀,易疲劳。

肺炎初期症状同急性支气管炎,有咳嗽、流鼻液、支气管啰音等症状,后期表现为呼吸困难,呼吸频率加快,体温升高、呈弛张热,叩诊时有局灶性浊音区,听诊有捻发音。

犬恶丝虫病早期症状是慢性咳嗽而无上呼吸道感染的表现,运动时加重,易疲劳。后期有里急后重、排黏血便、呼吸困难、血红蛋白尿、黄疸等症状。

【防　治】

1. 预防　本病的预防主要是加强平时的饲养管理,对原发性疾病、寄生虫病等要及时治疗,避免藏獒吸入刺激性的气体、粉尘。保持饲养环境的清洁,提高机体的抵抗力。

2. 治疗　本病的治疗原则为消炎和祛痰止咳。可用增效磺胺片(每片含有磺胺甲基异噁唑400毫克和甲氧苄啶80毫克),成年藏獒每60千克体重可服用2片,每日2次,每次2片,连用7

天。或用青霉素每千克体重 4 万单位,链霉素每千克体重 10～20
毫克,肌内注射,每天 2 次。或用头孢菌素,每千克体重 20 毫克,
肌内注射,每天 2 次。也可用氨苄西林,每千克体重 22 毫克,每 6
小时肌内注射 1 次,疗效较好。此外,中药制剂鱼腥草、四季青、射
干抗病毒注射液等均有较好的抗菌消炎作用。

在慢性支气管炎的治疗中,祛痰占主要的地位,祛痰可以减少
咳嗽,促进痰液引流,减少感染发生,有利于改善气管的通气状况,
从而使喘息得以缓解。可用碘化钾,每千克体重 0.3～0.6 克,吐
根糖浆 2～3 毫升,口服,每天 3 次。或使用中药制剂鲜竹沥口服
液,每天 3 次,每次 10 毫升,有祛痰和清热的作用。此外,还可用
必嗽平,每次用 16 毫克,每天 3 次,可以降低痰液的黏稠度,使痰
液易于咳出。还可用氯化铵,每千克体重 0.15～0.3 克,每天 3
次,口服。干咳的患病藏獒可口服咳必清 25 毫克、美沙芬 10～30
毫克,每天 3 次。

还可用皮质内固醇激素类药物强的松龙治疗,首次量每千克
体重 1 毫克,口服,连用 10～14 天。维持剂量为每千克体重
0.1～0.25 毫克,口服,每天 2 次,隔天使用 1 次。皮质醇激素要
连用 2～3 个月,以后逐渐减少用量。

中兽医根据临床症状辨证分型治疗,可分以下类型。

寒型:患病藏獒外感风寒,体属脾肾阳虚,有内外皆寒的症状,
畏寒、流清鼻液、咳呛、痰多如水沫、舌质淡红、苔薄白或腻、脉浮,
方用小青龙汤加减:麻黄 3 克,白芍 9 克,细辛 3 克,干姜 3 克,桂
枝 9 克,半夏 6 克,五味子 4.5 克,甘草 6 克。水煎服,每天 1 剂,
分 2 次服用。此方用于本病急性发作时期。

热型:外感风热,郁热化火,咳嗽无痰或痰黄稠,苔黄腻,脉滑
数。可清肺泻热,用中药成方清肺散治疗。

外感里热型:外感风寒,伴有内热,口干舌红,苔薄黄,脉沉数,
用麻杏石甘汤加味:前胡 9 克,百部 3 克,麻黄 3 克,杏仁 9 克,生

石膏 15 克,生甘草 3 克,每天 1 剂,分 2 次服用。

【护　理】　加强饲养管理,提高机体抵抗力,严格按免疫程序进行疫苗注射。针对慢性支气管炎的发病原因,加强对藏獒的卫生管理,保持养殖环境的清洁卫生。由于本病的治疗时间较长,对患病藏獒的护理尤为重要。如天气较为暖和,可在早晨让藏獒进行缓和的运动,以增强藏獒的体质。气候变化时,及时将患病藏獒圈入犬舍,避免感冒的发生。此外,最好将藏獒养殖在环境适宜的地区,以免吸入粉尘或刺激性气体加重病情。还可在病情缓解期间,采用中西医结合治疗的方法,以提高疗效。在治疗时注意支气管扩张药物如氨茶碱,不能长期连续用药,应间隔用药。

支气管扩张

支气管扩张是指支气管及周围肺组织的慢性炎症损害管壁引起的支气管扩张和变形。

【病　因】　主要的病因是支气管、肺脏感染和支气管阻塞,导致支气管的扩张。犬瘟热病毒、腺病毒Ⅱ型以及细菌和真菌均可引起支气管和肺脏的感染,损害支气管的管壁组织,导致支气管扩张。肿瘤、异物或肿大的淋巴结压迫支气管,使支气管阻塞,引起远端支气管和肺脏感染,可并发支气管扩张。刺激性气体和有毒气体的吸入,或慢性支气管炎及肺部疾病,也能引起支气管炎和管腔阻塞,损害管壁,导致支气管扩张。

【临床症状】　支气管扩张典型的症状是慢性咳嗽,痰液呈脓性,有时出现咯血症状。用抗生素治疗可以暂时缓解咳嗽症状。听诊可以在肺部听到湿性啰音和喘鸣音。反复继发感染时引起全身毒血症症状,如发热、厌食、消瘦和身体衰弱等。

X 线检查常有明显的支气管图像,支气管呈现增宽或出现不规则管腔。

【诊　断】　本病除根据临床症状和病史调查做出诊断以外,

X 线检查有重要意义。病初胸部平片看不到支气管扩张现象,或有时仅见患病的肺部有纹理增粗表现。疾病后期 X 线摄片可以显示出不规则的环状透光阴影或呈蜂窝状,甚至可有液平面,说明支气管扩张存在,局部有肺不张和肺实变。

本病应与慢性支气管炎(无气管扩张)、隐性肺炎、支气管肺肿瘤并伴有继发感染相鉴别。

【防 治】

1. 预防　对病毒性传染病如犬瘟热等要进行及时隔离治疗,平时加强饲养和防疫管理,做好环境调控工作,避免藏獒吸入刺激性气体。对于原发性疾病要对症治疗。

2. 治疗　治疗原则是促进痰液引流,控制感染,必要时进行手术切除。促进痰液引流可以使藏獒左侧、右侧、胸、背侧横卧,用手叩击胸腔壁,排除痰液和刺激咳嗽,每 30 分钟转动体位 1 次。

祛痰剂的使用可使痰液稀薄,便于排出。氯化铵,每千克体重0.1 克;碘化钾,每千克体重 0.3 克,口服,每天 3 次,必要时用黏液溶解剂糜蛋白酶做雾化吸入。急性感染发作时可用青霉素按每千克体重 4 万单位、链霉素按每千克体重 20 毫克肌内注射,每天2 次,疗程为 14 天左右。其他抗菌药的应用,可以根据痰液药敏试验选用。在疾病缓解期间,可用青霉素 20 万单位,溶解于 4 毫升蒸馏水中,雾化吸入,必要时可加入链霉素 0.25 克。

确诊病变部位为局部区域或单肺叶症状严重的可以进行部分肺切除术。肺叶病变广泛的或伴有严重肺气肿的,则禁止手术治疗。广泛的支气管扩张是不可治愈的,复发较常见,预后不良。对于不宜手术治疗的患病藏獒,可长期服用中药百合片,成年藏獒每天服用 3 次,每次 3～6 克,3 个月为 1 个疗程。对于有咯血症状的病犬可应用止血药物治疗。

【护 理】　本病的护理主要是加强患病犬营养的供给,给予营养丰富、易消化、富含维生素的食物。避免藏獒剧烈运动。加强饲养管理,注意防寒保暖,减少应激和不良因素的刺激。积极治疗原发病。由于本病多预后不良,所以早期发现和治疗尤为重要。

第二节 肺脏、胸腔疾病的防治与护理

肺 水 肿

肺水肿是藏獒常见的一种呼吸道疾病,是肺脏内血管和组织之间液体交换功能紊乱所导致的肺脏肺泡、肺间质有异常液体聚积的疾病,临床上以极度呼吸困难、流泡沫状鼻液为特征。

【病　因】 藏獒的肺脏在解剖结构上存在 4 个腔隙,即肺血管腔、肺间质腔、淋巴管腔和肺泡,肺脏各腔室之间有液体交换和移动,而且保持动态平衡。当各腔室之间水液交换功能紊乱时,则肺内液体移动平衡失常,导致间质和肺泡内水量增加,产生肺水肿。引起肺水肿的原因有以下几方面。

1. 严重感染 微生物产生的各种毒素和机体释放的物质如血管活性物质组胺、5-羟色胺、激肽等均可使肺泡上皮细胞和血管上皮细胞损伤,使肺泡膜和血管壁的通透性增加。严重的感染可使肺间质中和肺泡中的胶体渗透压增高,使血管中的液体外渗,从而引起肺水肿和继发感染。

2. 物理、化学性刺激 物理性刺激如高压气体、电击、高温等,化学性刺激如毒气、氨气、氯气、硫化氢、臭氧等,这些刺激能直接损伤肺组织细胞,影响其通透性,还可刺激肺组织的化学感受器,反射性收缩肺脏的小血管,使血管麻痹扩张。呼吸功能障碍(如呼吸窘迫症)所致的缺氧,可使肺泡表面活性物质被破坏,淋巴管受到化学刺激后交感神经兴奋,导致淋巴管痉挛收缩,使淋巴回流功能减退,均可引起肺水肿。氧中毒也可引起肺组织损伤,主要与动脉血氧分压有关。

3. 急性胰腺炎、尿毒症　可使肺泡毛细血管膜通透性改变,引起肺水肿。

4. 肺毛细血管静水压增高　常见于发生二尖瓣狭窄、左心室衰竭、细小病毒性心肌炎和输液过量时。

5. 血浆胶体渗透压降低　肝功能不全、营养不良、吸收不良、肾病、慢性失血、烧伤等可以引起单纯性低蛋白血症,如果此时肺血管静水压很高,就可发生肺水肿。

6. 淋巴循环受阻　常见于肿瘤浸润,压迫淋巴管,使淋巴回流受阻产生肺水肿。

7. 间质负压增加　胸腔积液、气胸在抽液或抽气量过多或过于迅速时,常导致肺水肿。

8. 其他因素　高原性肺气肿、神经性肺水肿常见于脑出血、脑血栓、蛛网膜下腔出血和脑肿瘤,由于丘脑下部功能紊乱、中枢交感神经兴奋等原因使周围血管收缩,血液由体循环向肺脏转移,肺血容量增加,致使肺毛细血管压力升高,促使液体渗出,导致肺水肿。

【临床症状】　由于造成肺水肿的原因不同,临床表现也不尽相同,发病有时很突然或缓慢。临床上病獒首先表现不安,鼻流清液样鼻液,食欲废绝,排尿量增加,呼吸、心跳略为加快。随着肺水肿的加重,患病藏獒表现为剧烈不安、骚动,清鼻液进一步增多,口腔分泌物增多,有时出现逆呕动作,甚至出现磨牙、口吐白沫、呼吸急促(有时表现为端坐呼吸)、仰头伸颈张口呼吸的状态。呼吸次数明显增加,患病藏獒惊恐不安,体表静脉怒张,眼球突出,结膜潮红或发绀,体温升高,两鼻孔流出大量泡沫状的白色或粉红色鼻液。心跳加快,心脏听诊可发现心节律失常,有杂音,严重时体温骤降,出现休克症状。

病初胸部听诊可听到肺泡呼吸音微弱或粗厉,叩诊病变部位呈浊音。疾病进一步发展可听到水泡音和捻发音。X线检查显示肺密度均匀上升,肺纹理变粗、变乱,严重时胸腔积液量较多,肺野呈均质性密度增高,心脏肥大,有异常的心轮廓影。支气管周围增厚,肺门密度发生改变。

【诊　断】　根据病史和临床症状(突然发生高度混合性呼吸困难,流泡沫状鼻液等)可做出初步诊断,确诊要依据 X 线检查。

【防　治】

1. 预防　预防肺水肿主要应加强饲养管理,避免吸入刺激性气体和不良因素的刺激。长途运输的藏獒要每隔几个小时停车检查并牵出进行适当运动,且要保证良好的通风和适量的饮水。在炎热季节应于早、晚进行适量运动。夏季应做好獒舍的降温工作。对患有原发性疾病的藏獒要积极治疗。本病的发病率近年来呈上升趋势,这主要与长毛型藏獒的流行有关,除了地区气候环境外,也与养殖者越来越追求藏獒绒毛量的丰厚、真毛的长度等有关。

2. 治疗　本病的治疗原则是去除病因,消除间质和肺泡水肿,制止渗出,提高摄氧量,改善和缓解呼吸困难,纠正酸碱平衡。

首先使藏獒安静,可用镇静剂,如每千克体重注射硫酸吗啡 0.5～1 毫克,或重酒石酸氢化可的松 1～2 毫克,或戊巴比妥 2～4 毫克,或苯巴比妥 5～15 毫克。

因急性左心功能不全所致的肺水肿,可用肾上腺素、异丙肾上腺素等支气管扩张药。静脉注射氨茶碱,每千克体重 6～10 毫克,对解除支气管痉挛、扩张支气管效果较好。为缓解缺氧造成的呼吸困难,应予以输氧,以每分钟 5～6 升的速度经鼻输入氧气。为减少静脉血液回流量,可静脉放血,放血量为每千克体重 6～8 毫升。

强心利尿可用西地兰,每次 0.5～0.6 毫克,静脉或肌内注射,6 小时后减半量再注射 1 次。口服呋塞米,每千克体重 2～4 毫克,每日 2～3 次。或口服氢氯噻嗪(双氢克尿噻),每次 0.025～0.1 克,每日 1～2 次。此外,高浓度的葡萄糖注射液或右旋糖酐注射液也有明显的利尿作用。

制止渗出可用阿托品或氢化可的松肌内注射,也可静脉注射葡萄糖酸钙注射液。并发细菌感染时,应全身应用抗生素、磺胺类药物或喹诺酮类抗菌药物。对低蛋白血症的患病藏獒,可根据血液生化指标补充犬用白蛋白。对心律失常的患病藏獒,可使用心得安制剂。

【护　理】　藏獒肺水肿是很严重的危急疾病,在治疗期间,要密切注意患病藏獒的呼吸、心脏状况,及时采取必要的急救措施。要多次监测血液红细胞压积、血液血气分析、血液总蛋白等血液常规生化项目。注意监测尿量、中心静脉压力、体重,及时纠正酸碱失衡和低蛋白血症。本病一般需住院治疗。

本病的发生与气候、饲养环境和养殖藏獒的种类有关。在南方地区要理智选择藏獒品种,不要一味追求市场利益,饲养与环境条件相悖的长毛型藏獒。

支气管肺炎

支气管肺炎也称为小叶性肺炎或卡他性肺炎,是细支气管及肺泡的炎症。临床上以弛张热型,呼吸次数增多,叩诊有散在的局灶性浊音区,听诊有啰音和捻发音为特征。本病多见于老龄藏獒和幼年藏獒。

【病　因】　原发性病因多为支气管发炎,渗出物常在支气管腔中,渗出物中的微生物在气管黏膜上繁殖生长,当藏獒咳嗽或支气管纤毛上皮运动减弱时,渗出物中的病原微生物就沿着支气管蔓延生长而侵入肺泡,引起肺部炎症。

饲养管理不良,饥饿过劳,受寒感冒,物理、化学等因素刺激,使机体抵抗力降低,更容易引起发病。在老龄或幼年藏獒中,病原微生物很容易侵入并大量繁殖进而引起发病。吸入刺激性气体或有毒气体,肺炎球菌、葡萄球菌、链球菌、真菌感染、蛔虫等寄生虫的移行,均可成为本病的直接致病原因。

　　继发性支气管肺炎常发生于犬瘟热、犬腺病毒Ⅱ型感染、犬疱疹病毒病的病程中。

　　此外,幼獒缺乏维生素也易继发本病。

　　【临床症状】　患病藏獒精神沉郁,眼睛无神,眼分泌物增多,食欲不振或废绝,体温升高(40℃以上),呈弛张热。脉搏随体温的变化而改变,病初稍强,随着病程的发展,频率逐渐加快。病初2～3天体温常维持在较高的温度,随后几天体温逐渐下降,之后体温又重新上升。

　　病初患病藏獒鼻镜干燥,流鼻液,咳嗽短而干,后期咳嗽变为湿性。听诊局部肺泡音增强,以后减弱或消失,有支气管湿性啰音及捻发音。叩诊出现浊音区。呼吸状况由于发炎的部位、范围及病原微生物毒力不同而有差异,通常呼吸多急迫,若炎症范围侵及几个或多数肺小叶时,呼吸显著增快。重症獒呼吸困难,出现明显的腹式呼吸,可视黏膜发绀,舌体青紫或苍白。鼻液在全病程中均有存在,有时为较多的黏液或黏性脓液,有时仅在鼻孔处结成干痂。幼獒发病时常表现为喜伏卧和嗜睡。

　　X线检查在透亮的肺野中可见多发的、大小不等的点状、片状或云絮样渗出性阴影,多发生在肺心叶和膈叶,常呈弥漫性分布,或沿肺纹理的走向散存于肺野中。肺纹理增多、增粗和模糊,小叶性病灶边缘模糊不清,与正常肺组织没有清晰界限。大量的小叶性病灶可融合成大片浓密阴影。

　　血液学检验可见白细胞总数增加,嗜中性粒细胞增加,核左移,单核细胞增多,嗜酸性粒细胞缺乏。患病藏獒机体状态改善时或即将痊愈时,淋巴细胞与嗜酸性粒细胞增加。

　　【诊　断】　根据临床特征、X线检查及血液学检查结果可做出诊断,但与细菌性、真菌性、寄生虫性肺炎的鉴别诊断尚需借助于渗出物和黏液培养、细胞学检验等进一步的分析。

本病应与支气管炎、大叶性肺炎相区别。支气管炎热型不定，胸部叩诊呈过清音甚至鼓音。大叶性肺炎多呈高热稽留，病程更为急促，胸部叩诊呈现大片浊音区，X线检查有明显而广泛的阴影。支气管空气影于多个肺叶发生，并且弥散于整个肺叶。

【防　治】

1. 预防　本病的预防首先是加强藏獒的耐寒锻炼，防治感冒。近几年来，由于内地藏獒养殖兴起和藏獒价格提升，藏獒由原产地的冷培育方式转变为人工控温培育方式，温室中养殖的藏獒若受到风、寒、湿、雨等的侵袭则极易发病。因此，平时要加强饲养管理，给藏獒饲喂营养丰富易消化的食物。密闭式的獒舍要加强通风，并逐步增加通风的次数，保持空气的新鲜清洁。定期驱虫和按时进行疫苗注射，以增强藏獒的抵抗力。

2. 治疗　本病的治疗原则是消炎，止咳，制止渗出，促进吸收和排除，以及对症治疗等。为消除炎症，控制感染，可用广谱抗生素治疗，通常选用四环素、青霉素、庆大霉素、先锋霉素等，在应用抗生素的同时，配合口服磺胺类药物。为了使治疗更有针对性，可采取痰液、鼻分泌物、黏液、胸腔渗出物或血液做药敏试验，根据结果选择合适的抗生素。

采用肺炎Ⅰ号中草药合剂治疗细菌性肺炎有一定的疗效，但由于方中有鱼腥草，个别患病藏獒服用后会出现呕吐和胃肠不适等症状。

【护　理】　本病发生后要立即将患病藏獒放入单独的圈舍中派专人饲养，并限制其活动。圈舍要安静、清洁并保持通风良好。给予易消化的饲料，每天要多饮几次清洁的饮水。不能采食的病獒应给予补液，并食用流质或半流质的易消化食物。

继发于犬瘟热、副流感病毒感染的患病藏獒要隔离治疗和护理。

肺 炎

肺炎是肺实质的急性或慢性炎症。肺炎的种类很多,按病变的解剖部位分为大叶性肺炎、小叶性肺炎和间质性肺炎 3 种。按感染方式分为原发性吸入性、继发性吸入性和血源传播性肺炎。按病程分为急性肺炎和慢性肺炎 2 种。现在一般按病因分类以便于治疗。感染性肺炎按病原体的性质可分为病毒性、立克次体性、支原体性、衣原体性、细菌性、真菌性、寄生虫性肺炎等,此外还有过敏性肺炎和物理、化学因素引起的放射性肺炎、化学性肺炎等。原发性吸入感染多累及肺叶、叶段分布,继发性感染多属支气管肺炎,继而融合。病毒性和支原体性肺炎多为间质性肺炎,继发感染后可引起支气管肺炎。

近几年来随着藏獒规模养殖的兴起,各养獒场抗菌药物大量滥用,导致细菌性肺炎的性质、致病菌和疾病的严重性有所改变,但吸入性感染仍占很大比例。一些原来常见的如链球菌性肺炎有所减少,葡萄球菌和革兰氏阴性需氧菌感染比例有所上升,故治疗时应进行致病菌药敏试验以提高疗效。

【病 因】

1. **细菌性肺炎** 细菌性肺炎的致病菌包括链球菌、葡萄球菌、埃希氏大肠杆菌、变形杆菌、巴氏杆菌、弯曲杆菌、博代氏杆菌、假单胞杆菌等需氧菌和放射菌、诺卡氏菌、梭菌等厌氧菌。

细菌性肺炎多数为吸入性感染,一般是当呼吸道防御功能下降后,大多数藏獒先有轻度的上呼吸道病毒感染,病毒破坏支气管黏膜的完整性,影响黏膜与纤毛的运动,从而导致细菌感染。

突然受凉、饥饿,或长期应用抗生素和免疫抑制剂治疗后,导致机体抵抗力降低,免疫细胞吞噬作用和免疫反应减退时,也可引起细菌性肺炎。

直接蔓延感染见于胸腔穿透伤,异物的进入如灌药时呛入肺内,藏獒在有荆棘的林间奔跑,受枪弹伤,食管的穿透性损伤,医源性诊断和手术感染。

患长期消化不良、肺不张、肿瘤、心脏病、慢性支气管炎的病獒易受病原菌感染导致肺炎的发生。

2. 真菌性肺炎 是由真菌引起的肺部感染,以传播性疾病累及肺部常见。病原菌一般是以原发性吸入感染和条件致病导致藏獒发病。

可以引起藏獒呼吸道感染的常见真菌有球孢子菌属、芽孢菌属、组织胞浆菌属、隐球菌属、曲霉菌属和放线菌属中的真菌。

3. 异物性肺炎 是由于吸入异物而导致的肺脏和支气管的炎症,故又称吸入性肺炎。多见于吞咽功能紊乱时,如咽炎、咽麻痹和知觉紊乱时,灌药方法不当,将药物误灌到气管中,藏獒在呕吐时胃内容物误入呼吸道,错误的治疗如气管插管,吸入环境中的有毒气体、烟雾、石灰和石棉粉等,均可导致异物性肺炎。

【临床症状】

1. 细菌性肺炎 患病藏獒发病突然,精神不振,食欲减退或厌食,有怕冷的症状。发病时体温高达40℃以上,呈稽留热型直至消散期为止。脉搏增数,可达100～150次/分,呼吸的增数和体温高度不呈正比。发病2～3天后,即进入实变期,患病藏獒结膜潮红、呼吸急促、困难,鼻镜干燥,常有痛性频繁的咳嗽,鼻液由原先的黏性逐渐呈黏液脓性,以后鼻液中带血或呈铁锈红色。若病变部位广泛,则表现为呼吸急促,有明显的腹式呼吸,因缺氧表现为可视黏膜发绀。胸部听诊根据病理变化的不同而有差异,在充血期,可听到粗厉的肺泡呼吸音,不久后变为较弱的呼吸音。在病变区以外的部位,肺泡呼吸音加强。在渗出期,病变部位可听到小的水泡音和捻发音。病变发展到实变时,叩诊呈浊音,听诊为支气管呼吸音和湿性啰音。消散期,肺泡中渗出物逐渐被溶解,可出现响亮的水泡音和捻发音,以后逐渐恢复时,肺泡音可趋于正常。病变部位延及胸膜时,可引起局部胸壁压痛,听诊有摩擦音。

实验室检查可见血液白细胞总数和嗜中性粒细胞均显著增加,核左移,胞质内出现毒性颗粒及空泡。

铁锈色鼻液具有特征性诊断意义,鼻液中有大量的白细胞和上皮细胞,细胞内有病原体。采取呼吸道分泌物做细菌培养、分离和药敏试验,对于诊断和治疗均有帮助。

在病变的初期,X线检查仅见有肺纹理增多,或局限于一个肺段的淡薄、均匀的阴影。间质性肺炎有弥漫性的网络样表现,在实变期可见大片均匀致密的阴影。进入消散期后,肺部阴影密度逐渐降低,透亮度增加,呈散在的、不规则的片状阴影,有时呈斑块或条索状。

2. 真菌性肺炎 根据病原菌感染的部位和传播途径的不同,其临床症状也有所不同。隐球菌感染的患病藏獒有呼吸急促或呼吸困难,咳嗽,听诊时有干、湿性啰音,体温升高,食欲减退等全身症状。取脓性鼻液做实验室检查,用墨汁染色镜检,可发现典型的厚荚膜孢子,用氢氧化钾处理的样品涂片,镜检可见芽生孢子,不见厚荚膜。

X线检查肺脏有结节、空洞,肺实质有浸润性病变,可见散在性或融合成片状的云絮状阴影。肺门周围分布有大小不等的粟粒状阴影,并向四周散播,阴影密度较高。在肺门处的结节经久后会发生钙化。

3. 异物性肺炎 异物进入到肺中后,最初引起气管、支气管和肺小叶的炎症,气管、支气管阻塞,患病藏獒表现为呼吸急促、困难,体温升高至40℃以上。病犬端坐呼吸,精神沉郁,食欲废绝,有时怕冷、甚至战栗,心率加快,脉搏快而弱,可视黏膜发绀,并出现咳嗽等症状。由于随吸入物进入肺脏的微生物在气管的阻塞部位生长、繁殖,引起肺组织的腐败分解,随着病程的发展,最终导致肺坏疽。

患病藏獒呼出腐败带恶臭的气味,脓性鼻液逐渐增多,同时已腐败而脱落的肺组织及其黏液也随鼻液排出,为不洁的红色或褐红色,有时混有块状物。当患病藏獒低头或咳嗽时,可大量排出。镜检鼻液时,可发现其中含有大量的组织碎屑、脂肪滴、针状脂肪酸结晶、脓细胞、红细胞、各类型的细菌及弹力纤维等。为了检查弹力纤维,可将鼻液放入10％氢氧化钾溶液中煮沸,离心沉淀后,镜检沉渣中的弹力纤维。

胸部听诊或叩诊检查结果与病灶的大小和病变的位置有关系。病变很小和病变位置位于深部的常无异常表现,大多数病例可以发现病变部位,多位于前胸下部。初期肺部病变较大时,叩诊呈浊音,听诊呼吸音减弱或听到湿性啰音及支气管呼吸音。坏疽已形成空洞时,叩诊呈灶性鼓音,听诊有大的水泡音,间有各种类似击水的杂音或空瓮声。若空洞周围被覆致密的厚壁,其中充满空气时,叩诊则为金属音。

X线检查可见透明的肺空洞和坏死灶的阴影。由于吸入的异物沿支气管扩散,所以病初于肺野上部呈现沿肺纹理分布的小叶性渗出性阴影,即密度较淡的斑片状、云絮状阴影。随着病情的发展,小片状阴影发生融合,形成弥漫性阴影,而且密度多不均匀、边缘不清。

【诊　断】

1. 细菌性肺炎　根据病史、临床表现、实验室检查和X线检查进行确诊。另外,本病应与病毒性肺炎、真菌性肺炎和肺结核病相鉴别。

病毒性肺炎一般初期白细胞总数较低。

真菌性肺炎一般呈慢性经过,用痰液分离病原体和进行血清免疫学诊断尤为重要。

肺结核以多种组织器官形成肉芽肿和结核干酪结节为特征。犬常见亚临床感染症状,一般表现为嗜睡,无力,渐进性消瘦,咳嗽,严重时出现呼吸困难或有咯血症状。胸部听诊可听到湿性啰音和干性啰音,病变范围大时,叩诊时出现浊音。出现肺空洞时,听诊有拍水音。可视黏膜发绀,有胸腔积液和右心衰竭。细菌培养检查肺结核杆菌呈阳性。

2. 真菌性肺炎 本病必须通过 X 线检查和实验室血清学检查做出确诊。

3. 异物性肺炎 可根据病史和临床症状做出初步诊断,X 线检查有前述特征即可确诊。本病应与腐败性支气管炎相鉴别,后者鼻液检查无弹力纤维。

【防 治】

1. 细菌性肺炎 本病的预防同支气管肺炎。治疗原则是消除炎症、祛痰止咳,制止渗出和促进炎性渗出物的吸收。

消除炎症主要应用抗生素,对细菌继发感染的,要用广谱抗生素进行治疗,有条件的地区,应做致病菌药敏试验进行抗生素选择。青霉素,每千克体重 4 万单位,肌内注射,每天 2～3 次;链霉素,每千克体重 20 毫克,每天 2 次。也可用红霉素、庆大霉素、头孢菌素治疗。肺炎球菌、金色葡萄球菌性肺炎可用苯唑西林或双氯西林治疗,革兰氏阴性菌对链霉素、卡那霉素和四环素比较敏感。治疗时应在所有临床症状消失并且 X 线检查无异常的情况下,再继续用药治疗至少 2 周,以免复发。厌氧菌感染的病例,可用林可霉素治疗,每千克体重 10 毫克,肌内注射,每天 2 次。也可用甲硝唑注射液静脉滴注。

本病常伴有支气管痉挛,可用复方甘草片口服。刺激性咳嗽剧烈者可用磷酸可待因治疗,每千克体重 1～2 毫克,每天 2～3 次。分泌物黏稠、咳出困难的病例,可口服氯化铵,每次 0.2～1 克,每天 2 次,为制止渗出和促进炎性渗出物的吸收,可以静脉滴注 10％葡萄糖酸钙注射液 5～20 毫升,每天 1 次。

中药治疗可用鱼腥草 30 克,鸭跖草 30 克,半枝莲 30 克,野荞麦根 30 克,虎杖 15 克。水煎,每天 1 剂,分 2 次灌服。

知母 6 克,川贝母 6 克,瓜蒌 10 克,连翘 9 克,紫菀 9 克,黄柏 9 克,天花粉 9 克,百合 9 克,黄芩 9 克,桔梗 9 克,炙杏仁 9 克,甘草 3 克。水煎,每天 1 剂,分 2 次灌服。体温较高、精神沉郁者,加金银花、生石膏各 20 克,大黄、茯苓、黄连、栀子和麦冬各 9 克;咳嗽不爽的,加牛蒡子、制半夏各 6 克。

2. 真菌性肺炎 本病的预防主要是加强饲养管理,避免在潮湿、低洼的灌木丛、水塘边遛犬,以免吸入真菌孢子而感染本病。獒舍周围不要养殖鸽子或将藏獒养殖在饲料、饲草贮存的场地,獒舍的垫料要干燥、清洁,避免潮湿引起发霉。治疗可用以下药物。

(1)制霉菌素 可气管内滴入,每天 2 次,每次 10 万单位。或用 5 万单位雾化吸入,每天 2 次。

(2)克霉唑 0.5～1 克,每天 3 次,口服。

(3)5-氟胞嘧啶 每千克体重 50～150 毫克,口服每天 4 次。感染严重时,可与两性霉素 B 联合应用。

(4)两性霉素 B 适用于肺组织坏死的治疗。首次剂量为每千克体重 0.5 毫克,加入 5% 葡萄糖注射液中静脉滴注。以后隔日 1 次,缓慢静脉滴注。

3. 异物性肺炎 保持獒舍清洁卫生,空气清新,避免吸入有害气体。灌药时要仔细认真,避免将药物灌入气管和肺中。对严重呼吸困难和吞咽障碍的藏獒,不要强行灌药。由原发疾病引起的要积极治疗原发病。本病的治疗原则是缓解呼吸困难,排除异物,制止肺组织的腐败分解,对症治疗。缓解呼吸困难应输入氧气,或用正压机械换气。让患病藏獒横卧,抬高后肢,有利于咳出异物。也可以皮下注射毛果芸香碱 1 毫升,增加气管的分泌,促进异物的排出。可使用支气管镜取出异物达到治疗的目的,也可借助支气管镜吸出脓液,注入抗生素,以利于脓液的引流和病变部位的愈合。因大多数厌氧菌、腐败菌对青霉素敏感,故用青霉素治疗常有效,青霉素的用量可根据病情每天用 200 万～800 万单位,一般每天分 3～4 次肌内注射,病情严重者可用静脉注射的方法,以在坏死组织中达到有效的药物浓度。此外,头孢菌素类药物、磺胺类药物等均可选用,有条件的地方可用痰液做细菌培养和药敏试验,根据结果选择敏感抗生素治疗,疗效更好。

支气管扩张药、祛痰药、气道湿化均有利于痰液的引流,可口服必嗽平 16 毫克,每天 3 次;或氯化铵 0.5～1 克,每天 3～4 次;或中药制剂鲜竹沥液 10～20 毫升,每天 3 次。

病初中药治疗可用桔梗 15 克,生甘草 6 克,鱼腥草 30 克,鸭跖草 30 克,半枝莲 30 克,野荞麦根 30 克,虎杖 15 克,以清热解毒,消炎祛痰止咳。当热退时,上方去桔梗,加桃仁 9 克,冬瓜子 15 克,薏苡仁 30 克,以化痰散结,活血化瘀;在恢复期可以加黄精 15 克,白及 9 克,以恢复正气。以上方剂每天 1 剂,水煎分 2 次灌服。

【护理】

1. 细菌性肺炎 患病藏獒要注意休息,将患病藏獒放置在通风、保温的病房中,给予细致的护理,供给适量的饮水和易消化的犬粮。如病犬食欲废绝,可静脉补液,有呼吸困难、可视黏膜发绀的患病藏獒,可将其放在密闭的室内或用鼻饲管给氧。经常监测呼吸速率、脉搏、肺脏呼吸音、体温和血液常规检查指标,要反复进行胸部 X 线检查,对早期抗生素治疗效果进行评估、分析。

2. 真菌性肺炎 将患病藏獒置于温暖、通风的专用病房中治疗,治疗期间严格监测藏獒的肝、肾功能,长期治疗的藏獒定期做临床检查和生化检查。主要检查肝脏、肾脏功能,有全身症状和呕吐、厌食时要停止用药,并给予易消化、营养丰富的犬粮和适当的饮水,良好的护理对患病初期的藏獒非常重要。两性霉素易引起肾脏衰竭,出现发热、呕吐,要注意各项血液生化值的检测。

3. 异物性肺炎 积极治疗上呼吸道、口腔的感染。口腔手术和气管手术时应将分泌物、血液尽量吸出,全身麻醉时,要仔细护理病獒,避免因呕吐、插管等将异物吸入,导致肺部感染。

患病藏獒在疾病确诊后,要检测呼吸、脉搏情况,定期做 X 线检查和血液学检查。密切监测肺部感染的发展情况,及时解决突发情况,对症治疗。定期对药物的疗效做出评估。禁止藏獒在治疗期间做剧烈运动。

肺 气 肿

肺气肿是指肺脏组织中充气过度,终末细支气管的远端部分,包括细支气管、肺泡管、肺泡囊、肺泡膨胀或破裂的一种病理状态。由于病理变化复杂,一般分为肺泡性肺气肿和间质性肺气肿。

【病　因】　有原发性病因和继发性病因 2 种。原发性肺气肿常见于剧烈运动、急速奔跑中的藏獒,老龄藏獒由于肺组织弹性降低,如饲养管理不良或病后易发生本病。继发性肺气肿常见于患慢性支气管炎、气管狭窄、肺纤维化的藏獒,气胸时的持续性咳嗽、长期生活在煤尘环境下的藏獒也容易发生肺气肿。

【临床症状】　患病藏獒呼吸困难,气喘,张口呼吸,有明显的缺氧症状。精神沉郁,在运动中易疲劳,主要表现为呼气延长,吸气时肋间凹陷。病程进一步发展时,出现特殊的呼吸困难,即呼气性呼吸困难比吸气性呼吸困难更为显著。体温一般正常。胸部听诊时肺泡呼吸音减弱,可听到啰音和捻发音,以及支气管炎时的支气管吹笛音。叩诊时,整个胸腔发出晴朗的鼓音,肺脏叩诊界后移。X 线检查支气管影像模糊。继发性肺气肿常有原发病的症状。

【诊　断】　本病根据病史、临床症状、叩诊和听诊特征以及 X 线检查结果即可确诊。

【防　治】

1. 预防　改善饲养环境,避免接触有尘气体(如烟雾)和刺激性气体。避免过量的剧烈运动,老龄藏獒运动时要适度、缓和。积极预防和治疗引起肺气肿的原发病。

2. 治疗　本病的治疗原则是积极治疗原发病,改善呼吸状况,控制心力衰竭。

让患病藏獒充分休息,给予优质的犬粮和洁净的饮水,供给氧气或利用正压机械通气改善患病藏獒的呼吸困难和心力衰竭。

由慢性支气管炎、支气管扩张引起的肺气肿,要抗菌消炎、祛痰止咳,治疗方法可参考慢性支气管炎的治疗。

舒张支气管可用阿托品注射液,每千克体重0.02克,皮下注射,以缓解呼吸困难。同时,可口服颠茄类药物。

适当选用呼吸调节剂,如福米诺苯盐酸盐,每次80毫克,口服,每天3次,以提高患病藏獒的血氧分压和降低二氧化碳分压。

慢性肺气肿可用砷制剂治疗。

在急性期可用中药麻杏石甘汤加减治疗,缓和期可用百合固金散加减或苏子降气汤加减治疗。

【护　理】　本病的护理主要应改善饲养管理,给患病藏獒单独提供一间安静、清洁、无灰尘、通风良好的住所,喂给潮湿或浸泡过的饲料。用氧气面罩或氧气笼供氧。避免生人参观以免引起吠叫,加重病情。

胸　膜　炎

胸膜炎是胸膜发生伴有渗出液和纤维蛋白沉积的炎症,主要特征是胸腔内含有纤维蛋白性渗出物。按病程分为急性型和慢性型,按渗出物的性质分为浆液性、浆液-纤维蛋白性、出血性、化脓性和化脓-腐败性等。本病在临床上以腹式呼吸,听诊有胸膜摩擦音,触诊胸壁敏感,叩诊在急性情况下有痛感,在慢性炎症时有水平浊音为特征。

【病　因】　胸膜炎可分为原发性和继发性2种。原发性胸膜炎可因胸壁外伤、胸腔肿瘤导致，或在受冷、长途运输等机体抵抗力降低的情况下，因微生物侵入而致病。

继发性胸膜炎主要因肺部或支气管、心脏病变发展蔓延而致，如大叶性肺炎、小叶性肺炎、吸入性肺炎、化脓性肺炎、肋骨和胸骨骨折、骨坏死、胸部食管穿孔等，有些传染病也可引起继发性胸膜炎，如肺结核、诺卡氏菌病等。

【临床症状】 病初患病藏獒表现为精神沉郁，被毛粗乱，食欲不振，震颤，呼吸加快，但不均匀，腹式呼吸明显，患病藏獒常因疼痛而发出低沉的叫声，不愿走动，休息时常卧于健侧。有时发出低而弱的咳嗽。

临床检查患病藏獒黏膜充血，体温升高至 40℃ 以上，脉搏数随体温的增高而增加，触诊胸壁有明显的疼痛感，有咬人、回避等症状。病初听诊有摩擦音，摩擦音因胸膜渗出物的增多而减少。渗出性胸膜炎的病獒呼吸为腹式呼吸，体温在慢性炎症时一般正常，而发生化脓性腹膜炎时，常有体温升高、厌食、呼吸急促等全身症状。

听诊有时可以听到拍水音。胸部叩诊有水平浊音区，肺脏由于受大量渗出物的压迫而出现呼吸困难和部分萎陷。慢性胸膜炎表现反复的微热，呼吸促迫，如胸膜发生广泛的粘连或高度的增厚，听诊肺泡音减弱，多于肺后上部出现浊音。

血液学检查嗜中性粒细胞增加，其中杆状嗜中性粒细胞增加明显，大单核细胞增多。

【诊　断】 主要根据病史和临床症状做出初步诊断，X线检查有助于确诊。本病胸腔穿刺可流出大量黄色易凝固的渗出液，血液学检查可发现白细胞总数和嗜中性粒细胞增多，淋巴细胞相对减少。

【防　治】

1. 预防 本病的预防主要是加强饲养管理，防止胸部创伤，增强机体的抵抗力，及时治疗原发病。每日藏獒的活动量必须达到3小时以上，运动场的护栏要经常检查维修，以免刺伤或刮伤獒只。

2. 治疗　本病的治疗原则是消除病因，消炎止痛，制止渗出，促进渗出物的吸收，防止自体中毒。

本病如及时发现，并适当治疗，有良好的治疗效果。

（1）冷敷与热敷　在急性炎症期，可采用冷敷，以减轻患病藏獒的痛苦，促进炎症的消散。2～3天后实行热敷可促进渗出物的吸收。

（2）消炎　可用青霉素，每千克体重4万单位，肌内注射，每天3～4次。头孢唑啉钠，每千克体重20毫克，每天2次。链霉素，每千克体重20毫克，肌内注射，每天2次。有条件的地区，可用穿刺液进行细菌培养和药敏试验，然后选择有效的抗生素进行全身治疗。

（3）止痛　止痛可用盐酸哌替啶（杜冷丁），每千克体重11毫克，每天2～3次。

（4）增强心脏功能，促进血液循环和渗出物吸收　可用洋地黄、安钠咖、咖啡因等药物。洋地黄、咖啡因具有利尿作用，如用强心剂不能利尿，可以口服利尿剂。

（5）制止渗出　可使用10%葡萄糖酸钙注射液静脉注射。

（6）胸腔穿刺　在胸腔中有大量渗出液时，要进行胸腔穿刺，以排除渗出液，这在患病藏獒有呼吸困难的情况下尤为重要。穿刺时要防止空气进入胸腔造成气胸或病原菌随空气进入胸腔。渗出物的抽取要缓慢进行，在抽取过程中，患病藏獒若发生咳嗽和心脏衰竭，应停止抽取并给予强心剂。胸腔渗出物排尽后要进行冲洗，冲洗液可用0.01%～0.02%呋喃西林或0.1%雷佛奴尔溶液，冲洗后注入青霉素等抗生素。

（7）中药治疗　中药治疗主要以薤白散加减为主，并加亭苈子。干性胸膜炎可用柴胡 9 克,瓜蒌皮 18 克,薤白 8 克,黄芩 9 克,白芍 12 克,牡蛎 10 克,郁金 9 克,甘草 5 克。体重为 50～60 千克的藏獒,每天 1 剂,水煎服,分 2 次灌服。寒湿性胸膜炎可用苓桂术甘汤加减:茯苓 12 克,桂枝 9 克,白术 9 克,甘草 3 克,瓜蒌皮 9 克,薤白 9 克,姜半夏 9 克,陈皮 6 克。水煎服,每天 1 剂,分 2 次服用,上、下午各服用 1 次。热结胸痹用小陷胸汤加减。湿性胸膜炎可用当归 9 克,白芍 9 克,白及 9 克,桔梗 6 克,川贝母 5 克,麦冬 6 克,百合 6 克,黄芩 20 克,天花粉 8 克,滑石 10 克,木通 8 克。体重为 50～60 千克的藏獒每天 1 剂,水煎服,分 2 次灌服。热甚者加金银花、连翘、栀子;喘甚者加杏仁、葶苈子;有胸水者加猪苓、泽泻、车前子;痰多者加前胡、半夏、陈皮;胸部疼痛者加乳香、没药;气血虚者加黄芪、党参。

【护理】 护理时要注意犬只的营养、吸氧情况以及脉搏、呼吸等情况。逐步加强犬只的营养,不可立即更换日常的饲料,以免引起腹泻。呼吸困难的藏獒可进行吸氧治疗,安装胸导管的藏獒应 24 小时连续护理,以免出现医源性气胸和导管脱落等,对胸腔积液的吸取要格外小心,以免损伤肺组织。对真菌引起的胸膜炎,要在进行抗真菌治疗时,每隔 2 周检查 1 次肝、肾功能,如出现呕吐、厌食时要停止用药。灌服中药时要注意病獒的临床表现,注意不要强行灌药,以免造成咳呛,导致异物性肺炎。

胸腔积水

胸腔积水是胸腔积有漏出液,胸膜上无炎症变化的一种疾病。临床上以呼吸困难为特征。

【病因】 本病常因心脏和肺脏的慢性疾病或静脉受到压迫,导致血液循环障碍而引起,常见的疾病有充血性心力衰竭、心内膜炎等心脏疾病,肺水肿、慢性支气管肺炎、肺炎等引起胸膜毛细血管通透性增高,纵隔肿瘤压迫胸腔的静脉,肝硬化、慢性肾炎引起的长期消化不良、贫血,低蛋白血症等引起的血浆胶体渗透压降低等。此外,中毒、胸腔淋巴管扩张、淋巴回流受阻等均可引起本病。

【临床症状】 患病藏獒体温正常,呼吸困难,有时甚至张口呼吸,呼吸浅表,胸腔积液量多时藏獒的叫声低弱。听诊时在胸部水平浊音区有时可以听到心音,心音听诊时通常减弱或消失。患有心脏病的犬只有时心律失常,或有心内杂音,在犬的背部可听到支气管肺泡音增强。叩诊时胸部两侧出现水平浊音,随体位的变化而变化。穿刺液检查为漏出液。漏出液的外观一般清澈或微浊,常呈淡黄色或淡红色,为浆液性,一般不凝固,李凡他(Rivalta)氏试验阴性。细胞计数常低于 1 000 个/毫米^3,主要是内皮细胞。一般无致病菌存在。

本病常伴有腹水、心包积液、皮下水肿现象。

慢性病例有时出现消瘦、体弱、咳嗽、食欲减退和嗜睡症状。

X 线检查可见心脏轮廓不清,叶间组织界限模糊,肋膈角变纯、增大,肋间隙增宽等现象。

【诊 断】 根据呼吸困难和叩诊有水平浊音等即可做出初步诊断,穿刺液的检查对本病的确诊有帮助,本病应与胸膜炎相鉴别。

胸膜炎有咳嗽、体温升高等临床特征,胸部叩诊有疼痛反应,听诊有胸膜摩擦音。穿刺液为渗出液。而胸腔积水则无上述症状,穿刺液为漏出液。X 线检查有助于鉴别诊断。

【防 治】

1. 预防 加强饲养管理,不同月龄的藏獒供给不同的配方饲料。促进营养的吸收,对于慢性贫血引起的原发性疾病要及时治疗并提供优良易消化的食物。对充血性心力衰竭、心内膜炎、肺充血性水肿、肿瘤压迫等原因引起的胸腔积液要针对病因进行治疗。

2. 治疗 本病的治疗原则是治疗原发病,对症治疗继发病。

积液过多、呼吸困难时要进行穿刺排液,并注入青霉素等抗生素。积液不多时可以使用呋塞米,每千克体重 2～4 毫克,肌内注射,每天 2～3 次,以促使漏出液的排出。

低蛋白引起的积液要进行饮食方面的调整,经常穿刺的患病藏獒要注意酸碱平衡和电解质的异常,并进行治疗。

【护　理】　本病在护理时要注意原发病的治疗,有心脏疾病的要积极确诊,心电图检查有助于心脏疾病的确诊。同时,注意患病藏獒的休息,可控制藏獒的运动。充血性肺水肿要注意氧气的供给。进行胸腔穿刺治疗的藏獒,要密切监测血液红细胞压积,避免低蛋白血症的发生,穿刺时要避免损伤肺组织。

第四章 藏獒消化道疾病的
防治与护理

根据临床统计数据显示,藏獒消化道疾病占内科疾病的 40%以上,这类疾病如果没有得到良好的治疗和饲养管理,就会导致生产力下降,影响藏獒的评级和销售。

藏獒的消化基本保持了原祖先的习性,嗜爱肉食,但经羌族、藏族人民长期繁育和驯化,藏獒对植物性食物也能很好地适应。近几年来,由于藏獒在内地的大量繁育和饲养,商业化的行为使原本虎虎生威的藏獒变为臃肿肥胖、行动不便的外貌松弛型藏獒,究其原因主要是一味追求外观的选择和填食进行培育,以获得高额的利润和外观的震撼效果。严重的填食导致了严重的消化问题,在藏獒的非传染性内科疾病中,消化道疾病是最常见的疾病,发病率非常高,一些疾病如胃扩张、胃扭转、肠套叠等,如不及时治疗,其病死率很高。

引起消化道疾病的主要原因是饲养管理不当,如饲料调制不当,煮制食物时夹生、谷物性饲料没有进行糊化处理;饲料配合不当,过于单纯或肉制品添加过多;饲喂不足或过度饲喂;饲料品质不良,如饲料霉变、食物饲喂时过冷或过热;突然变换饲料,长途运输,幼犬断奶后饲料突然变化,以及在饲喂后突然运动等均可导致发病。此外,气候原因也是造成消化道疾病的主要原因之一,如天气突变、受寒、受凉、受风雨侵袭等。

另外,藏獒本身的疾病,如口腔疾病,或并发和继发于各种传染性疾病、寄生虫病、真菌病等,也可导致发生消化道疾病。

第一节 口腔疾病的防治与护理

口 腔 炎

口腔炎是口腔黏膜发生的炎症。按炎症的性质可分为卡他性口炎、水疱性口炎、溃疡性口炎、坏疽性口炎,临床上以口腔黏膜潮红、肿胀,流涎、食欲减退、咀嚼困难为主要特征。

卡他性炎症是一切口腔炎的基础,口腔黏膜急性发炎,以黏膜充血、敏感、渗出物增加为特征。常见于机械性的刺激和物理、化学因素的刺激。

水疱性口炎是由于黏膜发炎,导致积聚浆液性液体而形成水疱。水疱大小不一,最小的有针尖大小。

溃疡性口炎是由于口腔黏膜发炎产生很多纤维性渗出物,使口腔黏膜上皮细胞脱落,形成了麸皮一样的物质,覆于黏膜上而导致的疾病。

溃疡坏死性口炎是由于口腔黏膜病变,导致病原菌侵入,使得上皮细胞脱落导致发病,而且细胞有增生现象。本类型是口腔炎症中最严重的一种,常见于犬瘟热、胃肠炎、佝偻病、尿毒症、B族维生素缺乏症等疾病的继发感染。

【病　因】

1. 机械性刺激　藏獒由于其暴食性,常在咀嚼食物时被锐利的骨头划伤口腔黏膜而引起口炎。另外,过分追求藏獒上、下唇的垂吊和短嘴,人为选择缺陷配种,可使唇部黏膜折叠而引起发炎。圈养犬只啃咬圈舍的笼具、木头等也可引发口炎。

2. 物理、化学性刺激　藏獒舔食生石灰、浓酸、消毒剂等物品,可引起口腔黏膜发炎。物理性刺激如饥饿的藏獒吞食过烫的食物导致烫伤以及电灼伤等也可引起口腔炎症。

3. 真菌感染 藏獒食入发霉的犬粮,会引起水疱性口炎。

4. 细菌感染 受化脓菌、坏死杆菌的感染、侵入,可造成坏死性或溃疡性口炎。

5. 其他原因 如继发于犬瘟热、钩端螺旋体病、白色念珠菌病、舌炎、咽喉炎、贫血、新陈代谢疾病、B族维生素缺乏症等。

【临床症状】 患病藏獒初期食欲减退,采食时小心,咀嚼可能缓慢,流涎,口腔黏膜触诊敏感,黏膜局部或大部分发红、增温、急剧肿胀,有时病獒牙龈出血。由于口腔黏膜炎性分泌物增加,口腔常表现为湿润,患病藏獒开始流涎,舌有时水肿,表现吞咽困难,有时表现为干呕、呕吐等,并不时用爪挠脸或摇头,鼻部常有鼻液,打喷嚏,若有并发症时则有发热、精神沉郁、局部淋巴结肿大等症状。

水疱性口炎常表现为在口腔黏膜上有大小不一的米粒状水疱,水疱中充满淡黄色液体,水疱破裂后可出现边缘不整的鲜红色溃疡面,病獒口腔内疼痛,常表现为拒食或食欲减退,并大量流涎。

溃疡性口膜炎常表现为病獒的颊、齿龈、舌部、唇等黏膜潮红肿胀,并在该处有糜烂、坏死性溃疡,有时有出血,在溃疡面上有灰色、灰黄色的薄膜。

真菌性口炎多表现为溃疡,有肉芽肿、蚀斑样病变,并伴有恶臭气味。

机械性因素造成的口炎有口腔出血的病史,局部检查可见黏膜红肿,严重时出现脓肿。

化学性因素所造成的口炎多有明显的化学品接触病史,有较大面积的潮红、肿胀,并有灼烧感。

【诊 断】 根据病史和临床症状,可做出初步诊断,病因的确诊需要进行实验室血液学、生化学、细胞学、微生物培养等特殊检查。

【防 治】

1. 预防 加强饲养管理,杜绝各种对黏膜有损伤的机械性、物理性和化学性因素的刺激。

2. 治疗 本病的治疗原则是消除病因，对症治疗。

机械性刺激引起的口炎，要立即除去病因。如针刺引起的，要进行局部手术，清除并进行消炎处理，由尖锐臼齿引起的，要予以磨平。

卡他性口炎可用0.1％高锰酸钾溶液、生理盐水、3％过氧化氢溶液、洗必泰、2％明矾溶液、1％氯化钾溶液等进行冲洗，早、晚各1次。损伤性的卡他性口炎、溃疡性口炎要先除去坏死组织，清理伤口后进行冲洗，洗剂可用1％明矾溶液、0.3％高锰酸钾溶液、0.2％洗必泰溶液等，溃疡面可涂抹碘甘油或碘胺甘油。中药制剂可用锡类散、炉甘石制剂，也可使用复方碘甘油制剂、地塞米松制剂、0.5％呋喃西林鱼肝油流膏涂搽于患处，每天3次。

为了防止口腔细菌继发感染，可用抗生素进行对症治疗。

真菌性口炎可用抗真菌疗法，可用酮康唑，每千克体重10～15毫克，口服，每天2次。

有体温升高、全身症状明显、病情严重、不能采食者要用抗生素进行抗菌治疗和支持疗法。有条件的医院可以通过鼻饲管、胃造口术进行营养支持疗法。

【护　理】 喂给病獒易消化、营养丰富的食品，如犬用罐头、流质食品如肉汤、富含维生素A和维生素C的菜汁等。藏獒口腔糜烂不能下咽时，可以静脉注射营养剂或通过鼻饲管、胃造口术进行饲喂。用药期间，小心检查口腔黏膜并用消毒收敛剂清洗处理。

口腔异物

口腔异物是指口腔内有异物停留，如针、骨刺刺入口腔黏膜，骨片镶入牙齿缝间等情况。临床上以流涎、病犬挠嘴为主要特征。

【病　因】 幼獒在更换牙齿、嬉戏时啃咬异物、家具等物品，或在尚无咬合力时食入骨头，骨头过于坚硬、偏小、镶入牙齿间，均可导致发病。

【临床症状】 主要症状是流涎,骨头镶在牙齿间时,藏獒不停地用前爪挠嘴部,并不时嗥叫。患病藏獒有食欲,但由于采食困难、疼痛而不能舔舐食物。有时口腔出血,炎性部位有肿胀、充血、溃烂等症状。病程长时,颜面部一侧肿胀。

【诊 断】 根据病史和口腔检查,可以做出诊断,针和其他金属异物可用 X 线检查帮助确诊。

【防 治】

1. 预防 仔细检查饲料,将混入饲料中的铁丝、铁钉及其他尖锐物品拣出。幼獒在换牙期间禁止饲喂骨头,用鸡骨头饲喂前要进行加工处理。

2. 治疗 除去口腔内的异物,并用生理盐水、0.1％高锰酸钾溶液进行冲洗,患部涂搽碘甘油,并进行抗生素消炎处理。

【护 理】 术后 12 小时禁止口腔采食,可通过静脉注射保持体内水分,12 小时以后可给予少量饮水,同时观察藏獒的吞食动作和疼痛反应,必要时给予止痛剂。24～48 小时后给予柔软的食物,提供充足的营养和饮水是正常治疗口腔炎症的有效手段,在营养供给上,提供罐头食品和柔软、易消化的食物对患病藏獒是最好的。补充富含维生素 A 和维生素 C 的食物,有利于口腔上皮组织的再生和恢复。长期厌食的藏獒可通过鼻饲管或胃造口术进行营养支持。平时注意口腔卫生,必要时进行口腔清洗和牙齿刮治术以促进伤口的愈合。

口 唇 炎

口唇炎是指藏獒唇部皮肤皱襞发达,由于脱落的黏膜组织和食物残渣的潴留而引起口唇黏膜和口唇皱襞的急性和慢性炎症。外伤和感染时,也可引起本病,本病的发生近几年来有上升趋势,其原因是人为过度追求藏獒嘴部短、垂吊而刻意进行病态缺陷选育,导致藏獒咬合力下降,引起口唇炎的频发。

【病　因】

1. 人为原因　正常藏獒上唇发达,侧面看略呈正方形,下嘴唇适度弯曲,张嘴时裸露下牙床。近几年由于市场利益的驱动,特别是一些养殖藏獒的不法分子为达到利益最大化,将一些地方犬种的缺陷型标榜为纯种藏獒,刻意追求嘴短、吻吊、皮肤松弛,人为强化缺陷繁育而引起本病。

2. 外伤引起　主要原因是藏獒啃咬尖锐的物品,如管状骨、竹片、木头等引起口唇部损伤,圈养的藏獒在生人参观时,一些性格暴躁的藏獒往往在咬不到生人的情况下,啃咬笼具,从而引起发病。另外,过度松弛型的藏獒有时上颌齿会直接咬伤口唇部。

3. 继发感染　主要是邻近组织炎症的波及,如蠕形螨病、疥螨病、皮肤真菌感染、口炎、脓疱性皮炎、药物过敏反应等,都可继发感染口唇炎。

【临床症状】　患病藏獒主要表现为流涎,口臭,下颌被毛经常湿润、污浊,患病藏獒常用前爪搔挠嘴部或在笼具、墙角等处摩擦患部。患部黏膜红肿,有时形成溃疡,慢性炎症常表现为口唇部有很多大小不一的结节,有的患病藏獒唇与唇的结合部位形成龟裂、硬皮,舌、齿龈、唇部黏膜有溃疡和坏死,唇部皮肤发红、肿胀、被毛脱落,唇部常有黄色或红褐色的恶臭分泌物。以上症状应与螨虫感染和细菌感染相鉴别,螨虫感染常伴有皮肤损伤和被毛脱落,而感染化脓杆菌、葡萄球菌等细菌时,有皮肤化脓现象。

【诊　断】　缺陷型藏獒因下嘴唇松弛、过度垂吊诱发的口唇炎很容易诊断,由寄生虫引起的或皮肤真菌感染引起的唇周围皮炎,可在病变部位采样镜检,做实验室分离培养进行鉴别诊断。

【防　治】

1. 预防　本病的预防主要是加强藏獒标准的宣传,理智选择藏獒品种,切勿将缺陷当成优点,尤其是在媒体扩大宣传时不要盲目跟风炒作。要禁止使用有缺陷的藏獒自繁自育。

2. 治疗 本病的治疗原则是去除病因、对症治疗。要在源头上禁止缺陷型藏獒的繁育,避免养獒户的损失。对缺陷型藏獒要进行手术治疗,切除过于垂吊的皮肤。对于非缺陷型的患病藏獒,先剪去患部周围皮肤的被毛,用 0.1% 高锰酸钾溶液、2% 硼酸溶液、1% 明矾溶液、0.2% 洗必泰溶液等对患病部位进行冲洗,涂搽抗生素软膏,每天 3 次。有全身感染的要进行抗生素治疗,寄生虫引起的可用伊维菌素治疗,真菌性感染引起的可用抗真菌软膏局部涂搽,并用抗真菌药物治疗。

【护 理】 手术治疗后的护理以消炎、抗感染为主,饮食上以提供易消化、富含维生素 A 和维生素 C 的食物为主。对寄生虫性口唇炎的护理参考寄生虫病护理的相关内容。真菌性口唇炎在治疗时要进行全身检查和生化检查,发生呕吐和厌食时要停止用药。肿瘤引起的口唇炎护理时要以手术治疗或化疗后的护理为主。

口腔乳头状瘤

口腔乳头状瘤是由犬乳多泡病毒引起的发生于犬口腔黏膜和皮肤上的良性肿瘤,临床上以患病藏獒口腔黏膜上出现白色平滑或灰白色粗糙结节为主要特征。

【病 因】 乳头状瘤是由乳突状病毒科的小型双链 DNA 病毒引起,病原有种属特异性,饲养人员或犬经直接接触感染,患病藏獒的污染物、昆虫可以直接感染或传播病毒。近几年据养獒场的统计,本病在青海玉树地区比较常见。

【临床症状】 本病的潜伏期为 4～8 周,主要感染幼獒的口腔黏膜。瘤体生长在唇部、颊、硬腭、齿龈或舌、咽等处黏膜,初期在局部出现白色隆起,逐渐变为粗糙的灰白色小凸起状或菜花状肿瘤,呈多发性。严重病例舌、口腔和咽部可被肿瘤覆盖,影响采食。当出现坏死或继发感染时,口腔发出恶臭味,流涎,甚至有出血现象。

【诊　断】　根据藏獒的年龄、临床症状及流行病学特点,可对本病做出诊断。此外,动物接种、血清抗体检测以及针对病毒核酸的聚合酶链式反应检查有助于快速做出诊断。

【防　治】

1. 预防　患有传染性乳头状瘤的藏獒要进行隔离治疗,治疗人员、饲养员以及与藏獒接触的人员要相对固定,严禁上述人员触摸其他健康藏獒。患有传染性乳头状瘤的藏獒禁止混入健康藏獒群中饲养。

2. 治疗　传染性乳头状瘤有自愈性,一般多为 4～21 周。若病程长且有咀嚼障碍时,可进行手术切除,并烧烙伤口,有条件的地区,可用激光或单极高频电刀切除,但此法若在肿瘤生长阶段使用,可导致肿瘤复发或刺激肿瘤生长,故应在成熟期或消退期时使用。在肿瘤生长阶段治疗,可结扎肿瘤结节,肌内注射干扰素或静脉注射长春新碱有效。

【护　理】　传染性乳头状瘤病一般不用特殊护理,对于采食功能受影响的藏獒要进行手术治疗,术后疼痛的可给予止痛药。术后给予少量饮水和柔软的食物,注意手术部位的护理,缝合线可在 4 周左右拆除,拆除缝合线前要进行 1～2 次的复查。

咽　炎

咽炎是指咽部和咽峡部黏膜的一种急性炎症,如咽喉黏膜损伤严重,可引起坏死性咽炎。临床上以藏獒吞咽困难,流涎,两侧鼻孔中流出脓性鼻液,咳嗽,咽喉部肿胀,触诊时患处敏感为特征。

【病　因】

1. 原发性咽炎　主要是由寒冷、潮湿、多变的季节引起。机械性的刺激如进食温度过高的食物,或食物中有异物刺伤或划伤咽部黏膜也会引起发病。本病多发于沿海、内陆饲喂水产制品的养獒场和用手填喂藏獒的养殖场。化学性致病主要是由于吞食或误服有毒化学物质或吸入热的烟气而引起。

上述原因是引起咽炎的外因,其内因主要是口腔内部或外部的病原菌在咽黏膜抵抗力降低时,大量繁殖而引起。

2. 继发性咽炎 多继发于扁桃体炎、鼻腔感染、炭疽、流感、犬瘟热、传染性支气管炎、传染性肝炎等疾病。

【临床症状】 藏獒患病初期食量减少,精神委靡,流涎,咀嚼缓慢,吞咽困难,叫声沙哑。病情较重时,病獒常由于咽部疼痛而完全拒食或将食物衔在口中不敢下咽。由于炎症刺激,病獒常有大量唾液和黏液从口中流出,尤其在患病藏獒低头时表现明显。病程继续发展时,患病藏獒一侧或两侧鼻孔中流出鼻液,以白色黏性鼻液最为常见。如果发生化脓性炎症,则鼻液为黏液脓性,有时甚至带血,藏獒常出现咳嗽、呼吸困难、乏力等全身症状。

咽部检查时患病藏獒常表现躲闪、抗拒等,触诊咽部很敏感,常有疼痛咳嗽,局部红肿、发热,咽部黏膜充血、肿胀、有点状出血或条纹状出血斑、化脓等症状,咽淋巴结、下颌淋巴结肿大,口腔常有臭味,舌苔厚腻,体温一般正常,有继发感染时体温有时升高。血液学检查可见白细胞总数增加,有核左移现象。

【诊 断】 根据病史、咽部敏感,患病藏獒有吞咽障碍、流涎、咽部肿胀等,即可做出诊断。本病应与继发感染型疾病、唾液腺炎、咽喉阻塞、咽麻痹相鉴别。

继发感染型疾病除了有以上的症状以外,还具有体温升高、乏力以及相应疾病的症状。

唾液腺炎具有流涎、拒食、吞咽困难的症状,局部触诊感染的腺体肿胀,有时腺体发生化脓,甚至形成瘘管,耳根部和下颌部水肿,患病藏獒头部僵直,不敢摇头或让主人触摸。腮腺感染时,眼睑肿胀,眼球突出。

咽麻痹是指咽丧失吞咽能力,临床上以吞咽能力突然丧失,食物、饮水和唾液从口中大量流出为表现,触诊咽部肌肉无收缩反应,中枢神经障碍引起的咽麻痹常伴有舌脱出,钡餐透视时钡剂留在咽部,不能进入食管中。咽麻痹常由脑病、狂犬病、肉毒梭菌毒素中毒、外伤吞咽神经损伤引起。

【防　治】

1. 预防　加强饲养管理,不要给藏獒饲喂过冷或过热的食物,不要让藏獒接触到高浓度腐蚀性的药物或刺激性气体。平时做好免疫接种工作,及时治疗诱发本病的各种原发性疾病。

2. 治疗　本病的治疗原则是加强护理,消除炎症。

(1)热敷　症状较轻的犬,可以用热水温敷患部,每日2～3次,每次20分钟。

(2)蒸气吸入　为促进炎性渗出物的吸收,可用硼酸液体做蒸气吸入,常用浓度为2%～3%。

(3)消炎　可用软的橡胶管缓慢向咽部注入碘甘油5毫升。也可用西瓜霜含片、碘喉片、华素片等药物包裹在纱布中让犬含服,每日2次。对严重咽炎,必须用抗生素治疗,肌内注射青霉素、链霉素、磺胺类药物等均有较好的疗效。

(4)中药治疗　有吞咽能力的犬可用以下方剂:连翘15克,黄芩9克,生地黄9克,玄参9克,麦冬9克,桔梗9克,甘草3克,金银花15克。水煎服,每天1剂,分2～3次口服,幼獒可根据体重酌服。

(5)其他　积极治疗原发病,尤其是传染病的治疗。

【护　理】　将患病藏獒放入单独隔离的犬舍中,注意獒舍的通风、换气、保暖和干燥,让患病藏獒充分休息,避免生人来访。症状较轻的犬可供给流质食物,并多给饮水。重症犬应禁食,静脉补充能量和液体,或用营养液灌肠,禁止用胃管经口投药或营养液。

咽部肿胀部位可根据病程选用冰块、温水和酒精进行冷敷或热敷。

第二节 食道疾病的防治与护理

食 道 炎

食道炎是指食道黏膜表层和深层的炎症。临床上以流涎、呕吐、食道部位触诊疼痛明显为特征。

【病 因】 原发性食道炎主要是由于机械性、化学性和温热刺激,引起食道黏膜损伤导致,如误食骨片、针、鱼钩划伤食道黏膜,吞入过热的食物,误服有刺激性的药物和生石灰等均可引起食道炎。

继发性食道炎常由于咽喉或胃黏膜炎症蔓延引起,食道狭窄、裂隙疝、食道肿瘤、食道扩张均可引起继发性食道炎。老年藏獒由于胃肠疾病,呕逆胃液,由于胃酸的作用,易引起反流性食道炎。

【临床症状】 患病藏獒食欲不振,采食或饮水都很困难,随后表现为吞咽时流涎和疼痛,并伴有呕吐现象,口角处有黏液或黏液中带血。由于疼痛刺激,患病藏獒常拒食或有嗅食表现而不敢采食的现象,或采食时间不长就又呕吐出食物。急性食道炎常由于胃液的逆流发出异常的呼噜声。食道深部组织的炎症常可引起食道穿孔和颈沟部肿胀,触诊患处可有捻发音,并伴有全身感染的症状,如体温升高、精神委靡、食欲不振或厌食等,最后形成瘘管。发生在胸膈部位的食道穿孔,可以引起纵隔炎、胸膜炎和严重的全身脓毒败血症。

触诊患病藏獒食道部位有疼痛表现,重症病例体温升高,食道有波形逆蠕动现象,检查时有逆呕现象。

X线检查症状不典型,仅可见食道末端阴影增粗,部分食道有气体滞留。

【诊 断】 根据吞咽困难、流涎、呕吐等临床症状,食道触诊检查患病藏獒表现敏感等,可做出初步诊断,正确判定食道炎的类型和病变程度需用内窥镜检查。

【防　治】

1. 预防　加强饲养管理,定时、定量、定点、定温饲喂藏獒,避免藏獒接触有毒物质或腐蚀性药物。运动场、犬舍要每天清扫,严防藏獒吞入异物引起食道炎。积极治疗原发病。

2. 治疗　本病的治疗原则是消除致病因素、消炎止痛。

对误食刺激性、腐蚀性物质或由于胃液逆流而引起的急性食道炎,先口服盐酸利多卡因等局部麻醉药以缓解疼痛,同时应用抗生素如青霉素,每千克体重 10 万单位,口服;庆大霉素,每千克体重 3 000 单位,口服。也可用 0.1% 高锰酸钾溶液、0.5% 鞣酸溶液进行冲洗治疗。有条件的地区,可机械清除腐蚀性的异物,反复冲洗抽吸胃内容物,并同时灌入中和药物,如氧化镁乳剂,并可服用黏膜保护剂如 10% 硫酸铝溶液 10 毫升,每天 3~4 次。

大量流涎时可用硫酸阿托品,每千克体重 0.05 毫克,皮下注射。患病藏獒剧烈疼痛和咽下困难时,可以肌内注射吗啡,以缓解疼痛。

病初期可用冰块等在颈静脉沟食道部位进行冷敷,病的后期可用温水瓶进行热敷,以促进炎性渗出物的吸收。食道有出血时,可肌内注射立止血、酚磺乙胺(止血敏)等药物。

为了减少胃液的逆流和酸性物质的摄入,可用组胺 H_2 受体拮抗剂或质子泵抑制剂。甲氰咪胍,每千克体重 2~4 毫克,每天 2~4 次。雷米替丁,每千克体重 2 毫克,静脉注射或口服,每天 2 次。法莫替丁,每千克体重 1 毫克,口服,每天 1 次。

增强胃功能并排空胃内容物可使用胃动力药物,如甲氧氯普胺,每千克体重 0.2 毫克,口服,每天 2~3 次,在饲喂前 30 分钟给药。

严重的食道炎可口服奥美拉唑,每千克体重 2 毫克,每日 1

次。消炎可口服克拉霉素分散片。

有采食能力的患病藏獒,给予柔软、易消化的流质食物和清洁的饮水,如麦片粥、肉汤、牛奶、菜汤等。

【护　理】　食道炎的护理主要根据食道炎症的严重程度确定其护理的项目。弥漫性食道炎症在治疗期间要禁食、禁水,时间一般为 1～2 天。对没有胃液反流的藏獒可以饲喂低脂肪的麦片粥等食物,以降低食物反流的概率,促进胃和食道的排空。禁食期间可通过静脉补液维持体内的水平衡。藏獒采食时可采用前高后低的体位,可以减少食物反流。

食道异物阻塞

食道异物阻塞是指食道内有异物停留而引起藏獒吞咽困难的一类疾病,多发生在食道膨胀极小的位置,如胸部食道入口、心脏基部、膈的食道裂孔处。

【病　因】　藏獒吞食了较大的块状食物(骨头、筋腱)或混入食物中的尖锐物品(如鱼刺、针、鱼钩、鸡腿部骨头),在嬉戏时吞食了软的纺织物品和牛皮骨胶玩具(如毛巾、牙刷和网球等物品),均可引起食道堵塞。此外,由于疾病引起食道狭窄,或炎性块状物压迫食道造成食道狭窄,均可促进本病的发生。

【临床症状】　根据阻塞物的形状、大小,阻塞部位以及持续时间的不同,藏獒患病的临床症状也有所不同,主要表现为突然停止采食,流涎,伸张头颈,做呕吐和吞咽动作。有时患病藏獒试图咽下食物和饮水,若多从口腔或鼻孔中逆出表示完全阻塞。较大的异物压迫气管可导致犬急性呼吸窘迫。部分阻塞时流质食物可通过阻塞部位。病程长时,唾液分泌逐渐减少,食道疼痛会使藏獒食欲减退。尖锐的异物可使食道发生坏死,使食物和食道分泌物进入食道周围组织,引起感染和炎症,患病藏獒常表现厌食、发热,如果感染的部位在胸腔,则可能引起胸腔积液导致患病藏獒呼吸困难。异物刺穿食道周围的血管，则会引起失血性休克。

X线检查可见异常累积的气体或液体常在阻塞物之上，有食道扩张现象，异物清晰可见，有时出现肺炎和气管变形。

血液学检查常见白细胞总数增加，核左移。

【诊　断】　根据有饲喂骨头或吞入玩具等病史，以及突然发生吞咽困难，流涎作呕、咽下困难等临床症状，结合胃管插入阻塞部位有阻碍或不能继续插入可做出初步诊断。钡餐造影可以确定阻塞物的位置和大小、形状。

堵塞于食道上部的异物，可用长的止血钳取出。取异物时要注意异物的大小和形状，可结合临床检查及食道探查做出判断。阻塞部位在颈部食道时，可发现在食道沟处有局限性凸起。异物在胸部时，结合X线检查和内窥镜检查，确定异物的阻塞部位和异物的形状、大小以及食道是否有穿孔等情况。

本病可与食道狭窄、食道炎、食道肿瘤等疾病相鉴别。

食道狭窄发生时，可见食道黏膜增厚、肌肉发炎并形成瘢痕组织而使食道管腔变窄，临床上以吞咽困难、流涎、食欲减退、消瘦、衰弱、呕吐和食物反流为主要的特征。X线检查可发现食道狭窄及狭窄前方有许多空气。

食道炎在临床上以流涎、呕吐、食道部位触诊疼痛明显为特征。

食道肿瘤以早期食物停滞和噎塞在食道中，后期口唇部有泡沫状黏液、全身体质衰弱为特征，钡餐和X线检查可发现肿瘤的大小和位置，病理组织切片活检能确定肿瘤的性质。

【防　治】

1. 预防　本病的预防要做到定时、定量饲喂，饲喂骨头时要在藏獒单独在犬舍时，吃完食物后饲喂，以免一群犬只争抢、撕咬引起匆忙吞咽而导致食道阻塞。幼龄藏獒不宜喂给太硬的骨头如管状骨或鸡骨。训练时注意避免犬只误食异物。饲喂鱼制品时，要仔细检查有无鱼钩等金属物混入。

2. 治疗　本病在治疗时切不可强行取出嵌入食道壁的异物，以免造成食道穿孔和穿孔扩大，可使用内窥镜或手术法取出异物，取出后必须用内窥镜和 X 线检查食道有无穿孔，并对大的穿孔做进一步的处理。

在胸腔入口处的异物，可用食道切开术、有抓取装置的内窥镜或带气囊的导管取出异物。

心基底部的异物和食道远端的异物，如表面光滑可用胃管将异物导入胃中溶解或切开胃取出，表面不光滑的异物如鱼钩等，可用有抓取装置的内窥镜或实施开胸术、胃切开术取出异物。

食道阻塞持续时间长时，要进行全身抗感染处理；对已取出异物的犬只，要进行严格的监护，有食道炎或全身感染的患病藏獒，要进行药物治疗（参见食道炎的治疗）。

【护　理】　轻症病獒在排除异物后，用抗生素进行治疗，饮食以易消化的流质食物为主。一般先要禁食 2 天，以后逐步恢复正常饮食。重症或阻塞时间较长的患病藏獒，要静脉补充葡萄糖和水分。手术后的藏獒要禁止水和食物的摄取，在此期间要进行静脉补液直到恢复食欲，一般术后 24 小时不能给予饮水和口服药物，仔细观察有无胃液反流现象，24 小时后可逐渐给予适量的饮水和软质的饮食，以后逐步过渡到正常的饮食。

第三节　胃肠疾病的防治与护理

急性胃卡他

急性胃卡他是藏獒的胃黏膜表层的急性卡他性炎症，以胃蠕动障碍和胃液异常分泌为主要特征。

【病　因】　突然变换饲料、饥饿后过量采食、大量采食喜欢的食物、久渴时饮水或饮水过量、饲喂过热或过冷的食物、胃内有异物等都可引起急性胃卡他。

采食腐败变质的食物和食入过多不易消化的饲料,如骨头、劣质犬粮等也可引起急性胃卡他。

治疗时口服有刺激性的药物如阿司匹林、吲哚美辛(消炎痛)、保泰松等。误食有毒物质如有毒植物、鼠药、砷制剂等,均可引起急性胃卡他。

饲喂牛奶等可引起变态反应性胃卡他。

继发性胃卡他主要继发于传染病如犬瘟热、传染性性肝炎、冠状病毒病、钩端螺旋体病,急性胰腺炎、肾盂肾炎、肾衰竭以及寄生虫病、应激反应等。

【临床症状】 腹痛和呕吐是急性胃卡他的主要症状,一般在食后不久发生呕吐,呕吐开始时吐出食糜,以后吐出泡沫状的黏液和胃液,呕吐物中有时有血液和胆汁混入。患病藏獒食欲减退或废绝,精神沉郁,在呕吐后不久,就会大量饮水,饮水后再发生呕吐。由于呕吐和腹痛,患病藏獒常表现不安,或腹部紧贴于地面,精神委靡。触诊腹壁紧张,胃部疼痛、敏感。持续的呕吐使患病藏獒发生脱水、电解质紊乱和代谢性酸、碱中毒,口腔黏膜有很多黏液而显得湿润,有舌苔,常有黏液悬挂于口角处。

继发性胃卡他除具有以上症状外,尚有原发病症状。

【诊 断】 根据病史和临床症状基本可以做出诊断,要注意与急性肠炎、急性胰腺炎、胃内异物进行鉴别诊断。

【防 治】

1. 预防 加强饲养管理,定时、定量饲喂藏獒。不要突然变更饲料成分,不要给藏獒饲喂变质、腐败的饲料。加强药品管理。

2. 治疗 本病的治疗以消除病因、消炎止痛、纠正电解质紊乱为原则。

(1)消除病因 在藏獒患病期间,要停止饲喂对胃有刺激性的食物和药物,先要禁食,如呕吐症状消失,可给予少量饮水。在症状消失 24 小时后,可给予流质饮食如稀饭、牛奶等,以后逐步更换为半流质饮食,更换饮食时要做到以原食物为主,逐步少量地加入新添加的饮食,新添加食物要有一段过渡期,一般为 15～20 天。

(2)清除胃内容物 在患病初期,可给予以下催吐药物。盐酸阿扑吗啡,每千克体重 3 毫克,皮下注射;吐酒石,每千克体重 0.2 克,口服。疾病后期可使用泻剂,如液状石蜡 10～50 毫升,一次性口服。

(3)制止呕吐 呕吐严重或反复呕吐的,给予甲氧氯普胺注射液 1～3 毫升,爱茂尔 2～4 毫升,肌内注射,每天 2 次。也可用口服吗叮啉 2 片,每天 2 次。

(4)纠正水、电解质紊乱 可用复方氯化钠注射液、5%糖盐水、维生素 C 注射液、维生素 B_6 注射液,混合静脉注射。酸中毒和缺钾时,要补充 10%氯化钾溶液和 5%碳酸氢钠溶液。补钾时注意有无高钾血症,对于脉搏不整、心律失常、体温升高的病例,可静脉注射 10%安钠咖注射液 1～4 毫升。

(5)保护胃黏膜 对有急性胃黏膜出血的,可用立止血注射液止血,并用奥美拉唑按每千克体重 2 毫克剂量静脉注射或口服,每天 1 次。或用次碳酸铋 0.3～1 克,口服。

(6)消炎 本病一般不需消炎,细菌感染胃肠炎可用庆大霉素、环丙沙星、诺氟沙星、黄连素、土霉素等药物消炎。

(7)健胃消痛 胃酸过多的,可口服胃舒平片剂,每次 2 片,每天 3 次;胃必治 1～2 片,口服,每天 2 次。胃酸过少的,可用稀盐酸或胃蛋白酶等健胃剂,或使用乳酶生、龙胆酊、陈皮酊等药物,有兴奋胃副交感神经的作用。制止疼痛可用盐酸氯丙嗪,每千克体重 1 毫克,或 0.5%阿托品注射液,每千克体重 0.1 毫升,或用盐酸哌替啶注射液,每千克体重 10 毫克,肌内注射。

(8)中药治疗 中医治疗以和胃止呕为主,以下方剂对于急性胃卡他有较好的疗效。藿香 9 克,半夏 9 克,黄芩 9 克,陈皮 9 克,川厚朴 4.5 克,佩兰 9 克。热重者加黄连 3 克;腹痛者加木香、香附、延胡索各 6～9 克;食滞者加三仙各 10 克;止呕可加姜半夏 5克,姜竹茹 9 克。以上方剂每天 1 剂,水煎分 2 次灌服。

【护 理】 发病初期要执行严格的禁食措施,一般发病后24～48 小时严格禁食、禁水,有呕吐症状的病獒,可静脉输液补充水分和营养物质,并给予必要的止吐措施。呕吐停止的病獒,可给予少量饮水,并注意藏獒有无呕吐,注意对粪便和尿液排泄情况的观察。24 小时后,可给予少量食物,以低蛋白质、低脂肪的食物为主,每 4～6 小时饲喂 1 次,但最初几次饲喂时要少量多次,每天的供给量约为平时的一半,隔 2～3 天后逐步增加饲喂量。护理期间注意患病藏獒的精神状态、尿液排泄、体温、黏膜颜色、呼吸等情况,可以通过体重称重估计其脱水量,治疗期间可每隔 2～3 天检测血常规、红细胞压积和生化项目,并采取相应的治疗处理措施。

慢性胃炎

慢性胃炎是由于胃黏膜发生轻度萎缩和肥厚,或胃黏膜无变化,胃的分泌功能和运动功能发生长期紊乱,以至引起消化不良导致的疾病。本病以老龄藏獒比较常见。

【病 因】 慢性胃卡他病因尚不清楚,下列原因可能与致病有关。

1. 急性胃炎的遗患 急性胃炎后,胃黏膜病变经久不愈,导致慢性胃炎发生。

2. 反复的慢性刺激 某些药物、毒物、食物性抗原长期刺激可能发生慢性胃炎。如口服阿司匹林等药物、食入过烫的食物,或进食时狼吞虎咽,粗糙的食物损伤胃黏膜均可引起慢性胃炎。

3. 胃酸缺乏和营养不良 在胃酸缺乏的情况下,细菌特别是螺旋杆菌容易在胃中繁殖引发胃炎。胃酸的缺乏也可导致高胃泌素血症。蛋白质和 B 族维生素缺乏可使胃黏膜变性,导致慢性胃炎。

4. 内分泌功能紊乱　甲状腺功能减退和亢进、垂体功能减退、肾上腺皮质功能减退都可引起慢性胃炎。

5. 免疫因素　免疫介导性疾病可以引起慢性胃炎,提示本病的发生可以继发于变态反应和寄生虫感染。

另外,口腔的慢性疾病、咽炎、异嗜癖、饲养管理不良、饲养卫生条件差均可引起慢性胃炎。

【临床症状】　本病一般呈慢性经过,患病藏獒食欲不振,消瘦,被毛粗乱、无光泽,有时在春季脱毛时绒毛脱不干净,经常出现间歇性呕吐,尤其是在饲喂不合适的饲料或更换饲料时易发生,呕吐物有时混有血液。患病藏獒常表现呕逆动作,常有嗳气和腹泻,粪便不成形,有时出现黑色粪便等消化不良的症状。老龄患病藏獒由于口腔咀嚼能力的下降,在进食时表现为进食速度慢,消化能力降低,病犬有消瘦、行走无力、贫血等症状。

【诊　断】　根据临床表现和检查难以做出确切的诊断,胃镜和胃液的检查有助于做出确诊。

1. 浅表性胃炎　胃镜检查可见黏膜水肿,常有灰白色或脓样黏液附着在黏膜上,局限性黏膜充血,有斑点状出血或线性发红,有时散在的充血、出血点和黏膜呈花瓣状,红白相间。有时糜烂,或有黏液附着。

2. 萎缩性胃炎　胃镜检查可见黏膜呈灰白色或苍白色,呈现红白相间的斑块状分布,黏膜变薄,皱襞变细或平坦,黏膜下血管显露呈网状。

3. 肥厚性胃炎　胃镜检查黏膜皱襞隆起、粗大,呈铺路石状。伴有糜烂、出血。

另外,可通过胃液检查确诊。浅表性胃炎和肥厚性胃炎胃酸水平可在正常范围之内,有时略高或略低。萎缩性胃炎胃酸减少或缺乏,胃液中有上皮细胞、白细胞、黏液及细菌。

【防　治】

1. 预防　本病的预防主要是加强饲养管理和平时的免疫注射工作。定时、定量的饲喂各年龄段的藏獒,不要过量饲喂。

2. 治疗　本病的治疗原则是消除病因、消炎止痛、保护胃黏膜。

本病要避免饲喂一切对胃有刺激性的食物和药品,饲喂时要选择易消化的食物,有条件的养獒场可以选择处方犬粮,饲喂要定时、定量。

口服硫糖铝1～2克,每天3次;胃必治2片,每日2次。酸性胃蛋白酶刺激发炎的胃壁黏膜时,可用碱性药物如氢氧化铝凝胶20毫升口服,每天3次;或用氧化镁碳酸钙合剂2克、次碳酸铋等抗酸。也可使用生胃酮、云南白药等保护胃黏膜。

腹部疼痛时,可用普鲁本辛15～30毫克、阿托品0.3～0.5克、颠茄1毫升,一次性口服。消炎可用阿莫西林,每千克体重10毫克,每天3次,口服;卡那霉素分散片,每千克体重10毫克,每天2次,口服。有溃疡时服用奥美拉唑,每千克体重2毫克,每天2～3次;西咪替丁,每千克体重10毫克,每天2次,口服。胃镜检查发现螺旋体的,可用阿莫西林治疗,每千克体重10毫克,每天3次,口服;奥美拉唑,每千克体重2毫克,口服每天2～3次,连用14～21天。也可口服阿莫西林(每千克体重22毫克)、甲硝唑(每千克体重10毫克)、碱式水杨酸铋(每千克体重0.25毫克)。

胃酸降低和缺乏的犬,常见于萎缩性胃炎。可口服1%稀盐酸2～5毫升和胃蛋白酶合剂10～20毫升,每天3次,在采食后服用。萎缩性胃炎常伴有细菌感染,可以用链霉素0.5克,加水40毫升,空腹口服。

甲氧氯普胺可降低胃和十二指肠的逆蠕动,减少胆汁对胃黏膜的屏障,可用甲氧氯普胺15～20毫克,每天3次,口服。

可使用皮质内固醇激素如强的松、地塞米松等,以减轻炎症,增加胃液分泌,但仅可用于胃酸缺乏的慢性胃炎和嗜酸性粒细胞性胃炎,贫血者可给铁制剂治疗,也可以肌内注射 B 族维生素,每日肌内注射 1 次。

中兽医治疗,胃热者以轻泻胃火为主,方用石膏散;胃寒不食者,以暖胃温脾、温中祛寒为主,方用归心散;外感风寒者,以温暖脾胃、祛寒、补脾阳为主,方用温脾散,主治胃冷吐涎。中药制剂乌贝散治疗胃酸过多的慢性胃炎有较好疗效。以芍药甘草汤为主辨证治疗慢性胃炎也有很好的疗效。

【护　理】　本病的护理应从加强饲养管理入手,调整食物结构,以少量多餐、低蛋白质、低脂肪、高碳水化合物为主。食物以米饭、肉类为主,也可用商品化的处方犬粮。在治疗期间,检测患病藏獒的血常规和血液生化项目,按时给予治疗药品,对于贫血的藏獒要积极治疗。在平时的护理中,要注意天气的变化,注意患病藏獒的保温,以免感冒而引起其他并发症。

胃　出　血

胃出血是指胃黏膜出血,临床上以吐血、便血和贫血为特征。

【病　因】　多由于藏獒吞食了尖锐的管状骨、鸡骨,啃咬了犬场的木质物品如树木、犬床以及金属碎片等损伤胃黏膜而引起出血。临床检查时投胃管动作粗暴,亦可损伤胃黏膜引起胃出血。

另外,犬瘟热、钩端螺旋体病、急慢性胃炎、胃肠溃疡、胃肿瘤等均可引起胃出血。

【临床症状】

1. 急性胃出血　常表现为呕血,呕吐物常呈暗红色、有酸臭味。粪便呈黑色沥青状、质黏,常有恶臭味。患病藏獒可视黏膜苍白,呼吸加快,心音增强,常表现精神很差,不愿行走,有时卧地不起。严重的胃出血可引起藏獒呼吸次数增加、脉搏增数、四肢冰冷、食欲废绝和减退等症状。

2. 慢性胃出血 患病藏獒常有排黑便的病史,由于长时间出血导致消瘦、食欲不振、被毛粗乱、可视黏膜苍白、皮下水肿和衰弱等症状。

粪便检查可见粪便呈黑色,如沥青状,质黏,有腥臭味,潜血试验阳性。血液学检查可见红细胞总数偏低、红细胞大小不等,出现有核红细胞,血红蛋白和红细胞压积低于正常值。

【诊 断】 根据临床症状和实验室诊断即可做出初步诊断,胃镜检查可明确诊断并可进行止血治疗。

【防 治】

1. 预防 本病的预防主要是加强饲养管理,定期进行疫苗注射,严格清理运动场地、饲料中的异物,避免藏獒吃入难以消化的异物,场地遮阴的树木树干部位要用铁丝网进行保护,避免藏獒啃咬树皮。保管好化学药物,以防止藏獒误食中毒引起胃出血。对引起本病的严重胃炎、胃部肿瘤、胃溃疡以及犬瘟热、钩端螺旋体病及时治疗,以避免本病的发生。

2. 治疗 本病的治疗原则是消除病因,止血,补充血容量。

急性胃出血要采取止血措施,可用垂体后叶素、止血敏、立止血静脉注射,口服云南白药。维生素 K_1,每千克体重 $0.2 \sim 2$ 毫克,皮下注射;维生素 K_3,每千克体重 $10 \sim 20$ 毫克,每日 3 次,肌内注射。

补充血容量可输入乳酸林格氏液,同时进行血液配型,适量输入配型合适的全血。

保护胃黏膜,避免胃液造成胃黏膜进一步的损害,可用硫糖铝 2 克,每天 3 次,口服。

贫血的犬只,要给予右旋糖酐铁 50 毫克、维生素 B_{12} 100 毫克,肌内注射,每天 1 次。

积极治疗原发病,对异物造成的胃出血,要进行胃切开术,取出异物。对传染病引起的胃出血要对症治疗,肿瘤引起的胃出血实施胃部分切除术。

【护　理】　给患病藏獒提供通风良好、保温的犬舍,饲喂易消化、易吸收的食物,少量多餐,并适量给予助消化药物。胃部手术后的藏獒,术后 24 小时禁食、禁水,严密监控水和电解质的情况,尤其要注意钾的情况。术后应继续输液直至患病藏獒可以自行饮水为止。如呕吐和厌食时间过长,可考虑通过肠造口术提供营养。同时,严密监测心电图的变化,每天检查伤口的愈合情况,注意避免胃手术后引起腹膜炎、胰腺炎等的发生。

胃 溃 疡

胃溃疡是指胃和十二指肠发生的慢性溃疡,以胃黏膜及黏膜下层损伤、发炎为特征。

【病　因】　导致胃溃疡的病因有很多,概括为以下几方面。

第一,在藏獒治疗时投喂对胃黏膜有刺激性的药物,如阿司匹林、保泰松、强的松、地塞米松等,可诱发胃溃疡的发生。

第二,投喂劣质的饮食,环境中有藏獒可啃咬的物品,用于遮阴的树木树干未做铁网保护,投喂尖锐的骨头如鸡骨、鱼骨等,以及不规律的采食,均可损伤藏獒的胃黏膜,引发胃溃疡。

第三,促胃泌液素分泌瘤促使胃壁细胞过多地分泌盐酸,引起消化性溃疡。

第四,传染病如钩端螺旋体感染可引起胃溃疡。肝脏和肾脏功能不全、尿毒症、肾上腺皮质激素低下均可引起胃溃疡。

第五,应激反应可促使儿茶酚胺的释放,引起胃黏膜的损伤。

【临床症状】　临床上常以慢性顽固性呕吐、间歇性或轻微性腹痛为特征,呕吐物有时有胃出血的症状,出血有时呈鲜红色,或因混入胃液而呈咖啡色。排黑色粪便,颜色与胃出血的数量有关,并常有腹痛症状,多在采食后不久发生,患病藏獒卧在冰冷的地面上,腹部紧贴地面。有时食欲废绝,体重减轻。严重时,会因胃壁穿孔而引起休克。

临床检查可见患病藏獒可视黏膜苍白,触诊腹部常有疼痛表现。实验室检查红细胞总数正常或较低,如贫血时则出现相应症状,慢性胃肠道出血可导致红细胞增多和低色素性贫血。白细胞总数正常,贫血严重时,出现低蛋白血症。胃镜检查可发现胃和十二指肠有点状或线状糜烂,在胃及十二指肠常可见血迹,溃疡常呈单个和大面积发生。

胃内有异物的 X 线检查可看到异物,钡餐检查可以检出溃疡。

【诊　断】　根据病史、临床表现、实验室检查和内窥镜检查、X 线检查即可做出确诊。本病易与细小病毒病、急性出血性胃肠炎相混淆,应注意鉴别。

细小病毒病常有呕吐、顽固性不食、腹泻,粪便腥臭呈番茄酱样或水样,实验室检查白细胞总数降低。

急性出血性胃肠炎发病突然,出现高热、呕吐、腹泻,呕吐物中常混有血丝或大量血液,腹泻很快加重,粪便呈水样,以喷射状排出或排便失禁,粪便气味腥臭,最后排出大量鲜血。及时补充液体和能量合剂可很快恢复。白细胞总数增加,主要以嗜中性粒细胞增加为主,核左移。粪便细菌检查有时可检出梭状芽孢杆菌。

【防　治】

1. 预防　对引起本病的重症胃肠炎、胃内异物、慢性尿毒症、肝脏疾病要及时治疗,对长期服用阿司匹林、保泰松等药物的藏獒要进行治疗检查,以避免本病的发生。

2. 治疗　本病的治疗原则是消除症状,促进愈合,防止复发和并发症。

抗酸药物可以降低胃液对胃黏膜和十二指肠的刺激,能提高胃液的 pH 值,结合或中和氢离子,减少氢离子向胃的黏膜反弥散,同时也减少了进入十二指肠的胃酸,降低胃蛋白酶的活性,减少对胃黏膜的刺激作用,缓解胃溃疡的疼痛。常用的有碳酸钙,每次 2 克,每天 3 次,口服。氧化酶或氢氧化铝凝胶,每次 20～25 毫升(片剂 0.6 克),每日 3～4 次,口服。次碳酸铋片 1 克,每天 3 次,口服。中药海螵蛸粉、胃舒平、胃铋镁、胃疡平等,治疗效果也较好。长期服用抗酸药物的犬只,要注意磷的补充。

　　用抗胆碱药物止痛,常用的有颠茄合剂,每次 1～2 毫升,每天 3 次。阿托品,每次 0.5 克。普鲁本辛,每次 15 毫克,口服。

　　也可用 H_2 受体阻断剂进行治疗。甲氰咪胍(西咪替丁),每千克体重 5 毫克,口服,每日 4 次。雷米替丁,每千克体 2 毫克,静脉注射或口服,每天 2～4 次。法莫替丁,每千克体重 1 毫克,口服,每天 1 次。用质子介入抑制剂奥美拉唑治疗,每千克体重 0.7 毫克,口服,每天 4 次。为了强固胃黏膜的屏障,可口服生胃酮,每次 100 毫克或每千克体重 2 毫克,每日 3 次,1 周后用量减半,连用 4～6 周。维生素 U,每千克体重 1～2 毫克,口服,每天 3 次。胃黏膜素,每次 1～2 克,口服,每天 3 次。

　　治疗螺旋体性胃溃疡可用阿莫西林,每千克体重 22 毫克,口服,每天 3 次。奥美拉唑,每千克体重 2 毫克,口服,每天 2～3 次,连用 14～21 天。也可同时口服阿莫西林(每千克体重 22 毫克)、甲硝唑(每千克体重 10 毫克)、碱式水杨酸铋(每千克体重 0.25 毫克),或用卡那霉素分散片替代阿莫西林,效果更好。

　　有穿孔和有腹膜炎症状的病犬,要进行手术探查,必要时进行手术治疗。

　　胃肠严重出血的要采用止血和输血疗法,可先输入血浆代用品,如右旋糖酐、复方氯化钠等,并立即做配血试验,配型合格后立即输入新鲜血液。止血可用去甲肾上腺素 8 毫克加入生理盐水 100 毫升中分次口服。甲氰咪胍、奥美拉唑对胃和十二指肠的出血有良好的止血作用,可静脉注射或口服。口服立止血、抑肽酶、纤维蛋白原对胃出血也有良好的止血效果。慢性出血的要加强食物的营养,并进行止血处理。

中药治疗可按以下几型辨证施治。

虚寒型:症见胃部疼痛喜按,疼痛遇饥易发,食后痛减,呕吐清冷,遇寒易发,大便溏薄,舌润苔薄,脉濡无力,治宜温中祛寒,暖胃止痛。药用党参10克,白术10克,白芍10克,炙甘草5克,干姜3克,砂仁3克,香附10克,九香虫5克,熟附片10克,大枣5枚。水煎服,每天1剂,分2次灌服。

热郁型:症见食后疼剧,呕吐,口干,小便黄,舌质红苔黄,脉滑数或脉弦数。治宜清热、和胃、解郁,药用黄连2克,吴茱萸1.5克,姜栀子10克,白芍10克,石斛10克,生地黄10克,茯苓10克,川楝子10克。水煎服,每天1剂,分2次灌服。

痰饮型:症见腹胀,食欲废绝,有时疼痛,呕恶,嗳气,反酸,舌红苔白腻,脉濡滑。治宜和胃理气,温中化热。药用白术10克,半夏10克,陈皮10克,枳壳10克,干姜3克,豆蔻仁3克,全瓜蒌10克,苏梗10克。水煎服,每天1剂,分2次灌服。

瘀痛型:症见腹痛剧烈,痛时肢冷,口色青,呕吐。治宜理气、祛瘀、止痛,药用当归10克,川大黄10克,桃仁10克,延胡索10克,赤芍10克,五灵脂10克,枳壳10克,炙乳香、炙没药各10克。水煎服,每天1剂,分2次灌服。

另外,可使用中成药治疗。肝胃不和型病犬可口服逍遥丸和香砂六君丸,每次5克,每天3次。虚寒型病犬可用良附丸,每次10克,每天3次。热郁型病獒可口服左金丸,每次3克,每天3次。痰饮型病犬可口服苓桂术甘丸,每次10克,每天3次。瘀痛型病獒可口服海浮散,每次10克,每天3次。

【护 理】 给患病藏獒提供合理的饮食,禁止饲喂骨头等粗糙的食物,以免加重患病藏獒胃的负担。定时、定量饲喂,饮食不可过饱,以免胃窦部过分扩张,刺激胃泌素的分泌。避免采食加重胃溃疡症状的食物,如有刺激性的食物和零食等。定期检查患病藏獒的血常规和血液生化项目,有条件的地区进行内窥镜检查,以确定患病藏獒的康复情况。注意内窥镜检查的时机,切勿在出血和疾病严重时进行,因为此时视野被大量血液包围,常无法检出病灶的具体情况。

急性胃扩张扭转

急性胃扩张扭转是藏獒发生胃扩张并伴发胃扭转的疾病。胃扩张使胃内充满气体、液体和食物,胃扭转是胃沿长轴扭转,幽门部从右侧转向左侧,导致胃内食物后送功能障碍的疾病。本病多发于公獒,病死率较高。

【病　因】　导致胃扩张扭转的主要病因是饲养管理不善,多数发病原因是藏獒采食了大量的食物和水,胃内食物尚未消化、排空,食后剧烈运动、撕咬、打滚和跳跃引起胃脾韧带伸长、扭转,使胃幽门部从右侧转向左侧,并被挤压在肝脏、胃底部或贲门之间。胃内液体和食物不能从幽门处排出,也不能从食道逆出,引起胃内气体积聚,胃排空延缓。据养獒场统计,本病主要发生于体型较大的优秀公獒,以首领公獒居多,且多发生于配种的秋、冬季节。

【临床症状】　发病急,突然发生腹痛,干呕,流涎,不安,有卧地不起或呻吟、嚎叫等疼痛表现,行动谨慎,呆立,腹部胀满扩张,呼吸急促或困难,口色苍白或发绀,由于疼痛腹部紧贴在地面卧地不起。触诊时腹部疼痛敏感,可摸到球状囊袋,叩诊时呈鼓音和金属音,听诊腹部时常有钢管的敲击音。心动过速,心律失常。本病发病很快,由于胃部贲门和幽门同时发生闭阻,胃内容物急剧发酵产生大量气体,引起腹围膨大,腹部穿刺时有血性腹水,胃、脾脏的血管阻塞和出血、撕裂,尤其以胃短动脉常见,并造成大量血液流失和胃梗死或坏死。或由于胃扩张压迫门静脉,使静脉回流受阻,心脏的每搏输出量减少,引起心肌缺血,多个胃肠器官变性、梗死、坏死,如抢救不及时,可造成低血容量不足和心源性休克,最急性的患病藏獒常在3～4小时内死亡。

X线检查可显示扩大的胃腔中有气体和液体,软组织折叠后好似胃的一个分室,呈倒C形。若腹腔中出现液体和气体,表明胃穿孔的发生。

【诊 断】 根据病史、临床症状和胃管插入检查结果即可诊断,胃管插入困难或插不到胃,腹部气体胀满症状不减轻时即可确诊为胃扭转。但有时也有例外,胃扩张的一些病例有时也不能插入到胃。

本病要与原发性胃扩张相鉴别,食道插入时,胃管插入容易且能排出大量的气体一般为胃扩张。

【防 治】

1. 预防 本病的预防主要是加强饲养管理,严格定时、定量的饲喂制度,不宜一次饲喂大量的食物。在藏獒的采食过程中,严禁饲喂难以消化的饲料,控制膨化料的摄入量。采食后1小时内,禁止剧烈运动。避免饲喂干燥、不易消化、易发酵的食物,食后不宜大量饮水。饲槽不宜放置太高,对易患有急性胃扩张扭转的种犬,要避免近亲繁殖。

2. 治疗 本病的治疗要进行胃内减压、快速输液疗法、剖腹探查和整复。

有心血管系统病变时,要先进行输液治疗,再进行胃内减压。可静脉注射等渗液体如乳酸林格氏液,每千克体重每小时90毫升。之后输入增加胶体渗透压的药物,如羟乙基淀粉氯化钠注射液,每千克体重5～10毫升;晶体渗透压药物如7%氯化钠溶液,每千克体重4～8毫升。右旋糖酐注射液70毫升加入7%氯化钠溶液中静脉注射,可纠正电解质的失衡,快速扩张血管,改善心血管功能和增强心脏的收缩力。必要时进行输血治疗。

胃内减压可使用套管针、胃管、胃暂时性造口术进行。

在进行胃内减压后,可用皮质类固醇药物进行抗休克治疗。

在输液前和输液稳定患病藏獒的病情后,要进行血常规、血气分析、生化指标的检查,并时刻监测临床各项生理指标。在手术前进行广谱抗生素治疗可用头孢唑啉钠,每千克体重 20 毫克,静脉注射。

另外,可用手术法治疗本病,具体方法是:病犬仰卧保定,全身麻醉,剑状软骨和耻骨前沿连线处中点为切口的中点。术部剃毛消毒,术部隔离,切开皮肤、皮下组织、腹白线、腹膜,暴露胃部,先用注射针头或连接吸引装置的注射针头进行穿刺,排出气体后进行胃扭转的整复,胃内容物多气体排不出时,要进行胃切开术,取出胃内容物。胃整复后要施行胃壁固定术。

胃扭转造成胃破裂时,要对腹腔进行冲洗,并对胃壁进行水平的连续褥式内翻缝合。如脾脏坏死严重的,要根据坏死程度进行部分和全部脾切除;对胃部实施永久性固定术,并对腹腔进行消炎,消炎药可用抗生素等。

【护　理】 单纯性的急性胃扩张和少于 180°的胃扭转,用胃管插入和药物镇静效果良好。有时在进行胃管插入时,胃内气体排出后胃就会恢复到正常位置。护理上主要应控制饮食后剧烈活动。本病易复发,根治的办法是进行胃固定术。发生胃扭转且胃部发生变性坏死的,即使手术治疗也效果不佳,病死率极高。主要原因是心脏的衰竭和多器官发生毛细血管内凝血,电解质的紊乱和血液酸碱平衡失衡。术前胃出血和梗死,胃短动脉、大网膜、脾脏尾端血管的破裂使手术的成功率和藏獒的存活率降低。

手术后要对患病藏獒进行体液疗法,禁食 24 小时,对未进行胃切开整复的、症状较轻的病犬可以给予助消化药物,如胃蛋白酶0.4 毫克、乳酶生 1 克、酵母片 3 克,口服,同时给予 B 族维生素。手术后要进行消炎处理,如使用头孢唑啉钠等药物,以促进伤口愈合。同时,对血液电解质、体液、和酸碱平衡状况进行严密监测,注意有无低血钾,并注意补钾。24 小时后可给予少量的水,严密观察藏獒的呕吐情况。因急性胃扩张扭转时胃黏膜局部常因缺血继发胃炎,可伴有呕吐和吐血症状,要及时进行治疗。对继发胃溃疡的,要用 H_2 受体阻断剂治疗。手术后心律失常的可用利多卡因治疗,每千克体重 2 毫克,静脉滴注。对胃切开整复的病獒,要严格禁食,可通过静脉注射补充营养。术后 48 小时后可给予流质食物如肉汤、牛奶等,但数量不可过多,要逐步增加食物的量。

急性胃肠炎

急性胃肠炎是指胃肠道黏膜组织和深层组织的炎症,临床上以消化功能紊乱、腹泻、发热和毒血症为特征。本病在藏獒饲养管理不良,饲喂劣质饲料,长途运输过程中频繁发生,根据发病的病因可分为原发性胃肠炎和继发性胃肠炎。

【病 因】

1. 原发性胃肠炎 ①饲养管理不良,如采食腐败变质的食物,饮用污浊的饮水,饲喂的食物过冷或过热,未定量饲喂等。②饲喂了动物废弃物和病原菌污染的食物,如鸡肠、羊胎儿以及被细菌或真菌污染的商品犬粮等。③误食化学药品、灭鼠药、异物等。④犬舍卫生条件不良,如潮湿、粪便和尿液处理不及时、犬舍空气质量很差。⑤寒夜露宿、风吹雨淋、长途运输。⑥正常存在于藏獒体内的微生物在机体的抵抗力降低或感冒的情况下引起严重的胃肠炎。⑦獒场滥用抗生素,扰乱正常的微生物群体而导致发病。

2. 继发性胃肠炎 ①继发于急性传染病,如犬瘟热、细小病毒病、犬传染性肝炎、钩端螺旋体病、犬冠状病毒病。此外,肠结核、弯曲杆菌病等也可继发胃肠炎。②也常见于寄生虫感染的过程中,如钩虫病、球虫病、弓形虫病以及肠道寄生虫病均可继发胃肠炎。③在治疗中对急性胃炎、急性肠炎、肠梗阻及其他肠道疾病治疗不及时或治疗方法不正确也易引起继发性急性胃肠炎。

【临床症状】　由于机体状况和致病原因的不同，其临床表现也不一样，在单纯性急性胃肠炎的初期，患病藏獒出现消化不良，采食缓慢，有时食欲减退或废绝。精神沉郁，结膜充血，口腔黏膜无明显变化，有时出现白苔。体温一般正常，但常表现为贪饮大量饮水。随后患病藏獒呕吐，呕吐物内常混有血液，大量饮水后亦有呕吐表现。体温升高，有时可达 40℃，脉搏快而弱，呼吸急促，腹泻，排出大量水样或糊状粪便，粪便中常有未消化的食物、黏液和坏死组织，甚至血液，并含有大量泡沫，气味恶臭。有的患病藏獒表现为里急后重，有的肛门松弛，排便失禁。尾下部、尾根、后肢常被粪便污染。随着病情的恶化，体温先高后低或降低至常温以下，由于剧烈的呕吐和腹泻，患病藏獒表现为眼球下陷，皮肤弹力减低，眼结膜发绀等症状。有的患病藏獒喜欢卧在黑暗的地方，常有呻吟和嚎叫。病情进一步发展时由于严重的脱水，患病藏獒鼻镜干燥，尿液减少，耳、尾和四肢厥冷，运动强拘，步态踉跄，嗜睡，腹部蜷缩，拱背，抽搐，最后死亡。

触诊腹壁紧张，疼痛敏感。

中毒性胃肠炎除表现以上症状外，还有尿闭，口腔黏膜充血、出血，食欲废绝和神经症状。

血液学检查可见血红蛋白增高，红细胞总数增加，白细胞总数增加或减少（常见于病毒感染）、嗜中性粒细胞增加，核左移，血沉沉降速度缓慢，

【诊　断】　根据病史临床症状基本可以做出诊断，要注意与卡他性肠炎、腹膜炎、蛋白漏出性胃肠炎、出血性胃肠炎、嗜酸性胃肠炎等进行鉴别诊断。

卡他性肠炎常见于饮食不当，吃入过于生冷、冰冻的食物，也可继发于犬瘟热、寄生虫病等，主要以粪便呈清稀水样为特征，发

生在小肠段的卡他性肠炎通常伴有呕吐症状。

腹膜炎通常也出现呕吐、腹泻症状,但主要以腹痛、四肢强拘、拱背、体温升高、腹腔积液为特征。

出血性胃肠炎主要以剧烈呕吐、腹泻和排出黏液状胶冻样的血便为特征。静脉注射电解质、葡萄糖液后,症状可减轻。

蛋白漏出性胃肠炎主要以低蛋白血症、腹水、腹泻、水肿和胸水为主要症状,通过黏膜活检可做出确诊。

嗜酸性胃肠炎主要以厌食、呕吐、腹泻和粪便带血为特征,血液检查时嗜酸性粒细胞增多,贫血,肠道活检可以发现嗜酸性粒细胞浸润,肠管增厚。

【防　治】

1. 预防　加强饲养管理,严格食物摄入前的检查,禁止饲喂腐败、未经检验的动物尸体。加强场区消毒液、灭鼠剂、杀虫剂的管理,避免犬只误服。避免广谱抗生素的滥用,对犬瘟热、细小病毒病、钩端螺旋体病、肠梗阻、肠便秘等原发病要及时治疗。

2. 治疗　本病的治疗原则是清理胃肠,保护胃肠黏膜,制止胃肠内容物发酵,维护心脏功能,解除中毒,纠正脱水和电解质紊乱,治疗休克,控制胃肠道感染等。

本病治疗时首先要禁食,以排出胃肠内容物,禁食最少要 2～3 天。禁食后可给予少量易消化的食物。禁食期间可给予少量的饮水,也可静脉注射 10% 葡萄糖注射液、氨基酸、各种维生素、犬用白蛋白等维持营养,必要时输血和血浆。

病初可用催吐剂进行催吐,清理胃内的有毒物质。可用盐酸阿扑吗啡,每千克体重 3～5 毫克,皮下注射或口服。吐酒石,每次 0.5 克,口服。后期可用液状石蜡,幼獒 10～50 毫升,成年獒 100～250 毫升,口服。

在清理完胃肠内容物后,可给予黏膜保护剂如蒙脱石散 10～20 克、药用炭 10～20 克,加少量水一次性口服。

制止炎症发展可根据药敏试验结果,选用以下抗生素治疗。庆大霉素,每千克体重3 000单位,肌内注射。阿莫西林,每千克体重11毫克,口服、肌内注射、静脉注射均可,每天4次。磺胺嘧啶,每千克体重15毫克,口服或肌内注射,每天2次。

　　严重的脱水和自体中毒是引起心力衰竭的主要原因,可用乳酸林格氏液40～80毫升/千克体重,加抗生素进行静脉滴注,输液量可控制在每小时每千克体重13毫升,可适当配合输入生理盐水、5％糖盐水或适量的7％氯化钠注射液,其疗效更好,严重的呕吐和腹泻可造成低血钾,可结合血钾检测结果,输入10％氯化钾注射液。为了改进心脏血液循环,可用10％安钠咖注射液1～2毫升。

　　肠道出血的病犬,可用止血敏200～400毫克肌内注射,每天2～3次。中药方剂黄土汤加减治疗胃出血效果也较好,药用灶心土100克,阿胶20克,熟地黄、白术、白及各15克,炙甘草、炮附子、黄芩各6克,三七粉3克。每日1剂,水煎服。

　　另外,中药制剂香莲丸、郁金散、白头翁散加减、地榆槐花汤等治疗胃肠炎均有较好的疗效。

　　【护　理】　本病在护理上要注意禁食期间可给予少量的饮水,催吐期间要将患病藏獒的头部放低,并注意观察有无咳呛症状。在灌药时,尤其是灌服油剂如液状石蜡时,要特别小心,要顺着上颌的方向缓慢注入,切不可向咽喉方向强行灌入,以免咳呛误咽造成异物性肺炎。胃肠清理后,可给予口服补液盐进行口服补液。治疗期间要密切注意患病藏獒的精神状态、体温、脉搏、呼吸和脱水状态。有条件的地区,可进行电解质、血液酸碱平衡的检测,对低血钾的病獒要进行补钾。食欲不振的藏獒可灌服少量的肉汤、米汤等,以恢复肠道蠕动。

幼獒蛋白漏出性胃肠炎

幼獒蛋白漏出性胃肠炎是发生在2～4月龄幼獒的以腹泻、腹水、四肢水肿为主要特征的疾病,是血浆蛋白成分由胃肠黏膜向消化道大量漏出而造成的低蛋白血症。

【病　因】　导致本病病因尚不清楚,可能与以下原因有关:①断奶后的幼獒饲喂代乳品。②牛奶、炒面或幼犬商品犬粮中含有多量麸质和乳糖。③肠道过敏。④寄生虫感染和冠状病毒性肠炎等引起肠绒毛萎缩,吸收功能下降。

【临床症状】　幼獒常有长期腹泻和间歇性腹泻的病史,粪便常呈白色油状。腹围增大,四肢和腹部水肿、发凉,食欲减退,被毛粗乱,有时呕吐。

患病藏獒口色淡红,舌苔薄白或白腻,结膜苍白,体温一般正常或低于正常,腹围增大,穿刺有黄色或黄白色腹水流出。心律稍快。

【诊　断】　本病确诊需进行实验室肠黏膜的活检检查。本病应与嗜酸性胃肠炎、口炎性腹泻、肠淋巴扩张症等相鉴别。

【防　治】

1. 预防　本病的预防主要是加强对断奶期饲料更换的管理,要定期进行疫苗注射和驱虫处理。

2. 治疗　饲喂低脂肪食物,可用大米、曲拉(藏族地区的一种奶制品)进行饲喂。

对症疗法可用中药方剂五皮饮和苓桂术甘汤加减治疗。

可给予胃蛋白酶、谷维素、复合维生素B进行治疗,以恢复肠道绒毛吸收功能,同时积极治疗原发病。

腹腔穿刺后,要密切观察幼獒的活动,严禁在污浊的活动区域内活动,或在有水的地面上睡觉,以防腹部感染。中药制剂通常有较好的疗效,在治疗时注意灌药时要少量多次的灌服。

【护　理】　腹腔穿刺的幼獒,要加强对伤口的护理,防止幼獒休息时舔舐伤口或环境污染伤口引起感染。护理时对营养的要求是易消化、高蛋白、低脂肪的食物。疾病后期的护理主要是提供高蛋白、低脂肪、易吸收的食物,并且食物中要求有比较高的钙含量,防止因缺钙而造成痉挛。

肠　炎

肠炎是指肠黏膜的炎症,临床上以腹泻为主,有时有呕吐、便血等症状。按病因可分为病毒性肠炎、细菌性肠炎、真菌性肠炎、寄生虫性肠炎等。

【病　因】

1. 病毒性肠炎　病毒性肠炎是藏獒常见的疾病,在 2001 年藏獒原产地几乎没有细小病毒病、冠状病毒性肠炎的流行,近年来由于藏獒养殖热的兴起,人员进入原产地交易和犬只在全国藏獒展览会展出,使原产地病毒性腹泻的病例呈上升趋势。犬瘟热病毒、细小病毒、冠状病毒、轮状病毒、腺病毒、副黏病毒等均可引起肠道炎症。

2. 细菌性肠炎　细菌性肠炎是由肠道致病菌和肠毒素引起的肠道黏膜的炎症,藏獒常见的致病菌是大肠杆菌、沙门氏菌、肠结核、产气荚膜梭菌、梭状芽孢杆菌、空肠弯曲杆菌等。

3. 真菌性肠炎　是真菌和真菌毒素引起的肠道黏膜的炎症,常见的病原有白色念珠菌、黄曲霉菌、曲霉菌及毒素、组织胞浆菌等。

4. 寄生虫性肠炎　由球虫病、钩虫病、绦虫病、血吸虫病、弓形虫病、蛔虫病等感染引起。

【临床症状】

1. 病毒性肠炎　其临床症状见表1。

表1 各种病毒性肠炎的临床症状

症 状	细小病毒病	冠状病毒性肠炎	轮状病毒病	犬瘟热病
体 温	先高热、后正常或低于正常	一般正常或低于正常	正常	呈双相热型
精 神	嗜睡、精神沉郁、厌食	症状较细小病毒病轻	轻微	同细小病毒病
呕 吐	有,急剧	有,腹泻时无	无	有、急剧
腹 泻	频繁,先呈灰色后多呈番茄酱状、气味腥臭	频繁,粪便多呈灰色和黄绿色水样,血痢少见	水样,症状轻微	频繁,严重时多数有血痢,常伴有呕吐
鼻 镜	干燥	湿润	湿润	干燥,甚至龟裂
脱 水	严重	较轻	较轻	严重
体重减轻	迅速、很快	幼獒明显,成年獒不明显		迅速
发病年龄	2～6月龄常见	幼獒常见,小于12周龄的獒常见	幼犬常见	无年龄限制

2. 细菌性肠炎 毒素性腹泻常表现为粪便呈水样、不成形,可引起患病藏獒脱水、酸中毒、钾缺失,常无血便和里急后重的症状。体温升高,发病后出现频繁呕吐、食欲不振和食欲废绝,发生在小肠和胃部的急性炎症表现为频繁呕吐,呕吐物中常混有血液和胆汁样物,病初常出现饮水增加,饮水后不久出现呕吐现象,若发生出血则粪便为褐色或黑色沥青状。患病藏獒常有伏卧或后肢高起、胸骨贴于地面的"祈祷姿势"。小肠后段发生炎症则粪便表面黏附有血液,并有难闻的气味。大肠的急性炎症表现为里急后重,粪便多呈黏液性稀便。腹泻病例常出现代谢性碱中毒、酸中毒,并出现严重的脱水。患病藏獒极度消瘦,嗜卧,衰竭无力,并出现末梢血管循环衰竭,出现四肢冰冷,体温降至正常体温以下,有

时出现黄疸、昏睡、抽搐等症状。

慢性肠炎的患病藏獒表现为持续性的腹泻，并伴有消瘦、脱水等症状。发生在小肠的慢性炎症，一般只表现为消瘦，体重减轻，饮水量比平时增加，食欲表现同平时一样；发生在大肠段的慢性炎症，出现粪便混有血液的黏液便，患病藏獒食欲减退或正常，有时出现体温升高的情况。

触诊腹部有疼痛表现，听诊腹部十二指肠、小肠蠕动亢进，类似流水声，如肠管异常发酵，充满气体，听诊有金属音。大肠发生炎症时，大肠音呈雷鸣声，持续腹泻时，患病藏獒皮肤弹性降低，眼窝深陷，肠麻痹而无蠕动，心音混浊，心率加快，脉搏细弱，呼吸浅表而疾速，腹泻，粪便常呈水样、黏液样、或有时带鲜血和血便，患病藏獒迅速脱水、消瘦，严重时发生衰竭休克。

3. 真菌性肠炎 由于藏獒所感染的病原菌不同，其临床症状各异。常见的症状是慢性体重减轻，腹泻，食欲减少或废绝，有时可见粪便中混有鲜血和黏液。高热或体温正常；组织胞浆菌病常见肝、脾肿大，黄疸，咳嗽，呼吸困难，淋巴结肿大等全身症状。

4. 寄生虫性肠炎 常见的症状是藏獒食欲不振或厌食，有时在粪便中可见到活动的虫体以及白色和黄色的节片，有时呕吐、腹泻、消瘦、营养不良，寄生于大肠中的寄生虫可导致大肠黏膜损伤，表现出里急后重、粪便中常有黏液和血液。球虫感染严重时，可出现严重的血便。感染钩口线虫的藏獒则表现出严重的贫血。

【诊　断】

1. 病毒性肠炎 以实验室诊断和流行病学调查为主。

2. 细菌性肠炎 可根据病史和临床症状做出初步诊断，确诊必须做粪便细菌分离、培养和鉴定，由于正常藏獒粪便中也存在沙门氏菌、弯曲杆菌和大肠杆菌，故鉴定其致病性需要对毒素进行鉴定、分型。注意与病毒性肠炎、寄生虫性肠炎、毒素性肠炎、饮食变更引起的肠炎和非特异性肠炎做鉴别诊断。

3. 真菌性肠炎 根据病史,对肠道组织进行组织学和真菌培养可以确诊。若粪便直接镜检发现大量菌丝和孢子,并排除污染因素可确诊为真菌性肠炎。仅有少量孢子则可能为正常带菌,意义不大。真菌培养需连续 3 次呈阳性并为同一菌种,结合临床症状方可确诊。通过临床诊断和病原学诊断仍不能确诊的患病藏獒,肠镜活检是最后手段。在病理切片中找到菌丝和孢子,是真菌感染的直接证据。

4. 寄生虫性肠炎 根据藏獒有不明原因的腹泻、体重减轻等病史,结合临床症状,可做出初步诊断。粪便直接检查,查出虫体、卵和卵囊即可确诊。

【防 治】

1. 病毒性肠炎

(1)预防 主要是加强疫苗注射,加强犬场疫病的检疫。积极治疗和控制传染源,加强犬场的卫生管理。对食具和运动场要定期消毒。

(2)治疗 本病的治疗原则是治疗原发病,纠正脱水和酸碱中毒,支持疗法和抗继发感染的治疗。

对确诊的病例,首先要用特异性的高免血清、单克隆抗体进行肌内或静脉注射,每千克体重 1～2 毫升,每天 1 次。

对症状较轻的病例和症状严重的病例,均先要禁食,通常禁食 2～3 天,以排除胃肠道中的内容物。

对症状较轻的病例,可在治愈呕吐和腹泻后,给予易消化的食物,少量多次给予。在几天后过渡到正常饮食,可口服补液盐补充脱水和电解质的损失;严重的厌食、呕吐、腹泻或临床症状严重的病例,要进行输液疗法,可用乳酸林格氏液或生理盐水,静脉或皮下注射,每天每千克体重 40～80 毫升,并结合试验室血钾的检测进行钾的补充,常用 10%氯化钾注射液静脉注射,血液白蛋白减少时,补充犬用白蛋白或血浆。

病毒性肠炎一般不用抗生素治疗,根据实验室的确诊,给予单克隆抗体和高免血清,一般连用 5 天。发生严重的病毒性肠炎时,为防止继发感染可给予抗生素治疗。氨苄西林,每千克体重 22 毫克,皮下、肌内或静脉注射,每天 3～4 次;庆大霉素,每千克体重 3毫克,皮下、肌内或静脉注射,每天 2 次;恩诺沙星,每千克体重2～4 毫克,皮下、肌内或静脉注射,每天 1 次。

　　呕吐严重时可用氯丙嗪,每千克体重 0.5～1 毫克,皮下注射,每天 2 次;爱茂尔,2～4 毫升,肌内注射,每天 2 次。

　　中兽医治疗可根据临床表现和症候,具体辨证施治。

　　消食导滞:此法用于伤食型病毒性泄泻,症见脘腹痞满,腹痛肠鸣,呕恶不食,泻如败卵,酸腐臭秽,泻后痛减。舌质淡红或尖边红,苔厚腻或黄垢。药用焦三仙、莱菔子、半夏、熟大黄、枳实、陈皮、砂仁。如舌质红,苔黄垢者为食积化热之象,方中大黄生用后下。

　　解表和中:此法用于外热型泄泻,症见鼻塞流涕,微有寒热,腹满纳呆,肠鸣泄泻,舌质淡红,苔薄白或白腻。药用麻黄、桂枝、藿香、茯苓、焦三仙、半夏、砂仁、生姜。舌苔白腻者,加苍术、佩兰。

　　清热利湿:此法用于湿热型泄泻,症见腹痛即泻,泻下急迫,呈水样,便臭秽难闻,肛门红赤,口渴欲饮,小便短赤,舌质红,苔黄腻。药用葛根、黄连、大黄、滑石、车前子、甘草、地锦草。此方常用于犬细小病毒病的治疗。

　　温中散寒:此法用于中寒泻泄,症见腹胀肠鸣,泻下清冷如水,食欲不振,小便清长。舌质淡,苔薄白。药用炒白术、炮姜、熟附片、公丁香、煨草果、山楂炭。呕吐者加半夏;舌质白腻者加藿香;过食生冷伤于脾胃者加神曲、麦芽;因腹部中寒所致者加肉桂。此方常用于病毒性肠炎的治疗,如冠状病毒感染等。

　　健脾益气:此法用于脾虚泄泻,症见大便时溏时泻,乳食不化,反复发作,缠绵不愈,精神不振,食少纳呆,舌质淡,苔白。药用人参、炒白术、茯苓、炒山药、炒薏苡仁、煨草果、神曲、大枣、煨生姜、甘草。若脾虚寒盛、肠鸣水泻、四肢欠温者加附子、肉桂；久泻中气下陷、脱肛不收者加黄芪、升麻、五倍子、赤石脂。本方常用于藏獒病毒性腹泻后期的治疗。

温肾涩肠：此法用于肾虚久泻，症见泄泻多在天亮之前，肠鸣即泻，泻下清冷，完谷不化，形寒肢冷，喜温就暖，精神不振，舌质淡，苔滑白。药用炒山药、炒白术、熟附片、吴茱萸、煨肉蔻、煨乌梅、罂粟壳、赤石脂、五倍子。此方常用于病程较长的患病藏獒。

养阴扶脾：此法用于久泻伤阴、脾阴不足型泄泻，症见泻下稀水，量不甚多，口渴欲饮，越饮越泻，有时纯下清水，精神不振，眼球下陷，皮肤干燥而松弛、弹性降低。小便短少，舌质红无苔。药用生山药、金石斛、生白芍、五味子、滑石、乌梅、甘草。此方用于病毒性肠炎疾病的后期治疗。

2. 细菌性肠炎

（1）预防　本病的预防主要是加强饲养管理，禁止藏獒吃入腐败的或来源不明的肉、蛋、乳制品。对藏獒使用过的食具、犬舍、运动场地要进行彻底的消毒。发现病獒，要立即隔离，防止传染给其他犬。经常搞好环境卫生，消灭苍蝇、老鼠。

（2）治疗　本病的治疗原则主要为抗菌消炎，对症治疗，维持酸碱平衡，加强护理和饲喂。

病初的禁食措施与病毒性肠炎相同。根据粪便镜检和微生物的分离培养、鉴定结果进行抗生素治疗，由沙门氏菌引起的肠炎可用庆大霉素，每千克体重3毫克，肌内或静脉注射，每天2次；磺胺嘧啶，每千克体重15毫克，口服或肌内注射，每天2次。大肠杆菌引起的腹泻可用氨苄西林，每千克体重22毫克，肌内注射或口服，每天2次；恩诺沙星，每千克体重2～4毫克，静脉或皮下注射，每天2次。梭状芽孢杆菌感染的可用红霉素，每千克体重10毫克，口服，每天3次。

疾病的早期,对排便不畅、粪便恶臭的病犬,可用盐类泻剂如人工盐、硫酸钠适量口服。疾病后期,粪便中带有黏液或鲜血的病犬,可用油类缓泻剂如液状石蜡等口服。

　　胃肠道有出血的,要根据出血部位的不同,选用不同的止血方案。十二指肠和胃部有出血的,要用质子抑制剂治疗,如奥美拉唑,每千克体重 2 毫克,静脉注射后口服;也可用立止血注射液。大肠出血时粪便表面常有鲜血,可用止血敏、维生素 K_3 等止血药物止血,为了防止继发感染,可选用广谱抗生素如庆大霉素、卡那霉素、头孢唑啉钠等药物治疗。

　　呕吐严重的犬,要给予甲氧氯普胺,每千克体重 10 毫克,每天 2～3 次;或肌内注射盐酸氯丙嗪,每千克体重 0.5 毫克。

　　为保护肠黏膜,可使用黏膜保护剂,如蒙脱石散剂 2 包加适量水灌服,腹泻严重的可以给予止泻剂,如鞣酸蛋白、次碳酸铋等。

　　对于脱水严重的,可用生理盐水 500 毫升、维生素 C 1 克、肌苷 200 毫升、三磷酸腺苷 40 单位、10% 葡萄糖酸钙注射液 20 毫升、50% 葡萄糖注射液 20 毫升、10% 氯化钾溶液 5 毫升,分别静脉注射。酸中毒的要用 5% 碳酸氢钠注射液,每千克体重 1 毫升,静脉注射;心力衰竭、脉搏细数的可用安钠咖注射液,每千克体重 100 毫升,肌内注射。

　　细菌性肠炎的中药治疗可用郁金散或白头翁散加减治疗。

3. 真菌性肠炎

　　(1)预防　加强饲养管理,严禁用腐败变质的食物饲喂藏獒,对商品犬粮要精心保管,以防止霉变。以玉米为主的犬粮贮存时要注意贮存的条件。腹泻时禁止滥用抗生素。

　　(2)治疗　本病的治疗应根据病原菌选择敏感抗真菌药物进行一般治疗和对症治疗。

　　①液体疗法　对采食少、失水明显的患病藏獒应静脉输液,以补充水分、热量,及时纠正酸碱平衡和电解质紊乱。原则上损失多

少补多少,遵循"先盐后糖,先快后慢,纠酸补钾"的方针。口服补液适用于轻度失水者和静脉补液后病情已有改善者。

②中兽医治疗　运用中兽医的整体观点,辨证施治,扶正祛邪,在提高机体免疫力和改善全身状况的同时,加以有效的抗真菌药物治疗。大蒜、黄连、土槿皮、骨碎补、苦参等中药均有一定的抗真菌作用。由大蒜的有效成分——大蒜素制成的注射液,可供静脉滴注,亦可口服。近来有人用中药苦参汤加减浓煎成汁灌肠,亦取得良好的疗效。

③抗真菌治疗　首选制霉菌素口服。重症或口服有困难者选用氟康唑或两性霉素B合用5-氟胞嘧啶静脉滴注。

制霉菌素为多烯类抗真菌抗生素,因不溶于水,口服不吸收,故副作用较小。成年獒每次每千克体重10万~20万单位,每天3次,幼獒酌减,疗程10~14天。可与大蒜素合用。

大蒜素化学名为三硫二丙烯,亦可人工合成。注射剂,成年獒每天90~150毫克,加入5％葡萄糖注射液中静脉滴注,4~5小时滴完。口服胶丸,成年獒每次40~60毫克,每天3次,食后服。幼獒用量酌减。疗程2周至4个月。

氟康唑为取代酮康唑的新一代三唑类化学制剂,对肝脏的毒副作用远较酮康唑小。每千克体重5毫克,每天1次,口服或静脉滴入,疗程10~14天。此药应避免与降低胃pH值的碱性药物同服,否则影响该药的吸收。

伊曲康唑的作用与氟康唑类似,仅供口服,每千克体重5毫克,每天1~2次。

两性霉素B按每千克体重0.5~1毫克剂量静脉滴注,隔日1次,累计剂量为每千克体重8毫克。

4. 寄生虫性肠炎

(1)预防　加强环境卫生管理,每年春、秋季节进行预防性驱虫。有条件的养獒场每年对藏獒的粪便进行寄生虫虫卵的检查,

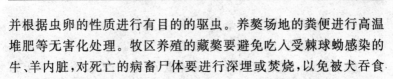

并根据虫卵的性质进行有目的的驱虫。养獒场地的粪便进行高温堆肥等无害化处理。牧区养殖的藏獒要避免吃入受棘球蚴感染的牛、羊内脏，对死亡的病畜尸体要进行深埋或焚烧，以免被犬吞食而感染。南方地区的藏獒要避免吃入蛙、蛇等中间宿主。

(2)治疗　根据实验室粪便寄生虫的检查，可采用下列药物。

①蛔虫　左旋咪唑，每千克体重 10 毫克，每天 1 次，口服；枸橼酸哌嗪，每千克体重 100～200 毫克，每天 1 次，口服；芬苯哒唑，每千克体重 50 毫克，每天 1 次，口服，连用 3～6 天；丙硫苯咪唑，每千克体重 10 毫克，每天 1 次，口服；甲苯咪唑，每千克体重 100 毫克，每天 2 次，口服。

②钩虫　左旋咪唑，每千克体重 10 毫克，每天 1 次，口服；丙硫苯咪唑，每千克体重 10 毫克，每天 1 次，口服，连用 3 天；甲苯咪唑，每千克体重 100 毫克，每天 2 次，口服，连用 3 天；肠虫清 400 毫克，一次口服；芬苯哒唑，每千克体重 50 毫克，每天 1 次，连用 3～6 天；伊维菌素，每千克体重 0.3 毫克，皮下注射。

③鞭虫　鞭虫灵，每千克体重 2 毫克，一次口服；丁苯咪唑，每千克体重 50 毫克，一次口服；甲苯咪唑，每千克体重 100 毫克，每天 2 次，连用 3 天；肠虫清 400 毫克，一次口服；伊维菌素，每千克体重 0.3 毫克，皮下注射。

④类圆线虫　伊维菌素，每千克体重 0.3 毫克，皮下注射；芬苯哒唑，每千克体重 50 毫克，每天 1 次，口服，连用 3～6 天。

⑤旋毛虫　甲苯咪唑，每千克体重 20～40 毫克，每天 2 次，口服，连用 5～7 天；伊维菌素，每千克体重 0.3 毫克，皮下注射。

⑥日本血吸虫　血防 846(六氯二甲苯)，每千克体重 80 毫克，一次口服，10 天为 1 个疗程；酒石酸锑钾，每千克体重 5～7 毫克，每天分 3 次静脉滴注；吡喹酮，每千克体重 20 毫克，一次口服。

⑦原虫　等孢球虫可用磺胺嘧啶，首次剂量为每千克体重 0.14～0.2 克，口服，以后剂量减半，用药 7 天，每天 2 次；磺胺-5-

甲氧嘧啶,每千克体重 50 毫克,口服,连用 7 天;氨丙啉,每千克体重 110~220 毫克,混入饲料中,连用 1~2 周。

⑧弓形虫　磺胺嘧啶,每千克体重 70 毫克;乙胺嘧啶,每千克体重 2 毫克,每天 2 次,口服,首次剂量加倍;磺胺嘧啶,每千克体重 15 毫克,加甲氧苄啶 14 毫克/千克体重,连用 4 天;磺胺-6-甲氧嘧啶,每千克体重 50 毫克,口服,连用 7 天。

⑨甲第虫　甲硝唑,首次剂量为每千克体重 44 毫克,以后剂量减半,连用 5 天,每天 2 次;阿的平,每千克体重 50~100 毫克,连用 3 天,停药 3 天后再重复使用 1 个疗程。

⑩绦虫　吡喹酮,每千克体重 5 毫克,皮下注射或口服;灭绦灵(氯硝柳胺),每千克体重 200 毫克,口服,饲喂前禁食 12 小时;甲苯咪唑,每千克体重 20 毫克,每天 2 次,口服,肠虫清,每千克体重 400 毫克,一次口服。

另外,对于肠道出血的,要进行止血、消炎,止血可用止血敏、维生素 K_3、立止血、维生素 K_1 等药物,并同时服用黏膜保护剂,如鞣酸蛋白、次碳酸铋、蒙脱石散剂等药物;贫血严重的,除要加强营养外,应根据贫血的性质进行药物治疗,可用维生素 B_{12}、铁制剂等药物,或用中药制剂阿胶口服液、八珍汤等。发生再生障碍性贫血时可用丙酸睾酮 0.1 克,肌内注射,以刺激骨髓的新生细胞作用。必要时,进行输血疗法,以补充血液量,增加抗体,兴奋网状内皮系统,促进造血功能,提高血压。

【护　理】

1. 病毒性肠炎　对患有病毒性肠炎的藏獒,要进行隔离,单独饲养,对腹泻严重的犬,要每天监测其脱水状态,检查红细胞压积、白蛋白、血浆电解质和酸碱平衡情况,并及时进行处理。患有细小病毒病的藏獒,要对其饲养环境进行彻底消毒,消毒药物可用漂白粉、氢氧化钠、强力消毒灵等,并对潜伏期的藏獒进行高免血清的免疫注射。患病藏獒病初禁食 1~3 天,以排出肠道中的内容物。在治愈呕吐和腹泻后，可给予少量无刺激、低脂肪的食物，同时严密观察粪便的颜色、性状，几天后逐步过渡到正常饮食。治疗期间每天检查 3～4 次，严格观察患病藏獒的精神状态，避免并发症如肠套叠、脓毒血症的发生。被冠状病毒感染的成年藏獒常呈一过性腹泻，病死率较低。幼獒护理时要注意保温和口服补液盐的供给。

2. 细菌性肠炎　患病期间，可口服补液盐以纠正脱水和电解质紊乱。有食欲的犬，可以给予易消化的肉汤、菜汤、稀粥等。在患病期间监测血常规、红细胞压积、血液白蛋白、血液酸碱度及电解质情况，对脱水严重并且出现心力衰竭的藏獒，要及时处理，进行强心、补液，纠正酸中毒。出血量大的犬要进行输血治疗。隔离期间，患病藏獒的粪便要用漂白粉或浓石灰水消毒，并将粪便深埋。食具煮沸消毒或用强力消毒灵溶液浸泡处理。笼具、房舍地面可用消毒液处理。护理人员要注意个人的防护，以防自身感染。

3. 真菌性肠炎　本病需长期治疗，可能产生副作用，用药期间注意监测患病藏獒的肝、肾功能。真菌性小肠疾病预后很难预测，用药期间需定期称量体重，观察食欲、饮水以及粪便排泄情况，对于有呕吐、体重减轻症状的要停止用药。饮食的供给以流质食物为主，给予易消化、高热量、高维生素、低脂肪饮食。限制采食以防腹胀，避免饲喂刺激性强和多渣的食物，防止诱发肠穿孔。忌用止泻药，可应用微生态制剂。

4. 寄生虫性肠炎　同一般肠炎的护理。可通过粪便寄生虫检查以确定治疗效果，未能根治或再次感染的必须再次治疗。对成年藏獒患有寄生虫病的养獒场要考虑对幼獒的预防性驱虫。治疗和护理时注意个人防护，避免人员感染寄生虫病。

临床血检指标可以提供相关护理的方案，对于贫血严重且有心力衰竭的藏獒，在护理时要限制其运动，并根据体质情况在治疗上采取"先补后驱"的治疗原则，饲喂上坚持少量多次的原则。在藏獒体质差时要给其提供专用的治疗和护理病室,密切注意饮食、粪便排出情况,并注意平时的保温和通风。驱虫时观察藏獒的表现,尤其在饮食上要根据医嘱,不要使用过分油腻的食物作为驱虫时的食物,以免药物过多吸收而造成藏獒药物中毒。

肠 套 叠

肠套叠是一段肠管套入与其相连接的一段肠腔中,相互套叠的肠管发生血液淋巴循环障碍、渗出等过程,导致肠管粘连、肠腔闭塞不通的疾病。肠套叠是幼獒常见的内科疾病,多见于小肠套入结肠中或十二指肠套入胃中。

【病　因】　主要原因是幼獒过度活动,如打斗、撕咬,副交感神经兴奋导致肠蠕动增加。其他引起肠蠕动增加的因素,还有突然受凉,吃入过冷或过热的饲料,肠卡他、肠炎、肠内容物性状的改变(如肠内有异物,肠道迟缓,肠道分泌、吸收和蠕动功能改变),肠道寄生虫,全身麻醉等。犬细小病毒病、犬瘟热、感冒、肠道寄生虫感染、反复呕吐、肠道肿瘤、幼獒消化不良等均可引发肠套叠。幼獒发生肠炎,成年藏獒患肠道肿瘤等也能引起肠套叠。

【临床症状】　病獒常表现为食欲不振,饮水量增加,有时呕吐,腹痛,呻吟或嚎叫。小肠段高位阻塞时常有顽固性的呕吐症状,并经常伴有代谢性碱中毒和电解质紊乱,往往发病几天后即可死亡。结肠段阻塞常见病犬排出黏液性粪便或粪便带血,有恶臭味。由于肠内容物的异常发酵,致使肠道臌气,临床表现为腹围增大、呼吸急促。患病藏獒脱水的程度常与肠套叠的部位、套叠的程度有关,套叠部位在直肠或其附近部位时,常将套叠部垂脱于肛门外。随着病情的发展,患病藏獒脉搏逐渐加快,脉搏的脉性也变为线脉。

临床检查患病藏獒可视黏膜充血,体温大多数正常,部分病例体温有时可达到 40℃ 左右,病初听诊肠蠕动音弱,后期消失。触诊腹部紧张,在腹下部可以触摸到坚实而有弹性似香肠样的套叠肠段,粗细为正常肠管的 2 倍左右。

血液学检查可见血沉降低,有时贫血,血液白蛋白降低,电解质紊乱和酸碱不平衡。X 线检查可见约为肠管粗细 2 倍的圆筒状软组织的阴影,如套叠肠管的末端积气则套叠顶端轮廓清晰可见,或呈现双螺旋弹簧状。

【诊　断】　本病根据临床症状、腹部触诊有香肠状物,再结合 X 线检查结果即可做出确诊。本病应与所有引起肠道阻塞的疾病进行鉴别诊断。

【防　治】

1.预防　加强饲养管理,不要给藏獒饮用冰冷的水,避免藏獒剧烈运动,加强疫苗注射,对容易引起本病的寄生虫病、肿瘤、肠道疾病要及时治疗。

2.治疗　肠套叠初期,可以用温水灌肠,或以腹壁触诊进行整复,有时用麻醉药物和抗痉挛药物也可使肠管自然复位。症状明显的犬,要及时进行手术整复,以免时间过长肠壁发生粘连或坏死。

脱水严重的犬要进行补水治疗并结合实验室检查,纠正电解质和血液酸碱平衡。

手术治疗采用全身麻醉,仰卧保定,对整个腹部剪毛消毒,于腹中线切口打开腹腔,小心分离套叠的肠管,并在分离后评估复位肠管的活性和通畅性。

【护　理】　根据患病藏獒的自身状态和原发病情况,制订不同的护理方案。对细小病毒引起的肠套叠,要进行隔离护理并对手术室、手术器械、人员进行彻底的消毒,针对细小病毒给予隔离、抗病毒治疗和支持疗法。术后纠正自身脱水、酸碱代谢平衡和电解质紊乱。低蛋白的,要进行白蛋白和免疫球蛋白的补充。伤口消炎可用抗生素。术后 8~12 小时要给予少量饮水,无呕吐的,可以给予少量食物或处方犬粮,可选择易消化的低脂肪食物,逐步恢复到正常的饮食。术后每天检查伤口的愈合情况,检查伤口有无感染、泄漏并进行相应的处理。术后腹痛严重的,要给予止痛药物,并定期检查血象和生化指标,以对症治疗。要严密监视手术并发症的发生并进行治疗。进行彻底的消毒,针对细小病毒给予抗病毒治疗和支持疗法。术后进行适当的运动,以免肠粘连的发生。

肠 扭 转

肠扭转是一段肠管和另一段肠管扭绞在一起,或肠管的一段与其附近的肠系膜扭绞在一起而引起的肠阻塞疾病,藏獒的肠扭转多发生在小肠部位。

【病 因】

1. 机械性原因 藏獒在急速奔跑中突然滑倒,急拐弯,争夺交配权时公獒之间的打斗、撕咬、跳跃等均可引起肠扭转。

2. 饲养管理原因 机体受凉、吃入冰冻的饲料和异物等均可引起肠扭转。

3. 疾病原因 消化不良、肠炎、寄生虫感染、胃扩张、肠麻痹等疾病易继发引起肠扭转。

【临床症状】 常突然发生,也有一些病例在几天的病程中突然发作。病初出现呕吐、干呕等症状,由于肠扭转引起肠道阻塞部位充血、出血和坏死,患病藏獒出现剧烈腹痛,吼叫、呻吟,出现特殊的祈祷式姿势或呈现疯狂状态。可视黏膜苍白,心率加快,脉搏增速、微弱,并出现卧地不起、休克等症状。触诊患病藏獒腹部,腹壁紧张,腹围增大。粪便常呈稀便,随着病情的发展,患病藏獒排出黑色如煤焦油样的黏液便或褐红色的血便,气味恶臭。由于患病藏獒脱水严重,出现呼吸急促,脉搏加快,肠蠕动音消失,精神沉郁,斜卧于地等症状。

X线检查可见肠管中出现不连续的气体,可看到肠内和腹腔中积有液体。实验室检查可见红细胞压积正常,白细胞总数增加,有低白蛋白血症和低血钾症。

【诊　断】　根据临床病史和表现,结合X检查和实验室检查结果,可做出诊断。要与肠梗阻、肠气体扩张、胃肠扭转、腹膜炎,以及肠道手术后遗症相和鉴别,也要与出血性胃肠炎、病毒性肠炎、胰腺炎等全身性疾病相鉴别。

【防　治】

1. 预防　加强饲养管理,不要给藏獒饮用冰冷的水,避免藏獒剧烈运动,加强疫苗注射。在秋季配种时,加强对公犬的管理。对容易引起本病的消化不良、肠炎、寄生虫感染、胃扩张、肠麻痹、肿瘤等要及时治疗。

2. 治疗　本病的治疗原则是抗休克,纠正电解质紊乱和酸碱平衡,阻止自由基生成和清除自由基,并积极实施手术治疗。

(1)抗休克　对有休克危险的藏獒,要立即输液,藏獒正常的血容量为每千克体重90毫升,由于肠道扭转压迫了近心端的肠系膜血管及分支,导致肠道血流受阻,造成组织缺氧、循环休克、内毒血症和心血管衰竭。输液可用等渗的液体,如生理盐水、乳酸林格氏液,每小时每千克体重90毫升,为了防止输液过量,可用7%氯化钠溶液5~10毫升/千克体重和羟乙基淀粉氯化钠注射液4~5毫升/千克体重输入。低白蛋白血症给予犬用白蛋白静脉注射或输入犬全血浆,输液的同时可给予广谱抗生素进行消炎处理。

(2)消炎处理　由于肠道扭转,使原肠道内的大肠杆菌、厌氧菌迅速增殖并产生大量内毒素,故抗生素可以选用氨苄西林,每千克体重22毫克,或氧氟沙星200毫克进行治疗。内毒素中毒可用氢化可的松治疗,每千克体重10毫克。

(3)阻止自由基生成和清除自由基　可使用过氧化物歧化酶、二甲基亚砜等。

(4)手术治疗 如不及时治疗,肠扭转的致死率可为100%。肠扭转180°的藏獒有可能存活,但也存在手术后发生短肠综合征、吸收不良、消化不良、腹泻、腹膜炎等并发症的风险,从而失去饲养价值。因此,及早地发现和诊断并尽快进行手术是挽救患病藏獒生命的唯一途径。

【护　理】 手术后24～48小时禁食,并每天监测体温、心脏功能、呼吸等情况,在输液的同时,每天检测血液红细胞压积、电解质、血液酸碱度变化。48小时后,可以根据藏獒体质情况,给予适量的口服液体和少量的流质食物,以后逐渐恢复到正常饮食。对于短肠综合征引起吸收不良的藏獒可根据疾病严重程度,以易吸收、易消化为原则选择处方犬粮或自制犬粮饲喂。

肠内异物

肠内异物是指藏獒食入可能引起肠道完全阻塞和部分阻塞的物品导致的疾病。

【病　因】 藏獒在吃食时常表现进食快、狼吞虎咽的特点,食物中的骨头只要能吞下就很少咀嚼,故容易发生异物进入肠内堵塞肠道的现象。另外,藏獒在生长发育过程中有啃咬物品的恶习,场地的石块、木头、人员的鞋袜等均是其啃咬的对象,人员的恐吓及其他藏獒的争抢,造成藏獒的吞咽,引起肠道阻塞。

【临床症状】 根据异物的大小、阻塞的部位、阻塞的性质和阻塞的持续时间以及肠管和血管的完整性不同,发病后的临床表现和症状也各有不同。高位性阻塞的病犬主要表现呕吐、厌食、精神沉郁、虚弱无力,呕吐物中常有胃内容物、胃液以及胆汁。常在发病后4～5小时死亡。发生在空肠、回肠、回盲连接处的阻塞,可导致呕吐、腹泻、腹痛、腹围增大等症状。不完全阻塞症状不明显,病犬有时厌食,嗜睡,偶尔发生呕吐。

临床检查可见患病藏獒腹围增大,触诊腹部可以摸到块状物或液体,靠近阻塞物可摸到充满气体的肠管。听诊时,病初肠音亢进,肠蠕动音呈高朗的金属音或气过水声,后期并发腹膜炎时,肠音消失或很弱。

实验室检查血液红细胞压积增高,白细胞总数正常或偏高,白细胞分类计数可见嗜中性粒细胞增多且核左移。血清淀粉酶、脂肪酶升高,血清尿素氮初期无变化,后期轻度升高。

X线检查,在阻塞物的前端可以看到8字形、C形的充满气体的肠管,阻塞物后段肠管呈空虚像。钡餐造影可以发现阻塞物的位置,线形的阻塞物可显示打褶的肠道和呈串珠状的肠道。

【诊 断】 根据临床症状和表现,结合实验室检查和X线检查结果即可做出确诊。本病应与胰腺炎、绞窄性肠梗阻、嵌顿性肠梗阻、肠扭转、肠套叠进行鉴别诊断。

胰腺炎有剧烈呕吐、腹痛、腹泻症状,血液检查淀粉酶、脂肪酶升高,白细胞总数增多,严重时患病藏獒有"祈祷式"的腹痛症状,有时出现血性腹泻、体温下降、可视黏膜苍白、痉挛、休克症状。X线检查右上腹部密度增高,腹水穿刺液检查有淀粉酶。

绞窄性肠梗阻主要发生在藏獒的小肠段,主要临床表现为剧烈的腹痛、持续性的呕吐、腹部膨胀、肠音先亢进后减弱、粪便排出停止、严重时大量呕血。X线检查可以确定绞窄的位置。

肠扭转包括小肠扭转和结肠扭转,主要以突然发生腹部绞痛并伴有呕吐为特征。患病藏獒可视黏膜苍白、脉搏细数,常发生休克,疼痛部位常在脐部周围。结肠扭转主要以阵发性腹部绞痛为主,有明显的腹胀,呕吐症状常不明显。X线检查有麻痹性的肠梗阻,肠梗阻以上肠襻明显扩张。钡餐造影可见扭转部位钡剂受阻,钡影的尖端有时呈现鸟嘴状。

肠套叠常见于小肠与小肠之间的套入、小肠下端套入结肠、盲肠套入结肠等,临床表现为顽固性的呕吐、不排便和触诊腹部有香肠样物。

【防　治】

1. 预防　加强饲养管理,防止藏獒误食异物。

2. 治疗　本病的治疗原则是尽早促进异物排出,纠正酸碱不平衡和电解质紊乱,必要时实施手术除去异物。

对于较小和质地较软的阻塞物,可采用灌肠法进行治疗,一是可以刺激肠蠕动,二是可以帮助阻塞物的排出。灌肠液可用温肥皂水,向直肠中灌入 2 000～3 000 毫升,每天 2～3 次;或用液状石蜡 200～500 毫升。

阻塞物较软时亦可用人工盐 30～50 克、硫酸镁 10～20 克进行泻下治疗,也可用中药大承气汤加减治疗。灌药后要大量饮水,以帮助阻塞物排出。也可在给药后的 4 小时肌内注射胃动力药物如甲氧氯普胺等,以帮助胃肠蠕动(高位性完全阻塞慎用)。如阻塞物较硬,可用液状石蜡 50～100 毫升、陈皮酊 5～10 毫升、甲氧氯普胺片 20～30 毫克、谷维素 15～30 毫克、地巴唑 10 毫克、强的松 5～10 毫克,混合后灌服,并静脉注射 5％糖盐水 250～500 毫升、10％安钠咖注射液 1～2 毫升。

较大的阻塞物要进行手术治疗。手术前,要对患病藏獒身体情况进行详细的检查,有酸中毒和脱水的要先进行纠正。手术部位要根据阻塞物的位置确定。取出阻塞物后,如肠管已坏死,要切除坏死部分的肠管,然后吻合断端肠管。肠道狭窄的,要进行肠腔缩窄整复术。术后禁食 18～24 小时,为防止术后肠管粘连,要口服中药矢气汤。在禁食期间,为防止肠静脉炎和静脉血栓塞,可用10％葡萄糖注射液 100 毫升,加氢化可的松 15 毫克,静脉注射。在补充液体的同时,可加入 B 族维生素和维生素 C。

术后为防止肠道炎症,可用抗生素治疗。青霉素,每千克体重4 万单位,链霉素,每千克体重 10 毫克,每天 2 次,肌内注射;氨苄西林,每千克体重 30 毫克,氧氟沙星 200 毫克/次,静脉注射;头孢唑啉钠,每千克体重 20 毫克,每天 3 次,静脉注射。术后继续纠正酸碱平衡和电解质紊乱,补充体液。小心观察患病藏獒有无肠道泄漏和腹膜炎的发生。

中兽医治疗肠内异物主要以中药和针灸为主,中药治疗可用复方大承气汤,川厚朴 15 克,炒莱菔子 30 克,枳实 9~15 克,桃仁 9 克,生大黄 15 克(后下),芒硝 10~15 克(冲服)。药物水煎后浓缩药汁 200 毫升,分 2 次服,本方适应于一般肠道阻塞,对气胀较重者、绞窄性肠梗阻、外疝嵌顿性肠梗阻、先天畸形及肿瘤引起的肠梗阻无效。也可用甘遂通结汤,甘遂末 1 克(冲服),桃仁 9 克,生大黄 15 克(后下),川厚朴 15 克,川牛膝 15 克,木香 9 克,赤芍 12 克。水煎后取药汁 200 毫升,分 2 次服,适用于严重的肠梗阻和肠内有较多积液的病獒。针灸可针刺足三里、天枢、中脘等穴位,具有调节胃肠功能、止痛止呕的功效。

纠正由肠梗阻所致的水、电解质和酸碱平衡的失调,由于肠内异物所导致的肠梗阻类型、部位和发病时间以及藏獒体质的不同,失水程度也不尽相同,处理疗法也有差异。单纯性肠梗阻的早期,用 5%糖盐水、乳酸林格氏液、生理盐水和 10%氯化钾注射液适量输液,即可纠正其脱水。但疾病发展到晚期处理就比较复杂,高位性肠梗阻常伴有严重的脱水和电解质紊乱、代谢性碱中毒、低氯血症、低钾血症,而低位性肠梗阻常有代谢性酸中毒和低钠血症、低氯血症、低钾血症。如心率过快、红细胞压积增高时,要进行血容量和胶体渗透压、酸碱平衡、电解质浓度和总渗透压的纠正。可应用右旋糖酐、犬用全血浆、白蛋白进行胶体渗透压的纠正,以补充血容量的不足。同时,可用乳酸林格氏液、乳酸钠、碳酸氢钠等纠正酸中毒;钾离子的补充要根据血钾浓度和心电图检查结果进行,同时要随时注意血钾的变化。随着肠梗阻的解除和正常胃肠功能的恢复,电解质和水的失调也随之恢复正常。因此,补液是治疗肠梗阻的重要环节之一,其目的是维持体内内环境的稳定,加强机体的防御能力。

【护　理】　手术后 8~12 小时禁止进食,给予少量的饮水,并每天监测体温、心脏功能、呼吸等情况。在输液的同时,每天检测血液红细胞压积、电解质、血液酸碱度的变化。48 小时后,可以根据藏獒体质情况,酌情给予适量的口服液体和少量的流质食物,以后逐渐恢复到正常饮食。输液治疗要持续到患病藏獒饮食恢复正常、无任何异常反应为止。为了防止术后异常情况的发生,最好选择住院治疗。肠道手术后,要让藏獒及早运动和进食,以防止肠梗阻、肠粘连的发生。

结　肠　炎

结肠炎是指结肠的慢性炎症,临床上主要以藏獒的急、慢性腹泻为主要特征。

【病　因】　采食不慎,突然变更饲料成分,食入发霉变质或劣质犬粮,过敏性体质犬只,细菌的急性感染,化学刺激,寄生于结肠的寄生虫如鞭虫、原虫等寄生虫的刺激,全身性疾病,应激反应等均可引起结肠蠕动增加和肠道黏膜的损伤。此外,硬质不消化的异物也可损伤结肠黏膜,引起结肠炎。

【临床症状】　患病藏獒突然发病,粪便稀薄如水样或粥样,排便的数量比平时增多,排便时常呈喷射状,粪便有难闻的气味,有时因结肠黏膜损伤造成出血而使粪便带血,通常呈鲜红色。患病藏獒常斜卧在地上,呻吟,长期腹泻的患病藏獒消瘦,毛色枯燥无光泽,肛门周围常有粪污,有时则表现为结膜苍白、口色淡的贫血症状。

临床检查体温正常或升高,触诊腹部常有疼痛表现,肛门测温时常见粪便呈稀薄状或粪便带血。结肠镜检查常见结肠黏膜发红,充血水肿,有时可见肠黏膜有出血现象。实验室检查可做粪便的微生物检查和血常规、生化项目的检查,通常血液检查可见红细胞压积值升高,白细胞总数正常或偏高,病程长的犬红细胞总数降低,血沉加快,寄生虫感染、食物过敏的犬只白细胞分类计数时可见嗜酸性粒细胞增多。

【诊　断】　根据临床症状、病史及结肠镜检查,可以基本确诊,X线检查可以发现并发症,结合钡餐检查可以确定病变范围,粪便的微生物培养检查、寄生虫检查可以检查原发病。

【防　治】

1. 预防　本病的预防主要是加强饲养管理,适量运动,定期驱虫,以增强藏獒体质,提高机体抵抗力。在饲料上要做到注意饲料的品质,建立合理的饲养管理制度,加强饲养人员的业务学习,提高科学饲养的水平。在饲料的调配上要注意原料的保质期,禁止使用发霉变质的原料调配饲料。注意不要使用病死或来源不明的肉类产品,谷物性饲料和肉类产品一定要煮熟、蒸透后再饲喂。藏獒对肉类产品有很强的消化能力,但对于谷物性产品消化能力较弱,有条件的养獒场最好使用商品犬粮。养殖时注意饲喂藏獒的饲料要与其生长、体重相适应,最忌饲料的突然变更,饲料变更要有10~14天的过渡期,避免因食物突然变更而引起腹泻。对饲料过敏的藏獒,要进行过敏食物的检查,不用或少用易过敏的食物。饲喂上要采用定时、定量的饲喂方法,并根据季节变更饲喂时间,以免因天气原因造成藏獒食欲减退或厌食。运动后的藏獒要稍事休息以后再进行饲喂,一般采用先饮后喂的方法,以免因饥饿引起贪食,影响消化。幼龄藏獒、青年藏獒要分群饲养,对霸食的首领藏獒要进行单独饲喂,成年藏獒最好采用一獒一圈的饲养方式,防止饥饱不均或因争抢食物而造成伤亡事故。定期检查饮水质量,禁止饲喂污秽不堪的不洁饮水,天气寒冷时禁饮冰冻水,天气过热时要防止久渴失饮,造成暴饮或中暑。

饲养管理方面,要注意藏獒体表的卫生和环境卫生,每年5月份是藏獒换绒倒毛季节,注意用手轻拉绒毛并将其清理干净,以防止藏獒舔食。保持犬舍内和运动场的卫生,注意犬舍的通风换气,保持犬舍干燥。每天要让藏獒运动,避免长期关在犬舍中造成体质衰弱。夏、秋季节要注意灭蚊、灭蝇工作,定时清理运动场及犬舍中的粪便。每天进行食具的消毒,以预防肠道疾病的发生。

2. 治疗　对于过敏引起的结肠炎首先要消除病因,由于藏獒部分血统的犬只对小麦麸质过敏,故可以更换日粮中小麦的比例,增加其他能量饲料的比例,对牛奶或加糖奶粉不耐受的藏獒要停止饲喂含糖奶粉,牛奶饲喂时可以加水稀释或逐步添加其他饲料最终取代牛奶。

对于寄生虫引起的结肠炎,除了对症治疗外,还应进行原发病的治疗。对于球虫引起的腹泻,可用甲硝唑治疗,每千克体重10～15毫克,口服,每天2次。同时给予抗代谢药物硫唑嘌呤,每千克体重2.2毫克,隔日使用1次。

对于腹泻严重的犬,可用减缓胃肠蠕动的药物,如阿托品,每千克体重0.015毫克,分3次口服,同时可使用鞣酸蛋白,每千克体重100毫克,分3次口服。也可按体重大小给予蒙脱石散剂口服,或用非类固醇药物治疗,如硫氮磺吡啶,每千克体重25毫克,口服,每天2次;5-氨基水杨酸,每千克体重10～20毫克,每天2～3次,口服。

急性病例可用氢化可的松200毫克静脉注射,慢性病例可用强的松5毫克口服,每天2次。

贫血的犬只可以考虑输血疗法,或用丙酸睾酮10毫克肌内注射,以刺激骨髓生血,并同时肌内注射维生素B_{12},进行贫血的治疗。

细菌性结肠炎要通过粪便的检查、培养,进行药敏试验选择敏感抗生素治疗。大肠杆菌感染引起的,可以口服地黄庆合剂(土霉素片0.25克、黄连素0.2克、庆大霉素4万单位)治疗,效果良好。

【护理】　细菌性结肠炎以消炎为主,在护理上,要密切监测血液电解质和血液酸碱平衡的情况,及时调整输液量和输液的种类,以调整电解质代谢紊乱和酸碱不平衡,直到藏獒可以自行正常饮水、进食时,方可停止输液疗法。对过敏性体质引起的结肠炎,立即停喂疑似过敏的食物,如果藏獒无呕吐现象,可以给予饮水。多数藏獒患结肠炎时,均有脱水现象,可用林格氏液补液。停食一段时间后,可饲喂低脂肪、易消化的食物,直到恢复正常饮食为止。寄生虫性肠炎可通过粪便检测来判定是否治愈,尚未治愈的继续用药治疗。球虫性肠炎能引起患病藏獒长时间不食,故需长时间使用静脉输液疗法,输液期间检测血液生化和血常规指标,根据检验结果及时调整用药。

直肠脱垂

直肠脱垂是指藏獒后段直肠黏膜层脱出肛门(不完全脱出)或全部翻转脱出肛门(完全脱出)。藏獒在各种年龄段均可发生本病,但以幼犬发生较多。

【病　因】　饲养管理和饮食搭配不善,如吞食异物、长期饲喂骨头、饲喂多纤维的食物,造成藏獒便秘,引起藏獒直肠剧烈努责,导致脱肛。妊娠母獒运动不足,也可造成难产性脱肛。另外,长期腹泻、胃肠炎、前列腺炎、严重的寄生虫感染(如球虫、蛔虫、绦虫等感染)、直肠便秘等引起直肠努责,也可导致直肠脱垂。

【临床症状】　黏膜脱出的藏獒病初表现为排便时可见有淤血的直肠黏膜脱出肛门外。而直肠脱出的藏獒,不论在平时还是排便时,脱出物均呈圆柱形,黏膜红肿发亮,病程长时,黏膜随着脱出日期的增加,其表面水肿程度加重,颜色变深,由原来的鲜红色变成暗红色或黑红色,严重时水肿面干燥而发生裂纹,直肠黏膜可形成溃疡和糜烂,组织脱皮、干燥、坏死。患病藏獒反复努责,但仅排出少量的稀便。脾气暴躁的犬可因舔舐患部造成黏膜肿胀,或因自残而使直肠损伤。

【防　治】

1. 预防　加强饲养管理,保持犬舍的环境卫生,平时注意对环境中的异物进行清理,尤其在每年 5 月份左右及时清理场地或藏獒体表脱落的绒毛,以免藏獒吞食引起便秘。对易诱发本病的慢性腹泻、寄生虫感染、肛门腺囊肿、肛门周围皮肤炎症、肛门腺炎等疾病要及时治疗。

2. 治疗　本病以手术治疗为主,根据病史和临床检查确定不同的手术方案。

直肠脱出不久的患病藏獒,直肠黏膜无破损、坏死且水肿轻微的,可采用脱出直肠整复术。具体方法是:先将患病藏獒仰卧或横卧保定,用 5％明矾溶液冲洗脱出的直肠黏膜,并消毒水肿部位,针刺水肿部位,使水肿的黏膜皱缩后,用纱布包裹黏膜进行缓慢的还纳。整复后为防止再次脱出,可在肛门周围深部肌内注射酒精,每点 3～5 毫升,以防止直肠再次脱出。

对于顽固性脱肛和直肠脱出的藏獒,可将脱出的黏膜用0.1％高锰酸钾溶液、强力消毒灵溶液、0.2％雷佛奴尔溶液等进行消毒、冲洗后,还纳脱出物,并采用荷包缝合法将肛门缝合,缝合时要留有一定的空隙,以便粪便排出,然后用直肠固定术进行整复。或用结肠固定法对脱出的直肠进行牵引、固定。

对于直肠黏膜坏死、脱出时间长的犬只,要进行直肠切除术,在肛门口穿过脱出物做支持缝合,用探头进行直肠探查,或用 2 根不锈钢钢针进行十字交叉固定切除坏死及脱出的直肠,止血后用可吸收缝合线间断缝合直肠,为防止直肠进一步脱出,可用荷包缝合法将肛门缝合。

【护　理】　手术后要进行消炎、抗感染治疗和精心的护理,藏獒在手术后要佩戴伊丽莎白项圈或用颈枷固定,避免因自残或舔舐伤口而造成感染。手术后 3 天可以采取静脉补液的办法进行能量的补充。为防止便秘可喂给流质食物,为防止患病藏獒里急后重,可用阿片类药物进行硬膜麻醉,并密切注意术后并发症的发生,如伤口裂开、渗漏和直肠狭窄等。必要时给予粪便软化剂。

第四节 肝脏疾病的防治与护理

急性肝炎

急性肝炎是指肝脏实质细胞的急性炎症,临床上以黄疸、急性消化不良、出现肝功能障碍和肝性脑病为特征。

【病 因】 本病的病因主要有以下几种。

1. 传染性原因 主要见于各种病毒、细菌和寄生虫感染,常见的有犬腺病毒Ⅰ型、疱疹病毒、细小病毒、结核分枝杆菌、化脓菌、梭状杆菌、真菌、钩端螺旋体、犬巴贝斯原虫、血吸虫、蛔虫、肝片吸虫、华支睾吸虫感染等。

2. 中毒性原因 主要见于各种有毒物质和化学药品中毒,如吞食汞制剂,吸入氯仿、四氯化碳等,采食霉变的食物如骨头、犬粮等,临床中不正确地使用某些药物(如盐酸氯丙嗪、睾酮、氟烷、多乐士等)也可引起急性肝炎,如大剂量给药、误服和反复给药。

3. 其他原因 肝脏门静脉高压、淤血、充血性心力衰竭、腹腔恶性肿瘤压迫肝脏、食物中缺乏蛋氨酸或胆碱缺乏时,可造成肝细胞的变性、坏死,引起肝炎发生。

【临床症状】 患病藏獒精神沉郁,明显消瘦,食欲减少或废绝,眼结膜黄染。常呈消化不良的症状,粪便呈灰色或灰白绿色,恶臭,不成形。患病藏獒嗜睡、乏力,出现肝性脑病症状。体温正常或高于正常,触诊肝区有疼痛表现,腹壁紧张,在肋骨后缘可以触知肝脏肿大,叩诊肝区肝脏浊音区扩大。病獒可视黏膜苍白。

实验室检查可见血清胆红素增加,血清总蛋白、γ球蛋白升高,血清尿素氮、胆固醇降低,谷丙转氨酶、谷草转氨酶、碱性磷酸酶活性升高,乳酸脱氢酶活性明显升高。

【诊　断】　根据临床症状和实验室检查可做出诊断,毒性物质或化学品造成的急性肝炎,往往粪便恶臭,呈出血性腹泻,嗜中性粒细胞增加,核左移。传染性肝炎具有群体发作、有传染性的特点。用药不当引起的肝炎有明显的用药史。

【防　治】

1. 预防　加强饲养管理,饲喂易消化以及富含蛋白质、碳水化合物、维生素的食物。平时加强对消毒液、药物的管理,避免因藏獒好奇而误食造成肝脏损伤。防止饲料霉变和变质。加强防疫卫生管理,及时治疗易诱发本病的病毒病、细菌病、寄生虫病和内分泌疾病等。

2. 治疗　本病的治疗原则是去除病因,保肝解毒。

病毒引起的肝炎,要使用高免血清治疗,并根据病毒的性质,采用干扰素、黄芪多糖或其他抗病毒药物治疗。

细菌引起的肝炎,要根据不同致病菌选择相应的抗生素,由化脓杆菌、葡萄球菌引起的肝炎,可用广谱抗生素,如青霉素和链霉素等。

寄生虫引起的肝炎,要进行临床检查和实验室确诊,选用不同的药物进行治疗。由原虫引起的可用贝尼尔治疗,血吸虫引起的肝炎和肝硬化要根据临床表现具体对症治疗。

由化学品、药物中毒引起的肝炎,要使用解毒药物治疗。首先要停用肝毒害性药物,重金属中毒引起的肝炎,可用二巯基丙醇治疗,每千克体重 4 毫克,每 4 小时使用 1 次,肌内注射,隔日减为每千克体重 1 毫克。砷中毒可使用砷解毒液 20～30 毫升,口服,每4 小时使用 1 次。必要时,静脉注射高糖溶液,不仅可供给能量,而且有利于药物或毒物的排泄。B 族维生素、维生素 C 和葡萄糖醛酸制剂也有治疗作用。应用还原性谷胱甘肽以补充肝细胞巯基的不足,有利于药物代谢。对于胆汁淤积和瘙痒的藏獒可用消胆胺,严重病例如肝昏迷、出血和肾衰竭病例要采取相应的治疗措施。

有黄疸的藏獒,可用中药制剂苦黄注射液 20～30 毫升,每天 1 次,静脉注射,或用中药方剂茵陈汤加减治疗,连用 1～2 周;有出血性素质和肝功能衰竭的病例,要进行止血处理,可用止血药物维生素 K_3,每千克体重 0.5～2 毫克,肌内注射,每天 2～3 次,或用止血敏,每千克体重 0.25～0.5 毫克,肌内或静脉注射,每天 2～3 次。也可用 10%氯化钙注射液 10～30 毫升,缓慢静脉注射。黄疸明显的和转氨酶活性升高的犬,为抑制炎性促进因子的形成,减轻炎性反应,可用糖皮质激素如氢化可的松、地塞米松 1～5 毫克,肌内或静脉注射,但有腹水和肝性脑病时慎用,以免由于钠滞留加重腹水现象。有出血现象的藏獒也要慎用,以免增加胃肠溃疡和继发感染的可能性。也可用中药黄芩苷片剂。出现肝昏迷的可以静脉注射甘露醇,以降低颅内压,改善脑循环。

保肝解毒可选用 5%～25%葡萄糖溶液或 5%糖盐水 300～600 毫升,配合复合氨基酸 100～200 毫升等静脉注射,也可用 2%肝泰乐注射液静脉注射。有神经症状的藏獒不能使用氨基酸制剂,输液时可加入维生素 C、维生素 B_6。为促进胆汁的分泌和排泄,可皮下注射氨甲酰胆碱(每千克体重 0.6 毫克)和毛果芸香碱(每千克体重 5 毫克),或口服人工盐和硫酸镁制剂,每次 10～40克。转氨酶升高并且血糖代谢紊乱的藏獒可用葡萄糖加胰岛素进行治疗,脂肪代谢紊乱的可用肌醇和大豆磷脂治疗。

【护 理】 患病期间要加强饲养管理,让患病藏獒充分休息,给予易消化、高蛋白质和低脂肪的饲料,在治疗过程中,要及时处理并发症,定期检查肝脏功能,对转氨酶持续升高的患病藏獒,更要加强饲养管理,避免使用由肝代谢或排出的药物如红霉素、四环素等。定期检查血液生化指标。

慢性肝炎

慢性肝炎是指肝脏的慢性炎症,临床上分为慢性持续性肝炎和慢性活动性肝炎

【病　因】　①由中毒、传染性因素导致的急性肝炎转化而来。②由引起肝硬化的各种致病因素引起,如严重的寄生虫感染等。③各种代谢病、营养及内分泌障碍也可继发慢性肝炎。

【临床症状】　主要表现为消化不良的症状,患病藏獒消瘦,精神不振,行走无力,步态蹒跚,被毛粗乱、干枯,食欲减退,腹泻或便秘与腹泻交替发生,粪便色泽较淡,气味腥臭难闻。

临床检查可见体温正常或偏高,口腔黏膜颜色变淡,有黄染或呈黄红色,脉搏增速。触诊肝区有疼痛表现,叩诊肝脏浊音区扩大。实验室检查可见碱性磷酸酶、谷丙转氨酶的活性均明显升高,凝血时间延长。后期严重病例出现自体中毒,病犬往往先极度兴奋,后共济失调、抽搐痉挛。

【诊　断】　根据病史和临床检查可以做出初步诊断,实验室检查有助于鉴别诊断。

【防　治】

1. 预防　加强饲养管理,发生急性肝炎时要及时治疗,对易诱发本病的传染病、寄生虫病、营养代谢病和内分泌疾病要及时治疗。

2. 治疗　本病的治疗方法和急性肝炎的治疗方法相似,应注意保肝解毒和恢复肝功能,并注意平时的饲喂,避免高脂肪食物的摄入。

对于活动型肝炎,要进行消炎治疗,避免炎症向间质蔓延。消炎可用肾上腺皮质激素。强的松,每天20～30毫克,分3～4次口服;也可用地塞米松2～5毫克、维生素C每千克体重10毫克、复方氨基酸制剂每千克体重50毫升,加入5%葡萄糖注射液中输

入。同时,可使用大剂量维生素 C、肌苷、维丙肝等药物治疗。

为防止肝脏纤维化,可用免疫抑制剂如 D-青霉胺,每次 100 毫克,每天 3 次,连用 6～9 个月,剂量采用递增法,每周逐渐增加 300 毫克,直到剂量达到 1 200 毫克/天,维持至肝功能恢复为止,再逐步降低剂量,每次降低 100～200 毫克。青霉胺可抑制脯氨酸酶的羟化作用,阻止肝纤维化的形成,还有分解巨球蛋白,抑制病理性免疫球蛋白的分泌,避免免疫球蛋白复合物在补体参与下对肝细胞造成损伤的作用。

迁延性肝炎部分病例迁延不愈,可能与藏獒本身免疫功能低下有关。由于机体细胞免疫功能低下或缺陷,可造成致病因素反复损伤肝细胞。常用的免疫增高剂有犬用干扰素、转移因子、左旋咪唑和黄芪多糖注射液等药物,使用后可提高机体非特异性抵抗力。

对于胆汁潴留的,要给予利胆药物进行治疗。可用去氢胆酸钠注射液 2～5 毫升,隔日静脉注射;也可用熊去氧胆酸片 10～40 毫克口服,每天 3 次;还可口服消炎利胆片。

中兽药治疗慢性肝炎按临床辩证分为肝脾湿热型、气滞血瘀型和肝肾阴虚型 3 种。热重于湿时,可用龙胆泻肝汤加减治疗;湿重于热时,可用平胃散加减治疗。气滞血瘀型用瘀血汤治疗,茵陈汤加减可治疗黄疸明显的病獒,肝肾阴虚型病獒可用一贯煎加减治疗。

【护　理】　慢性肝炎需要长期的护理和治疗,在患病藏獒的护理中,饮食的调节非常关键,要采用高蛋白、低脂肪、易消化的食品,有条件的地区可购买优质成品犬粮。每月至少要做 1～2 次肝功能的检查,对于谷丙转氨酶高、血氨高的藏獒,要停用多种氨基酸制剂,以免加重病情。治疗期间可口服犬用多种维生素制剂。对氨中毒的藏獒要仔细护理,避免因氨昏迷导致摔伤。

脂 肪 肝

脂肪肝是指中性脂肪储存在肝细胞而造成肝脏肿大的疾病，藏獒的脂肪肝主要见于过度追求体大、丰满的外观效果或追求经济利益而进行填食饲喂时，部分原产地和内地一些不良獒场常使用此法欺骗初养藏獒的人。

【病　因】　藏獒的脂肪肝主要分为原发性和继发性 2 种。

1. 原发性脂肪肝　长期饲喂高脂肪和高碳水化合物的食物，为追求更大的经济利益对藏獒进行圈养，人工填食并填喂助消化药物，导致藏獒运动量不足，体内缺乏抗脂肪物质，从而引起原发性脂肪肝。

2. 继发性脂肪肝　主要继发于急性肝炎、慢性肝炎、某些传染病和糖尿病等，当藏獒患以上疾病时，组织内的脂肪被动员储存到肝细胞中便形成了脂肪肝。

【临床症状】　患病藏獒身体肥胖，被毛光泽度好，背部平坦，腹部下垂。食欲不振，精神委靡，不愿行走和站立，四肢腕关节呈脱位状，有时出现消化不良的症状。患病后期呈完全的阶段性厌食，有时出现呕吐和流涎。肝脏触诊肿大，有时因皮下脂肪蓄积而无法触及，无压痛表现。

实验室检查可见血脂增高，有高胆红素血症，血清碱性磷酸酶升高，有时出现高血氨。可以穿刺肝细胞进行病理学诊断，肝活组织检查时要注意血凝状况，并在检查完毕后进行红细胞压积的检查。

【诊　断】　根据临床检查和病史调查，结合实验室检查和肝脏穿刺活检结果即可确诊。超声波检查有助于本病的诊断，检查时可见肝脏肿大，回声加强，门静脉和肝静脉明显扩展。

【防　治】

1. 预防　人为因素引起的脂肪肝，要进行饲养制度的改革，禁止使用填鸭式的饲喂方式,以免造成肥胖型藏獒。制订藏獒的锻炼计划,加强藏獒的运动强度,减少脂肪类、淀粉类食物的过多摄入,最好使用配方犬粮。对继发本病的急性肝炎、慢性肝炎、糖尿病、慢性胰腺炎和各种慢性代谢性疾病等要及时治疗。

2. 治疗 本病的治疗原则是促使肝细胞脂肪分解和排泄,积极治疗原发病。

在营养供给方面,要给病犬提供高蛋白、高能量的饮食,以利于肝脏脂肪的动用。停喂高脂肪类的食物。

有计划地加强肥胖藏獒的运动,可每天递增运动量,以达到减肥目的。

应用促使肝细胞脂肪分解和排泄的药物进行治疗,如巯丙酰甘氨酸、蛋氨酸、胱氨酸、泛酸钠等。

【护 理】 每周检查肝功能的各项指标,饮食上以饲喂流质饮食为主,加强运动锻炼,每天遛犬最少达到4小时。减少脂肪类、淀粉类食物的摄入。完善藏獒评级标准,对填食饲喂、虐待藏獒的养殖场要取消其参加一切展会的资格。完善有关动物保护和动物福利的相关条例。

第五节 胰腺疾病的防治与护理

急性胰腺炎

急性胰腺炎是指因胰腺酶消化胰腺本身所引起的以胰腺水肿、出血、坏死为主要过程的一种急性炎症。临床上以突发性腹部剧痛、休克和腹膜炎为特征。

【病 因】 藏獒发生胰腺炎的病因较为复杂,一般有以下几种原因。

第一,因病毒、细菌和寄生虫感染而导致胰腺炎,常见的如犬钩端螺旋体病、犬传染性肝炎、犬蛔虫感染等。

第二,由于胆石嵌顿、肿瘤压迫和总胆管壶腹部阻塞或局部水肿,引起胆汁逆流至胰管,胆汁激活胰蛋白酶原变为胰蛋白酶,引起自身消化。

第三,胰管阻塞使胰管内压力增大,造成胰腺泡破裂,胰腺酶逸出,引起胰腺炎。

第四,由于藏獒过度肥胖或患高脂血症、糖尿病、药物中毒等,均可引起急性胰腺炎。

【临床症状】 病犬突然发生急性腹痛,恶心,呕吐,精神委靡,食欲不振,甚至废绝。水肿型胰腺炎病獒采食后腹部疼痛,有呕吐和腹泻症状,粪便中有时带血。有特殊的"祈祷式"姿势,腹部触诊腹壁有压痛,并表现为拱背收腹的姿势。出血性胰腺炎病犬表现精神沉郁,嗜睡,血压、体温降低,呕吐和剧烈腹泻,甚至出现血性粪便。腹壁紧张,触诊腹部右前部时压痛剧烈,食欲废绝。随后意识丧失,全身痉挛,很快发生休克和腹膜炎,部分病例发生猝死。

实验室检查可见血清淀粉酶、脂肪酶、尿淀粉酶升高,有低钙血症,血糖升高,血脂蛋白异常;白细胞总数可升高至 $30\sim50\times10^9$ 个/升,嗜中性粒细胞明显升高,并且有核左移。

X 线检查可见患病藏獒右上腹部密度增加,超声波检查可见胰腺肿大、增厚。

【诊　断】 本病可根据病史、临床表现和实验室检查结果做出诊断。鉴别诊断应与肠阻塞、全身感染、急性胆囊炎、出血性胃肠炎等相鉴别。

【防　治】

1. 预防　加强饲养管理,平时要避免长期饲喂脂肪含量较高的食物。加强运动锻炼,以提高对疾病的抗病能力。此外,对易诱发本病的高脂血症、糖尿病、甲状腺功能减退、胆管性疾病、中毒病、胆汁反流等要及时进行治疗。

2. 治疗 本病的治疗原则是抑制胰腺分泌,消炎止痛,纠正水和电解质的代谢紊乱。

急性胰腺炎的初期、轻型的胰腺炎、尚未感染的患病藏獒可采用以下非手术疗法。

第一,解痉止痛,补充体液,防止休克。解痉止痛可在明确诊断后,在发病早期给予止痛药如盐酸哌替啶,同时给予解痉药如阿托品、山莨菪碱等。然后立即进行输液疗法,可用 5%～10%葡萄糖注射液、生理盐水、复方氯化钠注射液、乳酸林格氏液等,同时加入维生素 C、维生素 B_1 和 10%氯化钾溶液,以维持循环和电解质的平衡,预防出现低血压,改善微循环,保证胰腺微循环血流的灌注。为防止休克,可用氢化可的松 50～200 毫克,静脉注射,同时输入全血白蛋白、血浆等。

第二,抑制胰腺分泌。应禁水、禁食 4 天,避免胰腺的分泌,使用胃管减压,并使用甲氰咪胍、阿托品、山莨菪碱、生长抑制素、抑胰肽酶等,缓慢静脉输入。

第三,消炎止痛。急性胰腺炎一般不使用抗生素治疗,但血象显示有继发感染和中毒性变化,继发腹膜炎时,可用抗生素治疗,一般用头孢菌素类药物如头孢唑啉钠,以每千克体重 20 毫克剂量,静脉注射,每天 2～3 次。止痛药可用盐酸哌替啶,每千克体重 5 毫克,或异丙嗪,每千克体重 1 毫克,肌内注射。顽固性腹痛可用普鲁本辛 0.5～1 克,加入 500 毫升补液中静脉滴入。

第四,制止呕吐。盐酸氯丙嗪,每千克体重 0.25 毫克,每天 3～4 次,肌内注射。胃复安,每千克体重 0.3 毫克,皮下或静脉注射,每天 3～4 次。

为了控制败血性腹膜炎以及胰腺炎后期的并发症,可用穿刺管进行腹膜透析灌洗,并进行手术治疗。坏死性胰腺炎要行全部和局部切除术。因胰腺炎引起的胰腺和邻近组织坏死而形成的脓肿和胰腺假囊肿,要手术切除和引流。胆囊急性炎症、总胆管结石引起的黄疸、胰腺炎经久不愈的,要施行手术解除梗阻。

【护 理】 水肿型胰腺炎预后良好,严重的急性胰腺炎,特别是出血性胰腺炎预后不良。患有胰腺炎的藏獒,在治疗期间一定要禁食,一般在呕吐后禁食3~5天,因治疗需要,有些藏獒可能要禁食7~14天,以免食物刺激胰腺分泌。要住院治疗,因为急性胰腺炎常有并发症,如急性肾衰、弥散性血管内凝血、败血症、胰腺溃疡、胰腺假囊肿、呼吸功能不全、心律失常、黄疸等。在护理中,要避免高脂肪食物的摄入。手术后要控制饮食,手术后7天要进行肠外营养的补充。为防止手术并发症的发生,要进行消炎处理。手术7天后可以给予流质食物,以低脂肪、易消化吸收的食物为主,且要少量多次给予。

慢性胰腺炎

慢性胰腺炎是指藏獒胰腺反复发作或持续性的炎症,临床上以腹痛反复发作、粪便为脂肪便,有时并发高血糖和糖尿病为主要特征。

【病 因】 病因尚不清楚,一般认为与以下原因有关。

第一,与胰腺及胰腺周围组织感染有关,如胆囊炎、胆管炎、急性局限性胰腺炎、十二指肠炎症等。

第二,与胰腺血液循环障碍有关,如胰腺血管动脉硬化,血栓形成均可导致胰腺细胞变性坏死。

第三,胰腺胰管阻塞,胰石、胆道口括约肌痉挛及胰管狭窄,均可导致胰液分泌、排泄障碍,引起胰腺炎。

【临床症状】 本病由于病程、发病原因不同而症状各异。主要表现为精神不振,有时弓腰,反复腹痛,腹痛时常伴有呕吐现象。患病藏獒食欲亢进,生长发育缓慢,消瘦,被毛常无光泽、粗乱。消化不良,粪便量多且稀,恶臭,内含有大量的脂肪和蛋白质,粪便颜色呈灰白色或黄色。随着病情的进一步发展,出现胃炎、十二指肠炎和胆管炎症,常出现肠道阻塞。胰岛发生炎症时可出现高血糖和糖尿。体温正常或偏高,脉搏正常或稍快,触诊腹部右侧上 1/4 处有压痛表现。

实验室粪便检查,可发现粪便中有大量的脂肪滴和肌纤维。

B超检查可见胰腺增大或缩小,形态不规则,回声低,有时可见胰管狭窄、不规则,偶尔可见胰结石、胰腺假囊肿。

血清学检查发作时可见淀粉酶活性升高。

【诊　断】　根据临床症状和粪便的实验室检查可以做出确诊。

【防　治】

1. 预防　日常饮食以低脂肪食物为主,避免长期给藏獒食用高脂肪食物。此外,对容易诱发本病的高脂血症、甲状腺功能减退、糖尿病、胆囊炎、胆管炎、急性局限性胰腺炎、十二指肠炎症、中毒性疾病等要及时治疗。

2. 治疗　本病的治疗原则是维持胰腺功能,抑制胰腺分泌,可使用 H_2 受体抑制剂治疗。

在发作期时,可参照急性胰腺炎的治疗方法治疗。

应用药物维持胰腺功能,可选用胰酶或胰粉制剂,在食物温度为 30℃～40℃ 时拌入,连续喂服数日。同时,加入多种维生素制剂。

抑制胰腺分泌可给予甲氰咪胍、奥美拉唑。中药治疗可用清胰汤加减治疗。对反复发作的病犬,在药物治疗无效的情况下,可考虑手术治疗。

【护　理】　应给病犬饲喂低脂肪、易消化的食物,如白色肉类鸡肉、兔肉等,并按少量多次的饲喂方式进行饲喂。长期饲喂高碳水化合物的食物,并严格控制食物中脂肪的含量,是预防本病发生或复发的重要手段之一。有明显症状的藏獒其护理方法同急性胰腺炎的护理。

第六节　腹膜疾病的防治与护理

腹　膜　炎

腹膜炎是指腹膜的局限性和弥漫性炎症,按病程可分为急性腹膜炎和慢性腹膜炎,按炎症的性质可分为浆液性、纤维性、出血性和化脓性腹膜炎。临床上以剧烈腹疼,腹腔积液为特征。

【病　因】　急性腹膜炎常见于以下几种原因:①腹膜的直接损伤,多见于车祸、腹腔手术、穿刺、去势和被人击打腹壁等。②内脏器官穿孔、破裂,如子宫穿孔、消化道穿孔、膀胱穿孔以及肝脏、脾脏、胆囊、胆管破裂或穿孔等。③继发感染。一些传染病如结核病、隐球菌病、白色念珠菌病、寄生虫病等均可继发腹膜炎。④其他原因。如治疗时腹腔注射有刺激性的药物,即可引起腹膜炎。

【临床症状】　患病藏獒精神委靡,行动迟缓、拘谨,四肢无力,不愿走动。有时有呕吐症状,体温升高,有时可达 40℃,心律失常,脉搏快,呼吸急促,有明显的胸式呼吸。食欲废绝,剧烈腹痛时,患病藏獒发出痛苦的呻吟。拱背收腹,由于腹满的刺激而发生发射性的呕吐。病初听诊肠音高朗,后期减弱或消失,排便迟缓或不排便。腹腔积液时,下腹部对称性膨大,叩诊时呈水平浊音。触诊腹部,患病藏獒因疼痛而抗拒检查,腹壁紧张。

局限性腹膜炎病情发展一般比较缓慢,病犬症状轻微,体温正常或轻度升高,常无腹痛症状,随着病情的进一步发展,可出现脏器粘连,肠音常表现为减弱,并出现消化不良和疼痛表现。有时伴有腹水和水肿。

【诊　断】　根据病史和临床检查即可做初步诊断,确诊需进行实验室检查。急性腹膜炎时,腹水中有大量的嗜中性粒细胞和巨噬细胞。患有结核病的藏獒,腹腔穿刺液呈污浊的草黄色,出血性胰腺炎引起的腹膜炎常有血性腹水。

X线检查可见腹腔器官结构模糊,呈现毛玻璃样图像。腹腔出现气体阴影,表明有中空的器官破裂或是由产气荚膜杆菌引起的腹膜炎,胰腺炎可引起局限性腹膜炎。

【防　治】

1. 预防　加强饲养管理,定期对犬舍进行消毒。避免在训练过程中粗暴打击藏獒而造成腹壁损伤。手术过程中要严格按无菌操作规程进行。对易引起本病的腹腔或骨盆腔器官的深层炎症、消化道穿孔、膀胱破裂或穿孔等疾病要及时治疗。

2. 治疗　本病的治疗原则是治疗原发病,控制污染源,消除感染并恢复正常的水、盐和电解质平衡。

对因车祸、枪伤或腹腔内脏发生穿孔、粘连、破裂而引起的腹膜炎病例要积极进行手术治疗。对腹腔积液的要进行腹腔穿刺放液。对肠破裂、肠道阻塞或原因不明的腹膜炎要进行剖腹探查。

对化脓性腹膜炎、腹腔继发感染引起的腹膜炎,要进行穿刺放液,并在放液后用生理盐水、0.1%雷佛奴尔溶液、0.5%呋喃西林溶液、聚维酮碘等进行冲洗,以减少炎性产物的刺激和渗出。

穿刺液进行细菌培养或镜检,确诊后要立即使用抗生素治疗。大肠杆菌、梭菌属细菌、球菌属细菌感染导致的腹膜炎可用氨苄西林治疗,每千克体重22克,每天3～4次;或静脉注射恩诺沙星,每千克体重10～15毫克,每天1次。对于厌氧菌感染引起的,可用甲硝唑(每千克体重10毫克)和硫酸阿米卡星(每千克体重30毫克)联合静脉注射,每天1次。肠道破裂引起的腹膜炎常为混合性感染,用四环素、卡那霉素、庆大霉素、头孢菌素类药物均有良好的治疗效果,也可用头孢菌素类药物和甲硝唑联合使用。

为制止腹腔的渗出,可以静脉输入10%葡萄糖酸钙注射液20～30毫升,也可用10%氯化钙注射液20毫升加入25%葡萄糖注射液250毫升中一起静脉输入。

对于休克的病獒可用犬用血浆、羟乙基淀粉氯化钠注射液、右旋糖酐、5％糖盐水、5％葡萄糖注射液、复方氯化钠注射液等治疗。

　　【护　理】　手术后的藏獒要继续输液治疗,注意检测术后藏獒的水盐代谢、电解质平衡和血清白蛋白的水平,必要时及时用药纠正。因肠道疾患所引起的腹膜炎,要进行静脉补充营养支持。在术后还可以口服清热解毒、行滞理气的中药,以促进胃肠功能的恢复。对其他非肠道疾患引起的腹膜炎,可饲喂高营养的食物,以利于术后恢复。对传染性肝炎、附红细胞体病等传染性疾病引起的腹膜炎病獒,要及时隔离治疗,并按相应传染病的护理方法进行护理。胆汁性腹膜炎病獒由于病死率极高,及早发现是提高治愈率的关键。

第五章 藏獒泌尿系统疾病的防治与护理

第一节 肾脏疾病的防治与护理

急性肾炎

急性肾炎又叫急性肾小球肾炎,是指肾实质的急性炎症,主要以侵害肾小球为主。原发性急性肾炎极少见,引起继发性急性肾炎的主要原因是感染和中毒。

【病　因】

1. 感染因素　常见于细菌(如链球菌、双球菌、葡萄球菌、结核杆菌、炭疽杆菌、钩端螺旋体)、病毒(如犬瘟热病毒、传染性肝炎病毒)和寄生虫(如弓形虫病)感染所致。

2. 中毒性因素　内源性毒素如胃肠道炎症、代谢障碍疾病、大面积烫伤、皮肤感染所产生的毒素,外源性中毒如摄入有毒物质如汞、砷、水杨酸等,吃入霉变的犬粮、饲料等,均可引起急性肾炎。

3. 变态反应　主要有两种学说,一是微生物产生的毒素和代谢产物经血液循环到肾脏,与肾脏肾小球毛细血管基底膜的黏多糖形成结合抗原,并产生抗体,在机体重新感染或持续感染的情况下,抗体与肾小球毛细血管基底膜的抗原发生免疫反应,并产生组胺或类似组胺的物质,导致肾小球和基底膜的炎症。二是免疫复合物的沉淀和当病原体刺激机体产生相应抗体,两者相互结合成可溶性的抗原-抗体复合物,随血液循环到肾脏,在肾脏肾小球毛细血管内皮沉积为颗粒状的透明蛋白样物质,并与补体结合,形成抗原—抗体—补体复合物,此复合物可吸引大量嗜中性粒细胞积聚在基底膜上并释放出溶菌酶,损伤局部组织,同时可引起肥大细胞释放组胺,引起血管组织通透性增加和肾小球的病变。

4. 其他因素　邻近组织感染的蔓延也可引起急性肾炎,机体遭受风寒湿冷或营养不良,也可成为肾炎发病的诱因。

【临床症状】　患病藏獒精神沉郁,体温升高,食欲减退,消化不良,有时有呕吐和腹泻。由于肾区疼痛,藏獒不愿活动,站立时背腰拱起,后肢集于腹下。尿量减少,尿比重增高,尿的颜色加深,有时出现血尿。尿沉渣镜检可见有透明颗粒、红细胞管型,有时可见上皮管型和散在的红细胞、白细胞、肾上皮细胞等。动脉血压升高,第二心音增强。病的末期有时胸下部、眼睑、腹下部、阴囊部水肿,兼有腹水。由于肾脏的通透性增加,使大量的蛋白质通过尿液排出,形成低蛋白血症,甚至发展为尿毒症。病獒意识丧失,有昏睡、痉挛等症状。

【诊　断】　根据临床症状、病史和实验室检查可以确诊。

【防　治】

1. 预防　加强饲养管理,避免藏獒接触有强烈刺激性的药物、化学品和有毒植物。防止藏獒受冷感冒和受细菌、病毒感染,对易诱发本病的结核病、钩端螺旋体病、弓形虫病、犬瘟热、传染性肝炎等,要及时治疗。

2. 治疗　本病的治疗原则是治疗原发病,对症治疗和抑制免疫治疗。

抗感染治疗可用氨苄西林,每次每千克体重 20 毫克,每天3～4 次;恩诺沙星,每次每千克体重 10 毫克,每天 2 次;链霉素,每次每千克体重 10～20 毫克,每天 2 次,肌内注射。由于磺胺类药物能引起尿结石,故急性肾炎一般慎用磺胺类药物治疗,具有肾毒性的抗生素如庆大霉素、卡那霉素也应禁止使用。

急性肾炎一般与免疫复合物的沉淀有关,因此可使用大剂量糖皮质激素抑制免疫复合物的产生,并降低组胺对肾小球基底膜的损伤。

　　为防止水肿和尿毒症,可用利尿剂如双氢克尿噻,每千克体重2~4毫克,口服,每天2次,必要时静脉注射利尿合剂或脱水剂山梨醇、甘露醇等。

　　急性肾炎可引起多种器官衰竭,在有条件的地区,可用血液透析的方法对血液中的代谢产物进行透析处理,可以减少对其他组织和器官的损伤,减轻肾脏的负担。

　　中兽医学认为急性肾炎属于阳水的范畴,在急性肾炎的治疗中可用越脾汤或麻黄加术汤、麻黄赤小豆汤进行治疗。麻黄具有发汗利水的功能,以宣肺利水,调节肺脏的调水功能,减少肾炎产生的水肿、低蛋白症状。排尿不通的可加木通、萹蓄、猪苓、泽泻。另外,防己散、导赤散、五皮饮加减均可治疗急性肾炎。有血尿时可用小蓟饮子加减治疗,体温高时可加生石膏、黄连、黄柏,炎症严重时可加金钱草、金银花、连翘等,排尿不利可加滑石、木通等。

　　【护　理】　在急性期给予低蛋白质、低钠、易消化的食物,并给予大量的饮水。病獒应多休息,防止风寒感冒,以减少病原微生物的侵袭和感染。在治疗期间,注意检测尿蛋白、肌酐、尿酸、尿沉渣等项目。急性肾炎一般预后良好。

慢性肾炎

　　慢性肾炎是指肾小管、肾小球或肾间质组织发生的慢性炎症。

　　【病　因】　同急性肾炎,间质性肾炎常由钩端螺旋体引起。

　　【临床症状】　慢性肾炎多由急性肾炎转化而来,患病藏獒逐渐消瘦,血压升高,脉搏增数,主动脉第二心音增强,全身有水肿现象,体温正常或偏低,尿量常不定,病初多尿,后期少尿,尿检时有少量的蛋白质,尿沉渣检查时有大量的上皮细胞、透明管型、上皮管型、颗粒管型和极少量的红细胞、白细胞。血清中非蛋白氮含量增加,随着病情的发展,最终发展为尿毒症,患病藏獒出现疲倦、消瘦、被毛粗乱无光泽、呼吸困难、贫血、皮肤瘙痒、意识障碍或昏迷、全身肌肉痉挛、抽搐、皮下淤血等症状。

间质性肾炎病犬初期尿量增加,后期尿量减少,尿检时可见大量的脓细胞、红细胞、白细胞、肾盂上皮细胞、少量的管型以及磷酸铵镁和尿酸铵的沉渣。犬钩端螺旋体病引起的急性间质性肾炎有高热、脱水、黄疸和皮肤黏膜的淤血斑,胃肠道症状有厌食、呕吐、腹泻、咽炎和扁桃体炎等,有时粪便呈黑色,或便血。肌肉疼痛,不愿运动。呼吸困难,鼻部有分泌物。慢性间质性肾炎有厌食、消瘦或发热等症状,肾区触诊有疼痛表现,尿液检查可见尿蛋白阳性、胆红素尿、血尿和脓性尿,有颗粒状管型,暗视野镜检或荧光检查尿液,可检查出钩端螺旋体。

【诊　断】　本病的诊断主要以实验室检查为主。

【防　治】

1. 预防　加强饲养管理,对急性肾炎进行及时的治疗。仔獒于 9 周龄首次接种钩端螺旋体疫苗,11～12 周龄第二次接种,14～15 周龄第三次接种或应用六联苗(美国、荷兰生产)免疫接种。严格环境消毒,以防随尿液排出的病原体污染水源、饲料,同时做好灭鼠工作。

2. 治疗　根据疾病的病因不同,各型肾炎的治疗方法也不同。

皮质激素的治疗多采用强的松,一般以每天 30～40 毫克剂量开始,分 4 次口服,由于使用肾皮质激素治疗有较多的副作用,故不可长期使用,以免造成肺血栓等疾病。

免疫抑制剂的治疗一般在激素治疗后 2 周、症状有所缓解时使用,目前使用的主要是环磷酸酰胺、环保菌素、硫唑嘌呤等药物。钩端螺旋体病的治疗可用普鲁卡因青霉素,每千克体重 2 万～5万单位,静脉注射,每天 1 次,连用 14 天。为消除带菌状态,可用四环素,每千克体重 20 毫克,每天 3 次,口服;也可用强力霉素,每千克体重 10 毫克,每天 2 次,口服。在肾功能恢复后,可用链霉素按每千克体重 10~15 毫克剂量,静脉注射,连用 14 天。

慢性肾炎引起的水肿属于中兽医学水肿病的范畴,水肿病分阴水和阳水,慢性肾炎属阴水,可分为脾阳虚和肾阳虚两型。

脾阳虚型用实脾饮加减以温运脾阳、理气利水,药用厚朴 6 克,白术 9 克,木香 6 克,草果仁 6 克,附子 3 克,大腹皮 9 克,茯苓 6 克,干姜 6 克,甘草 3 克,生姜 3 片。水煎服,每天 1 剂,连用 10 天。

肾阳虚可用真武汤加减以温补肾阳、化气利水,药用茯苓 9 克,白芍 9 克,白术 9 克,附子 9 克,生姜 9 克。水煎服,每天 1 剂,连用 10 天。偏于脾虚、水肿消失者可加用四君子汤和黄芪、山药、川续断等以健脾补气、固肾涩;偏于肾虚者可加大补阴煎滋补肾阴。中药治疗的同时配合使用西药可提高疗效,如肾病治疗前期,在使用大剂量或中剂量激素的同时,可配用清泻肾火的药物如生地黄、知母等,以减轻皮质醇增多症的表现。在治疗慢性肾炎取得效果时,可用滋养肾阴和温补肾阳的药物,减少清热泻火的中药,免疫功能降低的可用六味地黄丸、黄芪、党参、生地黄、熟地黄、枸杞子等中药以提高细胞免疫力。用活血化瘀、清热解毒的益肾汤加减配合使用皮质醇激素治疗慢性肾炎,也有一定的疗效。

【护　理】　患钩端螺旋体病的藏獒最少隔离治疗 6 个月以上,并检测尿液中的钩端螺旋体,加强对患病藏獒的管理,减少其他犬与患病藏獒的接触,同时加强犬舍的卫生管理。对其他藏獒进行免疫接种,以免传染。在饮食护理上,要以低钠、低蛋白质食物为主,每隔 2~4 周检查尿蛋白和肌酐,以确定治疗效果。检查藏獒体重和血清白蛋白,对尿毒症引起的肾衰竭病獒,要每 3 天进行 1 次血液生化检查和尿检,并针对原因采取积极的治疗,直到尿毒症消失为止。需特别提示的是,渐进性发展的慢性肾炎其预后往往不良。患慢性肾炎的母獒禁止妊娠,以免引起肾脏病变恶化,而且在妊娠期可发生死胎、流产和妊娠毒血症。

肾盂肾炎

肾盂肾炎是指细菌、病毒感染肾脏，引起肾盂和肾实质发生炎症。临床上以体温升高、脓性尿液、尿沉渣中有肾盂上皮细胞、临床触诊肾区疼痛敏感为特征。

【病　因】　常见的病因有细菌性感染，如大肠杆菌、葡萄球菌、链球菌、绿脓杆菌、肠杆菌感染等。感染途径以下泌尿道感染上行最为常见。血源性的感染常见于细菌性的心内膜炎、牙周疾病等通过血液，细菌栓塞引起肾实质和肾盂的炎症。肾肿瘤、肾结石、尿淤积、糖尿病、慢性肾衰竭、下泌尿道细菌感染也易引起肾脏感染。

【临床症状】

1. 急性肾盂肾炎　患病藏獒突然发病，发热，体温有时上升至 40℃，鼻镜干燥，精神沉郁，不愿活动。食欲减退，站立时常有拱背现象，行走时步态异常。患病藏獒饮欲增加，多尿，病初尿量减少、排尿困难，频频做排尿的姿势。尿液浑浊，静置尿液有沉淀。触诊肾区和腰部疼痛明显。

2. 慢性肾盂肾炎　症状表现不明显，精神不振，食欲减退，嗜睡，衰竭消瘦，烦渴、尿量增多。步行时后肢不灵活。触诊腰部有疼痛表现。

实验室检查尿比重降低或正常，尿沉渣镜检可检查出大量变性的白细胞、红细胞或大量的红细胞，有时镜检可检出细菌、颗粒管型、白细胞管型，尿培养细菌呈阳性。血液检查白细胞总数增加，有核左移现象，血液生化检查可出现高氮血症。超声波检查可见肾盂和肾盂近端的输尿管扩张，肾实质超声波回声改变等异常情况。

【诊　断】　根据藏獒全身检查结果和病史调查，结合实验室及影像诊断,可以做出确诊。

【防　治】

1. 预防　加强饲养管理,平时加强对公、母獒生殖泌尿道的护理,尤其对一些原发性的泌尿道感染要及时治疗。在治疗期间要注意导尿器械的消毒,以减少本病的发生。

2. 治疗　本病的治疗原则是消除原发病,抗感染治疗,消炎对症治疗。

对引起尿潴留的原发病,如输尿管异常、尿石病、前列腺炎、异位性输尿管异常、阴道狭窄等要及时治疗。

在抗感染治疗前最好先做中段尿的培养和药敏实验,以选择合适的抗生素治疗。急性肾盂肾炎的抗感染治疗常用阿莫西林、磺胺异噁唑、头孢菌素等药物,治疗用药至少为 1 个月,一般在治疗 3~5 天后进行尿液培养以确定抗生素是否有效,如有细菌生长,可根据尿检细菌的药物敏感试验进行抗生素的更换,治疗 3~5 天后,再进行尿液细菌培养试验,直到选择正确的敏感药物为止,连续用药 1~2 个月。若尿液细菌培养呈阴性,则以后每隔 1~2 个月做 1 次尿液培养,连续 3 次呈阴性者为治愈,如出现阳性结果,需继续用药 1~2 个月。

抗菌药物治疗时若酸化尿液,则氨苄西林、乌洛托品等药物的作用可增强,故可用维生素 C 酸化尿液。若想使喹喏酮类药物、链霉素、卡那霉素、庆大霉素、先锋霉素、磺胺类药物等作用增强,可用碳酸氢钠碱化尿液。

中兽医学认为急性肾盂肾炎多属于下焦湿热,治疗以清热、利湿、通淋为主,一般可用八正散加减治疗,药用瞿麦、萹蓄、木通、车前子、栀子、滑石粉、甘草、金银花、连翘、乌药。如属肝胆湿热,治以清肝利胆、和解少阳,可用龙胆泻肝汤加减治疗,药用龙胆草、黄芩、柴胡、栀子、生地黄、泽泻、木通、车前子、甘草梢。如属胃肠湿热,可用导赤承气汤加减治疗,药用生地黄、黄连、黄柏、大黄、木通、甘草梢等。亦可用石苇2～3克煎服,血尿明显的,可加大蓟、小蓟、地榆、墨旱莲、紫珠草、仙鹤草等。慢性肾盂肾炎多属虚实夹杂之证,如肾阴不足,湿热留恋,治以滋阴清热,可用银翘石斛汤治疗,药用连翘、金银花、石斛、牡丹皮、山药、茯苓、生地黄、知母、黄柏等;如脾肾两虚、余湿未清的,治以健脾补肾,可用知柏地黄汤和健脾和胃汤加减治疗。中药三金片对肾盂肾炎的治疗效果也挺好,可根据藏獒体重大小服用。

【护　理】　本病的治疗时间较长,犬主在治疗期间要配合医院进行病犬尿液的检查,以免中止治疗影响治疗效果。在藏獒患病期间,要多给予肉汤类食物,必要时可饲喂低钠处方犬粮。需特别提示的是,临床症状消失,尿检结果正常,连续3次尿液培养结果为阴性者,可认为是临床治愈。临床治愈的藏獒,经6个月的复查,无复发症状的可认为治愈。

急性肾衰竭

急性肾衰竭是由于肾脏局部缺血或因毒素危害而导致的肾小球滤过率突然下降,引起肾脏组织细胞损害而出现的肾功能急剧、进行性衰退。临床上表现为氮质血症以及水、电解质和酸碱平衡失调,病獒有少尿、无尿症状。

【病　因】　①外伤或手术后的大出血。肾功能的维持必须要有充足的血液供应,由于全身性原因所致的有效循环血量不足引起的肾缺血是导致急性肾衰竭的主要病因,如急性胰腺炎、肠梗阻、腹膜炎、心包炎、感染性休克、严重的呕吐、腹泻、肾小球肾炎和小血管病变,肾脏动脉和静脉病变、栓塞、狭窄引起的肾脏血液动力学的改变均可引起肾衰竭。②肾毒素。临床治疗时使用的抗感染性药物如各种抗生素、氨基糖苷类药物、青霉素类药物、四环素类药物、两性霉素等,麻醉药物如甲氧氟烷,造影剂以及保泰松、阿司匹林、奎宁、有机磷农药等均可引起肾功能损害。生物毒素如蛇毒、蜂毒、青鱼胆亦可引起急性肾衰，并可造成肝脏等器官的损害。化学品、毒物过敏、金属盐类（如汞、镉、铀、铬、砷、铋、金等）、农业杀虫剂、消毒剂、工业有机溶剂（如四氯化碳、三氯乙烯、乙二醇、甲醇、酚类等）可同时损害肝脏和肾脏。③感染性疾病。如钩端螺旋体病、肾盂肾炎、肾小球肾炎、系统性红斑狼疮、脉管炎等均可引起肾衰竭。此外，高钙血症、尿路阻塞、糖尿病也可引起急性肾衰竭。

【临床症状】　一般分为以下 3 期。

1. 少尿期　以持续 10 天以上少尿或无尿，全身水肿及高血压为特征，尿比重增高，尿检可见蛋白质和白细胞，由于水盐代谢紊乱导致藏獒出现高钾血症、代谢性酸中毒和氯血症。患病藏獒精神沉郁，卧地不起，食欲废绝，常伴有呕吐和腹泻，粪便呈黑色。尽管少尿症状为开始症状，但有些病例并无少尿发生，如氨基糖苷类药物、甲氧氟烷、氟烷、高血钙引起的急性肾衰竭往往无少尿期。

2. 多尿期　常为危险期，此期的患病藏獒除尿量增多以外，血尿素氮和肌酐增高同少尿期，由于多尿，钾的排出增多而出现低血钾，水、盐的丧失可导致失水和失钠。藏獒有时出现心力衰竭、四肢无力、瘫痪、麻痹、虚脱，严重时出现血压下降或休克、猝死等。

3. 恢复期　藏獒经少尿、多尿期后，由于组织被大量破坏，体力消耗很大，在恢复期表现为明显消瘦、四肢无力、肌肉萎缩等症状，恢复期时间的长短取决于肾脏损伤的程度，重症患病藏獒有不同程度的肾皮质坏死和纤维化，因此常在一定时间内有肾功能不全的症状，尿素氮、肌酐水平在一定时间内依然较高。部分病例转为慢性肾衰竭。

【诊　断】　本病的诊断可根据病史、临床症状和实验室检查进行。

尿液检查，少尿期尿液呈酸性，尿量少，尿比重偏低或正常，尿液中可检出大量的红细胞、白细胞和各种管型。溶血性疾病和蛇毒咬伤的藏獒可出现血红蛋白尿和血红蛋白管型，因车祸、挤压、殴打所致的严重挤压伤可检出肌红蛋白尿和肌红蛋白管型,尿色呈棕褐色,磺胺类药物治疗导致的可检出磺胺结晶。

血液检查,白细胞总数增高,嗜中性粒细胞增多,红细胞总数有时减少,其程度与失血、溶血和氮质潴留程度与血液稀释有关。血液生化检查可见血钾升高,尿素氮、肌酐、磷酸盐增高,与藏獒的急性肾衰竭的程度成正比。血清钠、氯和二氧化碳结合力、血液酸度、血清钙降低。

本病应与肾前氮血症、慢性肾衰竭相鉴别。肾前氮血症尿液为高渗尿,急性肾衰竭尿比重正常或偏高。急性肾衰竭尿钠大于25毫摩/升,而肾前氮血症通常小于10～20毫摩/升。肾前氮血症肾衰竭指数小于1,急性肾衰竭肾衰竭指数大于2。肾前氮血症尿液中肌酐与血浆肌酐比值大于20∶1,急性肾衰竭小于10∶1。而对体液疗法的反应,肾前氮血症明显,急性肾衰竭不明显。

急性肾衰竭病史有接触毒物和发生肾局部缺血的病史,慢性肾衰竭有长期烦渴、多尿、体重下降、呕吐、腹泻、曾发生过肾病和肾功能不足的病史。临床检查急性肾衰竭的藏獒体质尚好,检查肾脏光滑、肿胀、有痛感,有严重的肾功能障碍的临床症状。患慢性肾衰竭的藏獒体质差,触诊肾脏变小、不规则,有中度肾功能障碍的临床症状。

【防　治】

1. 预防　加强饲养管理,提高藏獒机体的抵抗力,对容易引起的本病的中毒性疾病、钩端螺旋体病、肾盂肾炎、肾小球肾炎、淀粉样变性、系统性红斑狼疮、脉管炎、高钙血、尿路阻塞、糖尿病等要及时治疗。

2. 治疗　本病的治疗原则是消除原发病,防止各个时期出现的脱水和休克,纠正酸中毒和消除氮质血症代谢产物。防止出现各种并发症。

（1）少尿期　少尿期的治疗主要以纠正肾脏的血液动力学和

减轻水盐代谢失衡为目的,要根据藏獒患病的严重程度、体质、体格的大小等情况,制订不同的治疗方案。最初的治疗首先要补充静脉内的液体量,由于少尿期体内水分不能形成尿液排出,治疗过程中补充的液体使细胞外液增加,引起组织水肿和高血容量,水负荷未能及时解决,可引起高血压、心力衰竭和肺水肿。所以,少尿期的输液治疗以控制输液量,检测血钠浓度,避免引起稀血症,保持入液量和出液量的平衡为宜。

有透析条件的治疗单位,可以进行透析治疗,其输液量无严格的限制。透析治疗可排出体内过多的水分,使细胞外液容量减少,缓解高血容量引起的高血压和充血性心力衰竭,排出过多的钾离子,纠正酸中毒。透析疗法有血液透析和腹膜透析,具体可根据藏獒的病情和医院的设备条件选择,一般分解代谢不剧烈的可用腹膜透析疗法。少尿期的营养供给以高糖为主,也可输入多种氨基酸制剂和脂肪乳制剂,使分解代谢转变为合成代谢,有利于增强藏獒的体质和免疫力,改善尿毒症症状,降低急性肾衰竭的死亡率。

由于急性肾衰竭时肾小管远端的钠、钾离子交换障碍,钾离子不能从肾脏排除,严重的创伤、溶血和感染应积极处理坏死的创面和感染的组织,防止细胞内的钾离子大量释出,能量不足、酸中毒、分解代谢加强,都可以使钾离子异常地从细胞内部移向组织间液和血浆。因此,应补充营养,纠正酸中毒,避免钾离子的进一步增高。可静脉滴注胰岛素,每千克体重 0.1～0.25 单位,每单位胰岛素配给 1～3 克葡萄糖静脉滴注。胰岛素可以促使葡萄糖和钾离子结合形成糖原,使钾离子从细胞外液转入细胞内,减轻高钾血症。也可用 10％葡萄糖酸钙注射液,每千克体重 0.5～1 毫升,静脉注射,以缓解高血钾对心脏的损害。还可用 5％碳酸氢钠注射液,每千克体重 0.5～2 毫升,静脉注射。静脉注射碳酸氢钠可以迅速纠正酸中毒,控制高血钾引起的心率失常,但由于钠可扩张血管的容量,故脑脊液酸中毒、脑水肿的患病藏獒慎用。

水分潴留、血浆稀释、缺氧和能量不足可使细胞内的钠离子不能正常的进入组织间隙和血浆中,导致血钠的相对降低,急性肾衰竭的藏獒常有呕吐和腹泻,可使钠离子丧失,血钠水平下降,因此可用3%～5%氯化钠注射液静脉注射,用药时注意观察尿量和心血管疾病。液体疗法后仍然少尿时,可用呋塞米、多巴胺联合治疗。

急性肾衰竭的藏獒,易患胃肠并发症和尿路感染等,在治疗肾衰竭时,要加强预防措施,特别是导尿、腹部透析时注意无菌操作。在使用抗生素时,应根据细菌培养和药敏试验的结果,尽量选择对肾脏毒性作用轻微的抗生素,如青霉素G、氨苄西林、头孢菌素类药物等。少尿期为避免高血钾,青霉素钾盐应换成青霉素钠盐制剂。

每天肌内注射丙酸睾酮25毫克,有减少蛋白质分解和促进蛋白质合成的作用,并有助于正氮平衡,减轻氮质血症。

(2)多尿期 肾衰竭经过一段时期,肾小管细胞再生修复,肾间质水肿消退,临床上尿量增加,由于肾小管吸收功能尚未恢复,大量水分和电解质由尿液排出,出现低血钾、低血钠和电解质平衡失调,由于肾小管的滤过率较低,体内尿素和毒性代谢产物产生的速率超过排泄的速率,氮质血症进一步加重,所以多尿期是尿毒症和稀血症的高峰,治疗仍按少尿期处理,以补充水分和电解质为主,主要是补充钾离子,可按血钾的浓度每千克体重口服钾盐20～100毫克,在藏獒发生呕吐和腹泻时尤为必要。血浆非蛋白氮降低时,可补充高蛋白质饲料和口服多种维生素制剂,不能口服的,可采用胃肠道外营养疗法,并积极治疗并发症。

(3)恢复期 急性肾衰竭恢复期较长,要加强护理,给予高蛋白质食物和高碳水化合物、维生素食物。

【护 理】 急性肾衰竭少尿期间,要严格控制患病藏獒的饮水,并积极控制并发症,定期检测尿常规、血液生化项目。多尿期要定期进行血液非蛋白氮、肌酐和血磷的检测,并根据非蛋白氮的水平,适时补充高蛋白质饮食或进行胃肠道外营养疗法。大失血、出血时,有条件的地方要进行输血疗法,以增加血容量,避免肾脏血液灌注不足引起的急性肾衰竭。要用低肾毒性抗生素进行治疗,老龄藏獒使用抗生素时,要根据藏獒的体质、尿检、血液检查指标酌减其用量。

慢性肾衰竭

慢性肾衰竭是指多种原因造成肾脏慢性损伤,引起其功能不能维持机体内环境的稳定状态,出现代谢产物潴留以及水、电解质、酸碱平衡等代谢异常而产生的一系列临床表现。藏獒的慢性肾衰竭常由急性肾衰竭转化而来,常表现为氮质血症呈持续性,且持续时间为 15 天以上。

【病　因】　多由各种肾病持续发展和肾实质有进行性损伤而导致,常见于肾盂肾炎、慢性间质性肾炎、肾盂积水、肾脏钙化、肾脏肿瘤、免疫复合物性肾小球肾炎、肾脏淀粉样变、血栓栓塞或细菌栓塞、长期的尿路结石、前列腺肥大引起的尿路梗阻、肾小球性高血压等。此外,先天性多囊肾、先天性肾发育不全也可引起本病。

【临床症状】　临床上患病藏獒多呈现慢性多尿的症状,而且长时间有饮水次数增多的现象,由于尿毒症和代谢紊乱,患病藏獒呈现复杂的临床症状,有时出现嗜睡、昏迷、精神沉郁等症状。患病藏獒消瘦,被毛粗乱,贫血,可视黏膜苍白,食欲减少或废绝,严重的尿毒症可使犬出现口腔黏膜溃疡,患病藏獒有时呈现呕吐、食欲不振、舌炎等症状。磷酸盐的潴留使钙、磷在组织中沉积,引起甲状旁腺素的释放,导致骨营养不良、关节炎、皮肤瘙痒、体温降低等复杂的临床症状。

【诊　断】　本病的诊断可根据临床症状、实验室检查等进行。

【防　治】

1. 预防　饲养上以高能量、低蛋白食物为主,同时积极治疗原发病。

2. 治疗　本病的治疗原则是积极治疗原发病,控制病程发展,并对肾衰竭的藏獒进行饮食营养调节,对症治疗各种临床症状。

对于由尿路梗阻引起的,可进行手术、消肿治疗、消炎治疗等。由感染引起的慢性肾衰竭可用抗生素治疗,抗生素的选择以低肾毒性抗生素为宜,剂量以肾脏的功能情况而定,尽量避免使用氨基糖苷类药物如链霉素、卡那霉素、庆大霉素等。

纠正水、电解质紊乱和酸碱平衡失调,可给予5％糖盐水,心血管功能可耐受的,可给予10％～25％葡萄糖注射液500～750毫升,配合速尿等静脉注射,以促进尿素氮的排泄。补液的同时应供给充足饮水,饮水中可加入水溶性维生素。合并酸中毒的可用乳酸林格氏液以每千克体重40～60毫升剂量,静脉滴注,或用碳酸氢钠以每千克体重15毫克剂量口服,每天2～3次。输液时严密观察心脏功能反应。如心脏功能不佳,水肿明显或血压过高不宜输入钠时,可用3.64％三羟甲基氨甲烷以1～2倍的5％葡萄糖注射液稀释后缓慢静脉注射。纠正酸中毒时可能引起低血钙、低血钾,故应注意适量补钙、补钾。

继发甲状旁腺功能亢进的,可口服降钙素,每千克体重0.05微克,分次服用。

慢性肾衰竭的藏獒还可用睾酮或促红细胞生成素治疗,可以促进贫血的改善。其他如铁剂、叶酸、维生素B_{12}均可选用,必要时可输入全血。

治疗呕吐可用胃复安10毫克,口服或肌内注射,每天2～3次;甲氰咪胍,每千克体重4毫克,口服,每天2～3次;雷尼替丁,每千克体重1～2毫克,口服,每天2次。

控制高血压可采用低钠日粮,严格控制钠盐的摄入,可用普萘洛尔 30～80 毫克,口服,每天 2～3 次,以控制血压;呋塞米,每千克体重 1 毫克,口服,每天 2～3 次;二氢氯噻,每千克体重 0.5～5 毫克,口服,每天 2～3 次。

缓解神经系统症状应根据发病机制给予不同的处理,由水、电解质和酸碱平衡失衡引起的,输液即可纠正。抽搐的病例可用安定注射液,每次 10 毫克,静脉注射,也可用苯巴比妥钠腹腔注射。

若出现骨病,应纠正原发病,可用维生素 D 和钙制剂治疗,也可用骨肽注射液治疗。

进行性肾病可在日粮中加入 3 多聚不饱和脂肪酸,还可使用血液透析和腹膜透析疗法。

中药治疗可用温脾汤加减,药用熟附子 9 克,干姜 3 克,肉桂 3 克,党参 10 克,茯苓 9 克,泽泻 10 克,生大黄 6～9 克。水煎服,每天 1 剂,分 2 次口服。粪便稀薄者,去生大黄,加制大黄,可使氮质血症有所改善。

【护 理】 限制饮食中钾和蛋白质的含量,供给充足热量,配给高质量低蛋白质饮食,减少氮质分解代谢产物的潴留,减少尿毒症的临床表现,尤其是消化系统的症状可有所好转。非氮血症肾衰竭病獒的护理除注意日粮外,还应每年做 1 次全血生化、尿常规检查和血液细胞计数检查。尿毒性肾衰竭要密切注意血液非蛋白氮、肌酐、电解质、钙、磷等情况,每隔 3 天做以上项目的检测,并针对其原因采取积极的治疗,直到尿毒症消失为止。

尿 毒 症

尿毒症是由于肾衰竭致使代谢产物和其他有毒物质在体内蓄积,引起的藏獒自体中毒综合征,是肾衰竭的最严重表现。在临床上表现为神经、消化、血液、呼吸、泌尿和骨骼等系统的一系列症状和体征。

【病　因】　严重的肾衰竭可引起尿毒症,尿毒症的发生与下列因素有关。

1. 尿素的作用　由于肾脏衰竭,尿素可通过肠壁进入肠腔内,经肠道中微生物尿素酶的作用分解产生氨,氨被血液吸收后,引起神经系统中毒。

2. 肠道毒性物质的作用　由肠道分解产生的毒性物质,由于不能经肝脏解毒,又不能从肾脏排出,蓄积在血液中引起中毒。

3. 蛋白质分解产物的作用　如胍类化合物,在体内蓄积可抑制脑组织酶的活性,并具有溶血、抑制红细胞内铁的转运,阻止血小板的黏附、积聚和抑制血小板第三因子活性及淋巴细胞的转化作用,致使藏獒出现贫血、出血、皮肤瘙痒、抽搐等症状。

4. 胺类物质的作用　胺类物质可抑制琥珀酸氧化酶和谷氨酸脱羧酶的活性,抑制脑内的代谢过程,引起患病藏獒肌肉痉挛、震颤、厌食、呕吐等症状。

5. 体内水、电解质紊乱和酸碱平衡紊乱　体内内环境的紊乱可促使尿毒症的发生,尿毒症病獒常有钠、水潴留,代谢性酸中毒,低钠、低钙和高磷血症、高钾血症,这些均可引起神经系统的紊乱,并且可抑制多种生物酶的活性影响肌肉、神经和心脏的功能。

【临床症状】　尿毒症除了有急性肾衰竭和慢性肾衰竭的症状外,还具有以下症状。

1. 神经系统症状　主要表现为精神沉郁、嗜睡、昏迷和痉挛。

2. 呼吸系统症状　主要表现为呼吸加深、加快,呼吸困难以及尿毒症引起的气管炎、肺炎和胸膜炎。

3. 消化系统症状　表现为厌食、呕吐、腹泻、口腔溃疡、胃炎等症状。

4. 循环系统症状　出现高血压,后期出现胸膜、心包摩擦音和心力衰竭等症状。血液系统出现贫血、出血以及胃肠道、尿道出血的症状,还有皮肤瘙痒、体温降低、骨营养不良等症状。

【诊　断】　可根据病史、临床症状和实验室检查做出诊断。

【防　治】

1. 预防　饲养上以提供高能量和富含维生素的饲料为主,并给予充足的饮水。

2. 治疗　本病的治疗原则是治疗原发病,对症诊疗,加强饲养管理。

(1)纠正酸中毒　由慢性肾衰竭引起的可按慢性肾衰竭的治疗方法治疗。

(2)营养调节　出现氮质血症时要限制饮食中磷的含量。为减轻尿毒症的临床症状,应限制蛋白质的摄入,采用低蛋白质日粮。为促进蛋白质的合成,可肌内注射睾酮10～20毫克/次,每周注射1次。

(3)治疗贫血　可用犬用红细胞生成素进行治疗,或输入同型新鲜血液,出血严重时可用6-氨基乙酸、止血环酸等进行止血处理。

(4)治疗高血钾　可用钠离子交换树脂5～10克,每天3次,口服。也可静脉输入25%葡萄糖注射液50～100毫升,加胰岛素5～10单位。高血磷、低血钙时,可用氢氧化铝凝胶5～10毫升,每天3次,口服。

(5)对症治疗　呕吐时可肌内注射胃复安、维生素 B_6、盐酸氯丙嗪等,抽搐的可用地西泮、苯妥英钠等药物静脉或肌内注射。也可进行血液透析和腹膜透析治疗。

【护　理】　患病藏獒在饮食上可给以予低磷、低蛋白质并含有丰富维生素的食物,也可直接按医嘱,购置处方犬粮,并给予大量的饮水。不能采食的,可通过静脉供给营养,治疗期间可定期进行尿检和血液检查,以确定治疗效果。

第二节　膀胱泌尿道疾病的防治与护理

膀　胱　炎

膀胱炎是指藏獒膀胱黏膜及黏膜下层的炎症,按其炎症性质分为卡他性、纤维性、化脓性和出血性膀胱炎。本病多由微生物感染所致,临床上以排尿痛苦、排尿频繁、尿液沉渣中有大量的红细胞、白细胞和膀胱上皮细胞、膀胱积尿为特征。

【病　因】

1. 微生物感染　常见的有大肠杆菌、葡萄球菌、化脓杆菌、变形杆菌等感染,途径常以血源性感染和尿路感染最为常见。此外,导尿、穿刺等消毒不严和操作不当亦可引起膀胱发炎,造成感染。

2. 机械刺激　导尿管损伤膀胱黏膜,膀胱结石、肿瘤等长时间的刺激,都可引起膀胱炎症。

3. 邻近组织器官炎症的蔓延　肾炎、输尿管炎、尿道炎、母獒阴道炎和子宫内膜炎均可蔓延至膀胱,引起膀胱炎。

4. 免疫功能低下　由于尿毒症或肾上腺功能亢进,长期使用肾上腺皮质激素和免疫抑制剂引起藏獒机体免疫力降低而引起膀胱炎。

【临床症状】　患病藏獒频繁排尿或做排尿姿势,尿液少或排尿时呈点滴状流出,尿液浑浊或有血尿。触诊膀胱有疼痛表现,有时可触及结石或肿瘤。严重时由于膀胱颈肿胀或膀胱括约肌痉挛,引起尿闭。患病藏獒全身症状不明显,如炎症波及膀胱深层组织,则有体温升高、食欲减退、不食、精神沉郁等表现。患病藏獒定点排尿的习性改变,常在犬舍中排尿,尤其以公獒明显,排尿时呈排粪便状,蹲在地上,阴茎频繁勃起。

【诊　断】　根据病史、临床症状、膀胱触诊及尿液检查结果即可做出诊断。

临床上主要以疼性尿频、尿液浑浊和尿液中有大量上皮细胞、白细胞、变性白细胞、红细胞即可做出诊断。

本病要与膀胱麻痹、膀胱痉挛、膀胱结石、肾炎相鉴别。

膀胱麻痹多由腰椎部损伤所致，膀胱平滑肌麻痹时膀胱膨大，按压时有大量尿液流出，停止按压时尿液不流出。膀胱括约肌麻痹时尿淋漓，按压膀胱不敏感，无排尿疼痛表现，尿液沉渣镜检无明显变化。

膀胱痉挛主要以膀胱平滑肌痉挛，尿液不断流出，导尿管插入时容易，膀胱空虚为主要症状。膀胱括约肌痉挛时，患病藏獒常有排尿姿势，但无尿液排出，临床触诊检查时膀胱充盈膨胀，导尿管不易插入，有尿频、尿痛的症状。

膀胱结石常见尿频、呈点滴状排尿或仅出现排尿姿势，膀胱 X 线检查或膀胱不充盈时触诊可见到或摸到膀胱结石，常有腹围增大和膀胱充盈膨胀症状。尿结石不完全阻塞时出现血尿、排尿时疼痛，临床触诊检查膀胱不充盈膨胀，有疼痛表现；结石完全阻塞尿道时出现尿闭，膀胱充盈膨胀，甚至膀胱破裂。病史上常有饲喂高蛋白质食物、维生素含量和矿物质不足的饲喂史，或有地方饮水中矿物质含量高的地方流行病史。

肾炎主要表现为排尿困难，尿液少，时有血尿，尿液颜色变深，尿蛋白检查阳性且尿沉渣有管型，触诊肾脏部位有疼痛表现，体温常升高，患病藏獒步态强拘、消瘦、被毛粗乱、呼出的气体有臭味。

【防　治】

1. 预防　平时注意在饲养过程中避免接触有刺激性的化学药品，患有尿毒症、尿道结石的，在导尿过程中要加强消毒工作，注意无菌操作。对容易引起本病的肾炎、尿道炎、子宫炎及全身化脓菌感染要及时的治疗。

2. 治疗　本病的治疗原则以抗菌消炎、对症治疗为主。

消炎药物常用抗生素和喹诺酮类、磺胺类药物。

可用导尿管进行膀胱冲洗，先用温生理盐水反复冲洗后，将生理盐水排出，再用消毒收敛药物冲洗，常用药物有0.1%高锰酸钾溶液、0.02%呋喃西林溶液、0.1雷佛奴尔溶液、1%～2%明矾溶液和0.5%鞣酸溶液。慢性膀胱炎可应用0.01%～0.1%硝酸银溶液、0.1胶体银或蛋白银溶液冲洗。

严重的膀胱炎可用导尿管灌注青霉素40万～100万单位治疗，并可根据尿液细菌培养的结果选择合适的抗生素，革兰氏阳性菌可选用青霉素、阿莫西林、头孢唑啉钠治疗，革兰氏阴性菌可选用喹诺酮类药物或庆大霉素治疗。原发性感染的可用药7～14天，一般用药3天左右症状即可缓解。有并发症感染的可先行治疗，再根据尿液细菌培养，选择合适的抗生素做进一步治疗。在治疗过程中，膀胱炎多表现为4种结局：①治愈。用抗生素治疗时或治疗2周后，尿液培养呈阴性。②感染持续存在。在使用抗生素及其他药物治疗2天后，尿检仍有较多的细菌，表明细菌可能对药物有耐药性，或尿液中的药物浓度不足以杀灭细菌；治疗时细菌减少，但停药后细菌数量显著升高，表明在藏獒的肾实质或前列腺存在细菌，未能彻底消灭。③感染复发。在治疗后停药2周后复发感染，致病菌和第一次感染的细菌相同，表明肾脏有感染病灶或存在尿路畸形、结石或前列腺炎，也可能与L型变异细菌转变为正常细菌有关。④再感染。感染的细菌与原来的细菌不同，一般在治疗后1～6个月发生，故在治疗时应于临床症状缓解后再治疗2周，并长期口服抗生素3～6个月，剂量为治疗量的1/3。

单纯性膀胱炎多为大肠杆菌引起，磺胺类药物、呋喃西林、氨苄青霉素均对其有效。

中药制剂三金片对膀胱炎有较好的疗效。对于一般性膀胱炎可用滑石散加减治疗，炎性渗出物较多的可用治浊固本汤治疗，出血性膀胱炎可用秦艽散。下列中药方剂对膀胱炎也有效。何首乌

9 克,牵牛子 9 克,车前子 9 克,通草 9 克,连翘 9 克,金银花 9 克,厚朴 9 克,滑石 6 克,猪苓 6 克,茯苓 6 克,木通 6 克,泽泻 6 克,肉桂 6 克,枳实 6 克。水煎服,每天 1 剂。尿频、尿痛、尿色黄赤、脉数者可加栀子、酒大黄、紫花地丁各 12 克;尿中带血者可加白茅根 20 克,小蓟、生地黄、地榆炭各 9 克。

【护　理】　定期尿检并做尿细菌培养,以检查用药效果。积极治疗原发病,对于长期使用糖皮质激素的藏獒,每隔 1 个月进行 1 次尿常规的检查。导尿时,要严格遵守操作步骤和无菌原则;用磺胺类药物治疗时,加入适量的碳酸氢钠,使尿液碱化,防止尿路结晶的形成,并能加强磺胺类药物的疗效。饲养上以投喂优质处方犬粮为主,或自制无刺激性的、营养丰富的低钠高蛋白质食物饲喂。无条件的可在饮水中加入少量食盐,以促进排尿。

尿 道 炎

尿道炎是指藏獒尿道黏膜的炎症,主要发生在成年藏獒,临床上以藏獒排尿困难、导尿管插入疼痛,排出的尿液浑浊,有黏液、脓液为特征。

【病　因】　主要由机械性、化学性等致病因素刺激尿道黏膜,引起损伤后继发感染引起,如导尿管和器械检查时消毒不严,检查人员未进行手部消毒处理,操作时动作粗暴,冬季导尿管变硬、型号不符等。也可由于包皮炎、子宫内膜炎、阴道炎、膀胱炎等邻近组织器官炎症蔓延所引起。尿结石、上皮肿瘤、慢性肉芽肿性尿道炎也可引起尿道炎症。

【临床症状】　患病藏獒频繁排尿,排尿时困难,有疼痛表现,尿液呈断续状排出。此时公藏獒阴茎频频勃起,母獒阴唇不断开张,严重时可见到黏液脓性分泌物从尿道口流出,甚至包皮滴血、流脓。尿液浑浊,其中含有大量的血液、黏液、脓液,有时排出坏死脱落的黏膜。

触诊可发现患病部位有炎性肿胀、疼痛敏感，插入导尿管时表现为疼痛不安、插入困难等。

实验室检查尿液中有大量的红细胞、白细胞，有时可检出细菌。尿道完全阻塞时血清尿素氮和肌酐水平升高。

【诊　断】　根据排尿困难和排尿疼痛，阴茎尿道发红、肿胀、疼痛敏感，导尿管插入困难或疼痛不安，尿液中有炎性细胞而无管型和大量膀胱上皮细胞，即可做出诊断。

【防　治】

1. 预防　避免藏獒接触有毒的化学药品。在医院治疗时，注意用优质的导尿管进行导尿，操作时动作要轻柔。对易引起本病的膀胱炎症、尿道结石、前列腺炎、包皮炎、子宫内膜炎等疾病要及时治疗。

2. 治疗　尿道炎的治疗原则是消除病因，抑菌消炎，防腐消毒。对于严重的尿闭和尿道阻塞可进行手术治疗。必要时进行膀胱插管术，经插管排尿，留置导尿管直至动物排尿为止。

上皮肿瘤可手术切除，进行抗肿瘤治疗。

细菌性尿道炎可参照膀胱炎治疗进行。特发性、慢性活动性肉芽肿性尿道炎可用泼尼松治疗，每千克体重 1.1 毫克，口服，每天 2 次，连用 14 天，以后每 7 天减少 50％用量，同时服用环磷酰胺，每千克体重 2 毫克，每天 1 次，连用 4 天，停 3 天后再用，直至病情缓解。

用抗生素治疗尿路感染，可用头孢噻吩钠，每次每千克体重 20 毫克，口服，每天 2 次。也可用阿莫西林，每次每千克体重 20 毫克，口服，每天 2 次；甲氧苄啶，每次每千克体重 15 毫克，口服，每天 2 次。同时，服用磺胺嘧啶，每次每千克体重 30 毫克，每天 2 次，治疗期间可留置导尿管。

【护　理】　治疗期间检测排尿能力，持续型感染时，每 2～3 周做尿常规检查和尿液培养，如进行膀胱插管手术治疗，术后需监护2～3周,藏獒要佩戴伊丽莎白项圈,以防舔咬伤口。留置尿导管的藏獒,要限制其行动,注意导尿袋和导尿管的脱落。尿路感染要用抗生素联合用药,因单一抗生素可能对混合感染效果不佳,多种抗生素联合可提高疗效。

本病经膀胱减压、抗菌消炎治疗后,多数病例一般可康复,但公獒尤其是配种引起的尿路感染病例有时用药后症状消失,停药一段时间后又出现尿路感染症状,故治疗时要注意坚持用药一段时间后再停药,护理时要避免再次配种,避免再次复发。

尿道结石

尿道结石是指藏獒在机体矿物质代谢紊乱的情况下,尿液中析出无机盐类或有机盐类结晶并以脱落的上皮细胞等异物为核心所形成的矿物质凝结物,结石位于尿道,导致尿道部分或全部阻塞并引起尿道炎。临床上以腹痛、阻塞部位疼痛、排尿障碍和血尿为特征,多见于老龄藏獒。

【病　因】　普遍认为本病是一种伴有泌尿器官病例状态的全身矿物质代谢紊乱的结果。常与以下原因有关。

1. 尿路感染　在肾脏和尿路感染的疾病过程中,由于细菌、脱落的上皮细胞和炎性代谢产物的集聚,形成尿中盐类晶体沉淀的核心。

2. 饲料因素　饲料中维生素A缺乏和雌激素过剩,可使上皮细胞脱落,促进尿结石的形成。饲料营养不均衡,饲喂高蛋白质、高镁离子日粮,可引起磷酸盐结石的形成。

3. 饮水不足　是导致尿结石的重要原因,饮水不足可使机体脱水,引起尿浓缩,导致盐类浓度过高,促进尿结石的形成。

另外,甲状旁腺功能亢进或维生素D过剩,能周期性地引起尿浓缩。应用磺胺类药物、某些药物和重金属中毒均可引起尿结石。

【临床症状】　藏獒尿结石主要表现为排尿困难、尿淋漓,并以公獒为多数。尿结石早期常无症状,随着结石的增大,藏獒突然出现尿闭、排尿疼痛、尿频等症状,严重时排血尿,患病藏獒呻吟,卧立不安。尿结石完全阻塞时,藏獒完全尿闭,疼痛不安,腹部增大,触诊膀胱胀满,按压膀胱不见尿液排出。随着病情的发展,可出现膀胱破裂,引起尿毒症、高血钾等症状。

【诊　断】　根据临床出现尿频、排尿困难、血尿等可做出初步诊断,确诊须做 X 线检查和超声波检查,尿路探查有助于确定结石的存在以及结石的位置,对病理产物结石的物理和化学分析有助于疾病的治疗和预防。

【防　治】

1. 预防　加强饲养管理,供给充足的饮水,避免长期饲喂含钙、磷和其他矿物质较高的饲料和饮水。对本病高发的地区,要进行地方病的病因调查,以查明致病原因,采取相应的措施。对容易引起本病的甲状旁腺功能亢进,甲状旁腺激素分泌过多、维生素 D 过多、雌激素过多等内分泌疾病,肾脏及膀胱的感染,尿路阻塞、尿潴留等疾病,要及时进行治疗。

2. 治疗　本病的治疗原则是促进结石排除,抗菌消炎,预防继发感染。

对于长时间尿路完全阻塞的藏獒,要进行紧急处置,可通过插管、耻骨前膀胱切开术、膀胱穿刺术导出尿液,以减轻氮质血症和高血钾,在取出结石前,要进行输液治疗。对于较小的结石可用导尿管从尿道外口插入结石处,用生理盐水冲洗,使结石冲入膀胱,再进行膀胱切开术,取出结石。较大的结石必须立即进行尿道切开术或膀胱切开术取出结石。

尿路未完全阻塞时,使用利尿剂以稀释尿液晶体浓度,防止晶体析出,便于体积小的尿结石的排出。药物可用利尿素、氨茶碱等。

对于磷酸盐、草酸盐和碳酸盐结石,可饲喂酸性食物或酸性制剂氯化铵,使尿液酸化,促进结石的溶解和排出。尿酸盐和胱氨酸结石,可给予碳酸氢钠,使尿液碱化。此外,尿酸盐结石还可用异嘌呤醇治疗,每千克体重 4 毫克,可阻止尿酸盐结石的形成。胱氨酸盐结石可用 d-青霉胺治疗,每天每千克体重 15~30 毫克,使结石成为可溶性的胱氨酸复合物,由尿液排出。

尿道消炎可用乌洛托品、氨苄西林、妥布霉素等。防止感染可用大剂量的抗生素如拜有利、青霉素等。

中药治疗可用排石汤加减,药用海金沙 10 克,金钱草 15 克,萹蓄 9 克,瞿麦 6 克,知母 7 克,酒黄柏 6 克,延胡索 5 克,甘草梢 3 克,滑石 10 克,木通 6 克。水煎服,每天 1 剂,分 2 次灌服。也可用消石散治疗,芒硝 15 克,滑石 5 克,茯苓 6 克,冬葵子 6 克,木通 6 克,海金沙 10 克,水煎服,每天 1 剂,分 2 次灌服。

对于慢性且反复发生本病的藏獒,要进行尿道造口术,同时应用抗生素治疗。

【护 理】 对于长期饲喂单一饲料的藏獒,要注意饲料的钙、磷比例,并注意维生素 A 的补充,平时饲养过程中,要进行饮水的添加,特别是炎热地区的藏獒。当地饮水中含矿物质较高的,要进行饮水的净化处理。

对于已患有结石的藏獒,要及时治疗,治疗期间应密切检测血清非蛋白氮的含量。对于手术取出结石的病犬,要佩戴伊丽莎白项圈或颈枷,保护其伤口,防止藏獒舔咬。注意伤口的愈合情况和尿液的排出情况,及时检查,以防止尿道瘘的发生。留置的导尿管要每天检查,以免藏獒啃咬导尿管和尿袋。导尿管一般留置于尿道中 3~5 天,避免留置时间过长造成医源性感染。

第六章 藏獒生殖系统疾病的防治与护理

异常发情

藏獒的发情周期为1年1次,视藏獒的年龄、营养状况、繁殖状况、疾病、管理、饲养环境等因素而稍有差异。异常发情是指母獒发情周期不正常,出现异常的发情情况。

藏獒的发情期从有发情表现到允许交配的时间一般为9~17天,主要与母獒的营养状况、年龄和繁殖状况有关,发情期过长或过短的藏獒,有时也可妊娠。

1. 发情异常的分类 常见的异常发情包括短促发情、持续发情、断续发情、安静发情、慕雄狂、妊娠发情。

(1)短促发情 主要是指母獒的发情期很短,从3~4天到7~8天不等,多见于青年藏獒,原因是神经内分泌系统失调,导致卵巢快速排卵而缩短了发情期。

(2)持续发情 发情期长,卵泡迟迟不排卵,一般维持20天以上。

(3)断续发情 发情时断时续,一般维持20天左右,发情表现时有时无,其原因可能与卵泡的交替发育有关。

(4)安静发情 有排卵现象,无外表的发情表现。常见于营养不良的母獒,主要是雌激素分泌不足引起。

(5)慕雄狂 主要是由卵泡囊肿引起,表现为长时间处于性兴奋期,爬跨其他公犬或母獒。单侧卵巢发生卵巢囊肿,有卵子排出,双侧卵巢囊肿则无卵子排出。

(6)妊娠发情 藏獒在妊娠期一般都停止发情和排卵,个别藏獒因内分泌失调,在妊娠期也会出现发情和排卵现象。

2. 发情异常的防治 发情异常的防治方法包括调节营养和环境条件,加强饲养管理等。

(1)供给充足、平衡的营养因子 引起母獒发情障碍的因素很多,营养因素是其中很重要的因素之一,能量供给不足、饲料供给过量或失衡均是造成母獒发情障碍的原因之一。因此,营养因子的供给一定要充足,要在藏獒生长、生产的各个环节进行科学饲喂。饲料的配方要平衡,严格按各个生理阶段的营养需求供给,确保蛋白质、脂肪、氨基酸、矿物质、维生素的正常需求。没有条件的地区,可直接饲喂商品犬粮。

(2)饲养管理要科学 藏獒是青藏高原的大型犬种,在原产地,宽阔的草原为藏獒的生长提供了优异的生存空间。在养獒场,由于条件限制,藏獒的运动空间严重不足,影响了藏獒的生殖和生产性能。因此,饲养时需注意以下几方面内容。

①适时运动 藏獒属于跑走性动物,充足的运动是藏獒健康生长的基本条件之一,合理的运动可使藏獒各个器官和系统功能协调一致。尤其是神经系统、内分泌系统和生殖系统的协调一致是藏獒正常繁殖的基础。严重的缺乏运动和运动不合理,可直接影响藏獒的发情、交配、妊娠、分娩、泌乳、哺乳等行为,也影响藏獒身体结构和器官的发育,从而影响藏獒的生殖行为。

不同的生理阶段,对藏獒的运动、时间和形式要求均不同。

生长期、休情期时的运动要有一定的强度,以散放和运动相结合为主。每天运动应不少于 4 小时,以每次 1.5～2 小时,每天 3 次为宜。发情期、妊娠期时以散放为主,特别是妊娠期运动强度不能过度增加,太强的运动强度可能造成流产或繁殖障碍。

②保持环境卫生 藏獒在发情、交配、妊娠期间,外阴处于开放状态,易受到外界微生物的侵袭,造成繁殖障碍。因此,保持环境卫生尤为重要。

獒舍环境卫生的好坏直接影响藏獒的身体健康和繁殖性能。

种犬舍要求定期消毒,每天随时清扫,保持通风和光照。定期更换垫料。在母獒进入獒舍后,要加强卫生管理,分娩期和妊娠期间加强消毒工作,严防疾病入侵。

保持藏獒体表卫生,防止病原微生物和寄生虫的感染,每天要进行梳刷清理,定期检查眼、耳、鼻、外阴、肛门等部位,并进行特殊的处理。

③养成良好、稳定的生活制度 坚持定时、定量、定点、定食物的四定制度,保持食具、饮水器具和进食场所相对稳定。

④减少应激反应 过高的应激能引起藏獒一系列生理生化的反应,尤其是温度过高,可引起母獒不发情、发情不正常、不受胎、流产、产死胎等。因此,保持藏獒生活环境相对稳定,减少外界应激影响是减少犬繁殖障碍的必要工作。其次,噪声的污染也可引起藏獒过度的应激,尤其春节期间鞭炮的鸣响可造成藏獒整日狂吠、母獒流产和公獒精神、食欲等方面的影响。

⑤做好母獒生殖器官日常和发情、交配、妊娠期间的保健工作 随时清理生殖道内的分泌物,减少病原微生物的感染是提高藏獒繁殖性能的措施之一。

⑥加强防疫、检疫制度的落实,把疾病的影响降到最低 加强犬场防疫、检疫制度的落实,尤其是参加全国藏獒比赛和外出配种的藏獒,要加强对犬瘟热、细小病毒的抗体检测和疫苗的注射工作,对于抗体效价低下的犬只,要提前进行疫苗注射,参赛或配种归来的藏獒,要进行隔离观察,对已发病的藏獒要进行积极的治疗,把疾病造成的损失降至最低。

(3)做好繁殖藏獒的档案管理工作,严格藏獒种犬评级选育关,减少遗传隐患的不良影响 藏獒的档案管理工作是繁育工作的基础,也是藏獒俱乐部血统管理的基础工作,中国畜牧业协会犬业分会管理着全国藏獒的登记和评级工作,对于稳定藏獒的血统管理和诚实、公平交易具有十分重要的意义。藏獒的繁殖情况要做到对养獒人士的公开透明。在繁殖上也明文规定了公獒 A 级、B 级和母獒 A 级、B 级、C 级才具有交配资格，从而规范了藏獒养殖中低劣品质的藏獒繁育。当然有条件的养殖场最好在档案管理中，详细记录藏獒繁育中每个繁育周期的具体情况，尤其是与遗传行为相关的各种特殊情况，以便日后作为参考。对于藏獒在遗传上出现的遗传病，如有髋关节发育异常、肘关节外翻、眼睑内翻等疾病的藏獒，绝对不能留种，以减少遗传疾病的隐患。

（4）正确分析病因，使用合理的治疗手段 藏獒的许多发情障碍是由于疾病造成的，要正确分析引起疾病的原因，积极采取治疗措施，对于饲养管理造成的发情异常，要改进饲养管理水平。

交配障碍

藏獒的发情繁育一般每年 1 次，这是藏獒的种属繁育特征，无论是西藏地区，还是青海玉树果洛地区、甘肃河曲地区，藏獒的发情一般都集中在农历立秋之后。内地养獒场有母獒提前发情的情况，但常由于公獒发情不同步而造成无法交配或产生死精子较多的情况。

藏獒近几年人为选择性地交配已占很大的比重，只有极少数牧区仍采用藏獒自由选择性交配。

在藏獒的繁殖行为中，交配行为是公獒、母獒遗传物质交汇、融合的关键环节。交配行为的成功与否直接关系到藏獒的繁殖。在交配过程中，公獒处于相对主导的位置，交配时间取决于母獒的发情状况，在母獒发情状态下，公獒的交配才可成功，但有部分藏獒往往由于交配发生障碍而影响藏獒的繁殖。

1. 公獒交配障碍 公獒的交配可分为求偶、勃起、爬跨、交配和交配结束等几个阶段，其中任何一个环节的缺陷均可引起整个交配过程的失败。

(1)公獒交配障碍的表现

①无交配意识　公獒遇见发情母獒时,无任何求偶表现,行为上与平时无异,主观上无交配意识,常见于公獒挑选母獒。河曲、山南地区的藏獒在性行为上有挑选母獒的行为,对其看不上的母獒,无性欲表现。

②有交配意识,无交配表现　当公獒遇见发情的母獒时,有求偶的表现,其行为是紧随发情母獒,和母獒嬉戏,并在交配场所附近用尿液做记号,有的有性经验的公獒在交配之前还进行排便、清洁性器官的工作。但有些公獒在遇见发情母獒时,阴茎不勃起,无爬跨、插入等交配动作。此种情况常见于性经验不足或无性经验的公獒。另外,长期交配厌倦的公獒对发情母獒也不屑一顾,甚至见了母獒有逃避配种的行为发生。

③有爬跨动作,但阴茎不能完成插入　即公獒爬跨后,阴茎不能顺利进入母獒的生殖道内。常见于公獒性经验不足,抱母獒的部位靠后,阴茎不能到达阴道部位;阴茎空间定位不准,找不到阴道的部位;公獒在性交耸动的过程中空耗体力;交配时公獒后肢无力或公、母獒体高、体重过于悬殊,使阴茎不能顺利进入;公獒过度兴奋或无性经验,在阴茎插入阴道前,阴茎球腺就已充盈而不能锁住;公獒阳痿,阴茎不能勃起,疲软而不能插入;公獒患有先天性疾病或获得性缺陷、外伤等疾病妨碍了阴茎的正常插入等。此外,初次交配的母獒性经验的不足、过度兴奋、逃避或干脆后肢卧地、撕咬正在爬跨交配的公獒等也可妨碍公獒的交配过程。

(2)公獒交配障碍的成因和处理　公獒交配行为的调控机制非常复杂,遗传因素、自身的身体状况、外界环境的条件因素、公獒的性经验和性抑制都可引起藏獒的交配障碍。公獒交配是全身性的综合运动,体质过弱和对身体的不良刺激均可引起交配障碍。常见的交配障碍起因和处理办法如下。

①遗传性因素　藏獒的交配在不同个体之间有较大的差异,

表现在个体之间交配行为的强度、频率、精力的充沛程度、体质、精液质量等方面,地方藏獒的品种差异也是引起交配障碍的原因之一。因此,要详细记录各种行为表现,对于出现交配障碍个体较多的家系,不予留种。尤其是有遗传的四肢关节疾病、生殖道疾病的藏獒家系坚决不能进行繁殖。良好的公獒具有应付各种发情母獒的交配手段,不论是母獒体高上的差异和体重的悬殊。这在河曲、山南地区公獒上表现得尤为突出,由于此处的藏獒在发情季节普遍采用自由交配的方式,个体表现优秀、凶悍的公獒往往具有优先交配权,个体表现差的公獒无论在配偶的争夺和交配上均属于劣势,长期的自然淘汰造成了此地公獒在交配方面的优势。但此地的公獒对人工选择的交配有挑选母獒的弊端,对看不上的母獒一般不会进行交配,人为地辅助交配也往往以失败告终。

②外界环境条件因素 藏獒属于高海拔原生态大型犬科物种,在数千年的长期驯化中形成了独特的繁育特征,由于近几年藏獒养殖热潮的兴起,内地各个地区几乎均有藏獒的身影。外界环境条件对于公獒的性行为影响很大,如环境温度过高时,公獒精液品质下降,死精率升高,性欲下降,母獒空怀率上升。单独饲养或从小就离开群体的公獒,交配障碍发生的概率高于群养公獒。

③性经验 性经验对公獒的性行为影响很大,公獒的性行为在7~8月龄时逐渐形成,尤其在母獒发情季节,同伴之间开始有模仿的性行为,性行为缺乏的公獒在发情母獒前表现为不知所措、慌张、不爬跨、爬跨位置错误、爬跨时阴茎尚未勃起,或爬跨后阴茎空间定位不准等现象。

另外,不良的性行为和性经验也会引起藏獒的交配障碍。如处于同一群等级低下的公獒,在等级较高的或首领獒前表现性抑制。交配过程中受到强烈的刺激、生殖器官的损伤,如公、母獒个体间悬殊很大,母犬交配时疼痛、打滚,扭挫了公獒的阴茎也会影响公獒的交配。

公獒良好性经验的形成应在幼獒阶段开始培养,幼獒阶段要群养,有性成熟表现时要及时接触发情母獒,并让幼獒观察成年公獒的交配行为,为将来的交配打下良好的基础。同伴之间的学习观摩对藏獒性行为的形成十分重要。此外,初次交配的公、母獒,要进行人工辅助交配,避免因母獒初次交配疼痛,引起公獒生殖器官的损伤。人工辅助交配要注意辅助人员的安全,毕竟藏獒在交配过程中,尤其是河曲地区的藏獒,经常发生咬伤辅助人员的事件,可能与藏獒孤傲的个性和天生就是优秀护卫犬的品性有关。

④性抑制 藏獒的性抑制是由于在交配过程中,受外界不良因素影响而造成的性反应缺陷。主要由粗暴的管理方式导致,如在犬主在场时,公獒不敢与发情母獒进行交配;人工交配辅助过量的公獒,辅助交配人员不在场时产生过分依赖心理而不能自由交配等。另外,交配时的不良刺激和频繁的交配次数等也会导致性抑制。如在水泥地面交配时,公獒滑倒扭伤后肢骨,以后其在光滑地面交配时,即会形成性抑制。养殖者为追求最大的经济利益,让公獒在一天中与数只发情母獒交配,甚至用性药令其强行交配,使公獒产生性抑制,甚至在配种时,见到发情母獒表现逃避、无性欲等症状。

藏獒性抑制的处理方法就是避免形成性抑制。在平时的管理工作中,对于公獒的管理要从细微工作中入手,营养物质的供应要全面均衡,公獒的运动量、运动方式要科学制定和实施。交配场所、獒舍、运动场所要适合公獒的心理和行为。交配时避免过强的刺激,尤其是公獒在交配时食欲减退或废绝,连续几天不吃食物,所以一定要控制公獒的交配次数,一般每周交配的次数为1~2次,不能超过3次。对于已形成性抑制的公獒,交配时要远离造成性抑制的客观环境条件,淡化其性抑制的行为。

⑤疾病、损伤原因 公獒的交配是全身性的综合行为,任何影响生殖系统和其他重要器官的疾病、损伤均可引起交配障碍。

常见的生殖系统疾病,如睾丸炎、阴茎损伤、包皮炎、传染性乳头状瘤、前列腺疾病、先天性不孕症、雌性化综合征、无精症、布鲁氏菌病等都可直接或间接引起交配障碍。与交配行为关系密切的重要器官和系统的损伤也可引起公獒的交配障碍,如严重的髋骨关节疾病、骨折、严重的寄生虫感染、贫血、严重的皮肤感染、严重的神经系统疾病等。

对于以上疾病,除了要加强患病公獒的护理外,还要积极地治疗原发病,使其早日康复,恢复交配的本能。此外,要严格防疫制度的落实,进行科学的饲养和管理,杜绝疾病和损伤的发生。

科学的饲养管理方式是种公獒顺利完成交配、繁育的基础性工作。如果饲养管理不当,易引起繁殖障碍。

公獒的营养供给要做到各种营养因子的配比平衡,饲养上要采用一贯加强的饲养原则,常年保持种公獒的上、中等膘情,以保持其旺盛的配种活力。生长期的藏獒要根据不同的生理阶段,饲喂不同配比的饲料。

能量供给失衡对于公獒的影响也是很大的,能量供给过量,可造成公獒过肥,性行为能力降低,精液产生量少、品质差;能量供给过低,可造成公獒身体瘦弱,精液量、精子数、精子密度不足,精液品质下降,影响受胎率。

蛋白质的供给对于公獒的生殖功能非常重要。过低的蛋白质供给,会影响公獒精液的质量和精子的生成;过高的蛋白质供给,也会对公獒造成不利影响,特别是与精子生成有关的几种氨基酸的供给,如赖氨酸、色氨酸的量和比例一定要平衡。

钙、磷供给的量和比例一定要平衡,适量的钙可促进精子的生成,增强精子的活力,促进精子和卵子的结合。过量钙的供给或钙、磷比例失衡,会对公獒的生殖系统造成不利影响。

微量元素锌和维生素 A 对公獒生殖功能影响很大,长期缺锌的藏獒,生殖系统发育延缓,性腺发育成熟时间推迟,成年公獒性腺萎缩和纤维化,第二性征发育不全。维生素 A 缺乏会引起公獒性成熟推迟,性欲降低,生精过程受阻,成年公獒睾丸上皮细胞萎缩,性功能衰退,精液质量降低。

公獒要单圈饲养,以减少外界环境的刺激,便于休息。公獒的运动量要适宜,在未配种前,适宜的运动量能提高公獒体质和精液品质,保持其旺盛的性欲。运动时要注意公獒的体质和环境温度,在天气凉爽的情况下,可适量增加运动量;在配种高峰或高温季节,可减少运动量。

2. 母獒交配障碍

(1)母獒交配障碍的表现

①生理性交配障碍　主要发生在初配母獒上,在初次交配时,由于母獒性经验不足,交配时在公獒阴茎插入时易产生疼痛,个别的母獒发生阴道肌肉痉挛,表现为躲避、撕咬和攻击公獒,拒绝公獒的交配。此外,生殖道的畸形也是造成母獒交配障碍的原因之一。处女膜过厚,使公獒阴茎不能刺破处女膜可引起交配障碍。阴道脱的母獒阴道过于狭窄,公獒的阴茎不能顺利进入阴道,也会引起交配障碍。

②病理性交配障碍　阴道炎、子宫内膜炎、阴道脱、子宫脱、阴道增生、转移性生殖器肿瘤均可使母獒在交配时产生疼痛,使母獒拒绝交配,形成交配障碍。

③心理性交配障碍　在以往的交配过程中,母獒受到不良刺激,如个体小的母獒与个体粗壮的公獒交配,被公獒在交配时撕咬等,使其对交配产生恐惧心理,拒绝公獒交配,对公獒产生性恐惧。

④体质原因　发情母獒由于体质太弱,后肢软弱,不能承受交配公獒的体重。交配时常表现为交配时母獒直接趴在地面上或逃避公獒的交配,使交配过程不能顺利进行。

(2)母獒交配障碍的处理

①加强母獒的体质　由于交配是全身性综合行为,良好的体

质是交配成功的前提。因此,加强母獒的体质极为重要,要从以下几个方面入手。一是加强母獒在各个生理阶段的营养物质的供给,不同生理阶段母獒的运动要科学严谨,并注意环境温度的变化。制订各季节的合理运动量。二是严格防疫制度,科学管理,减少疾病的发生。三是合理安排产仔胎数,适时空窝,以增加母獒生产的利用年限。

②合理安排交配的时间、环境、对象　母獒的交配时间应安排在清晨,此时母獒精力旺盛,性欲强烈,容易交配成功。交配时宜选择洁净、开阔、熟悉的场地。母獒在交配前要熟悉场地,可以进行交配前的奔跑、嬉戏。对于有选择公獒的母獒,可以用人工辅助交配或改变交配对象解决。

③做好母獒生殖系统的日常保健卫生工作,避免生殖器官疾病的发生　在母獒发情、交配、分娩时,要做好母獒生殖系统的护理,以减少疾病的发生,健康的生殖系统是母獒成功交配的前提。

④合理使用人工辅助交配手段,做好初配工作,培养母獒良好的交配经验　母獒对人工辅助交配的依赖性没有公獒强,对于初次交配的母獒,人工辅助交配可以起到保定母獒的作用,同时合理的交配姿势为初配母獒积累交配经验作用很大。

⑤积极治疗生殖系统疾病　对于母獒生殖系统的疾病,可根据其疾病的性质进行原发病的治疗。生殖道畸形的,采用适当的手术疗法进行矫正,以克服母獒的交配障碍。

不孕不育症

【病　因】

1. 母獒不孕症

(1)配种不适时期　母獒发情持续时间为 9～16 天,最佳配种时间应在发情开始后的 12～16 天,此时期最易受精。采用重复配种效果更佳,配种时间过早或过晚均是造成配种失败的因素。

（2）体况因素　种獒日粮单一，蛋白质、能量、维生素、微量元素等营养不足而造成身体过瘦，特别是赖氨酸、维生素 A、维生素D、维生素 E、微量元素硒和锰等营养物质的缺乏，影响身体和生殖器官的发育，阻碍生殖细胞的生长，导致性欲低下，性功能紊乱，形成弱胎，甚至发生胚胎自溶或形成干尸而出现流产。日粮中能量饲料（米饭、面食、肥肉和肉等）饲喂过多，可使卵巢脂肪沉积过多，卵巢上皮脂肪性变性，从而引起肥胖性不孕。

（3）功能性不孕

①卵巢发育不全　由于丘脑与垂体功能障碍，卵巢对促性腺激素的敏感性降低，到成年时卵巢呈幼稚型，无发育卵泡。

②卵巢萎缩及硬化　老年、瘦弱或运动过度的母獒卵巢易发生萎缩。卵巢炎或卵巢肿瘤可引起卵巢硬化。两者均不能形成卵泡，使母獒外观上无发情表现。

③卵泡囊肿　卵泡囊肿是由于发育中的卵泡上皮变性，卵泡壁上皮组织增生，卵细胞死亡，卵泡液被吸收或者增多而形成，患病藏獒性欲亢进。

④受精障碍　在受精之前精子或卵子衰老死亡，其结构和功能异常，母獒生殖道组织结构阻碍精子运动，妨碍合子的运行和附植，或精子与卵子之间存在免疫性不相容等因素均可造成受精障碍。

（4）疾病性不孕

①卵巢炎　常在卵巢囊肿被挤破或穿刺时受到损伤，或感染病毒，致使正常发情排卵受到破坏。

②输卵管炎　其炎性分泌物及其有害成分可直接危害精子或卵子，严重时发炎，管腔变狭窄，甚至闭锁。

③子宫内膜炎　其炎性产物可直接危害精子的生存，影响受精。有时即使能受精，但进入子宫内的胚胎也会因处于不利环境而死亡。

④子宫弛缓 多由饲养管理不良、缺乏运动或运动过度、体弱或衰老引起。致使子宫收缩功能和紧张性降低，导致发情时分泌物在子宫内滞留和腐败，不能提供胚胎发育的良好环境。

⑤先天性不孕 主要表现在近亲后代，雌性生殖器异常如阴道狭窄、两性畸形等。

2. 公獒不育症 如饲料质量不好，缺乏维生素（主要是维生素 A 和 B 族维生素）；运动不足；配种过度或长期不配种；公獒年老体衰；有生殖器官疾病（隐睾、睾丸萎缩、睾丸及附睾炎等）或感染某些疾病，如布鲁氏菌病、结核病、内分泌紊乱、雄激素不足等。

【临床症状】

1. 母獒不孕症 5 岁以上或以往能正常发情交配的母獒，在较长时间内（10～24 个月）不见发情，或发情不正常且屡配不孕的，均可认为是不孕症。

2. 公獒不育症 主要表现为公獒无性欲，遇见发情母獒阴茎也不能勃起（阳痿）或勃起后也不射精。

【诊 断】 母獒不孕症根据病因和临床症状可基本确诊。公獒在交配中不能射精，或镜检精液品质不良，排出精液中无精子或死精子、畸形精子增多，或精子成活率低等而不能使卵子受精，即可确诊为公獒不育症。

【防 治】

1. 母獒不孕症

（1）预防 饲料因素或因运动量不足、配种过度等饲养管理不善而引起的不孕症，可以通过加强饲养管理解决。对生殖器官的炎症，尤其是布鲁氏菌病、结核病、钩端螺旋体病、内分泌疾病要及时预防和治疗。

（2）治疗 配种时期不当所致的不孕症，只需密切注意母獒发情表现，当母獒外阴分泌物由血色变成浅黄色，阴唇变软而有节律的收缩，抚拍尻部时四肢叉开、尾歪向一侧，安静接受公獒时适时配种。

体况因素导致的不孕症,只需定时、定量的给予质优全价犬粮即可治愈。

对于功能性不孕,可按以下方法治疗。①卵巢发育不全。改善饲养管理,注意维生素 A、维生素 E 的补充,可用促卵泡素 10～20 单位、促黄体生成素 10～20 单位,用 5 毫升生理盐水稀释后肌内注射,每隔 2 天注射 1 次,2～3 次为 1 个疗程。②卵巢萎缩及硬化。除加强营养外,可用孕马血清促性腺激素 25～200 单位,皮下或肌内注射,每天或隔天 1 次。或用绒毛膜促性腺激素治疗,用量为 25～300 单位,肌内注射。也可用己烯雌酚 0.2～0.5 毫克,肌内注射。注意在治疗期间和治疗后 1～3 个月,母獒进入黄体期时,易发生子宫蓄脓。③卵泡囊肿。用黄体酮 2～5 毫克或促黄体生成素 20～40 单位,一次肌内注射,每天 1 次。

对于疾病性不孕,可按以下方法治疗:①卵巢炎。采用保守疗法,以抗感染为主,可选用广谱抗生素,如青霉素、红霉素、庆大霉素、甲硝唑等。②输卵管炎。采用宫腔注射疗法,用生理盐水 20 毫升,内加适量肾上腺皮质激素和抗生素,每隔 3～4 天向子宫内注射 1 次,持续 3～4 周,可减轻输卵管局部充血、水肿,抑制纤维组织生成和发展,也可达到溶解和软化粘连的目的。③子宫内膜炎。应改善饲养管理,提高抵抗力。用 30℃～38℃的 0.05%呋喃西林或 0.02%新洁尔灭溶液冲洗子宫,冲洗后向子宫内注射青霉素、链霉素等。④子宫弛缓。应改善营养,适量运动,治疗时可按摩子宫,用 5%～10%食盐水冲洗子宫,必要时使用子宫收缩剂,如肌内注射缩宫素 1～5 单位,或麦角新碱注射液 0.1 毫克,也可用益母草煎水灌服,每天 2 次。

2. 公獒不育症 应改善饲养管理条件,给予足够的营养物质,以增强体质。要加强体力锻炼,配种要适度,防止过多或过少。对生殖道疾病要给予适当的治疗。对性欲缺乏的公獒,可口服甲基睾丸素(甲基睾酮)10毫克或肌内注射丙酸睾丸素(丙酸睾酮)20～50单位/次。对治疗无效或年老体衰的公獒应淘汰。

【护 理】 对不孕症要分清导致疾病的原因,分别进行不同的护理。对营养原因引起的不孕症,要加强营养,给予平衡的饲料和富含维生素A、维生素E的饲料;公獒在配种季节供给营养丰富的食物,尤其要提供富含锌、钙的食物以增加精子的活力。配种时的护理主要是避免公獒之间为争夺配偶权的争斗。对因卵巢囊肿、输卵管炎、子宫内膜炎等疾病导致的不孕症,主要是及时治疗原发病。在用药上,一定要按疗程使用,同时积极配合兽医的治疗和疾病治疗期间的复查。尤其是功能性卵泡囊肿的藏獒可能因使用雌激素引起子宫内膜增生,并有发生囊状子宫内膜增生和子宫蓄脓的危险,在治疗上要注意后期的监护。对子宫内膜炎的护理主要是观察藏獒的体温、食欲及粪便情况,并且经常对会阴部进行清理,观察阴道分泌物的颜色、气味、性状,为继续治疗提供治疗线索。闭锁性的子宫蓄脓通常要及时进行手术治疗,用前列腺素F治疗通常疗效不佳,而且有可能耽误手术治疗的最佳时机,前列腺素可引起子宫的强烈收缩,可能造成子宫破裂而引起腹膜炎,造成藏獒自体中毒和休克,故闭锁性子宫蓄脓的药物治疗要时刻监护藏獒的表现,使用超声波监护子宫腔内液体的减少、消除情况,以评价其治疗效果。

尿 石 症

犬尿石症又称尿路结石,是肾结石、输尿管结石、膀胱结石和尿道结石的统称,临床上以排尿不畅、排尿困难、尿闭、血尿为特征。临床资料表明,尿酸盐结石的临床发病率雄性高于雌性,且多发于2岁以上、饲喂系列化商品犬粮的獒。重症獒体温低于38℃,顽固性呕吐,尿液pH值低于5,尿沉渣检查可见管型、蛋白质、脓细胞;血清尿素氮、尿酸、肌酐值升高是肾衰竭的临床标志。

此类型结石为 X 线可透性结石,故 X 线临床诊断价值不高;B 超探测影像明显,肾脏与膀胱相比较,膀胱的影像学诊断在临床应用上具有更大的指导意义。X 线不透性结石从发病部位看多为膀胱结石,从结晶体成分上看多为草酸钙结石,B 超的强回声影像注意与肾髓质生理状态下的回声区相鉴别。同一饲养条件下的犬,发病时间及病理特性有很大差异,这可能与犬的品种及不同个体有关。尿酸盐结晶体多沉积于两侧肾脏,且死亡率在 70%以上;尿石症患病藏獒复发率也能达到 20%左右。

【病　因】　本病的发病率在我国占临床病例的 0.5%~1%,并保持逐年上升趋势。本病的发生具有一定的季节性,多发于春末、夏季和秋初,以 5~8 月份发病率最高。公犬发病率高于母犬。发病年龄偏大,平均为 6 岁左右。发病率最高的品种为北京犬。尿石症不是一种单一的疾病,而是一种或多种潜在疾病的后遗症。结石形成涉及多种相关、复杂的生理和病理因素,结石的形状呈多样性,有球形、椭圆形或多边形、细沙状,其核心物质是由尿液中各种矿物质盐类和保护性胶体物质聚集而成。尿液是一种混合性溶液,含有多种抑制、促进晶体形成和增长的物质,测定无临床症状犬尿液中某些晶体类型,可证明尿样中有过饱和的结晶物质,作为尿石症发生的危险信号。

【临床症状】　根据结石沉积的部位分为肾结石、输尿管结石、膀胱结石和尿道结石。尿石症的共同特征是排尿困难、尿频、血尿、尿失禁或尿闭。终末血尿,有时滴出数滴鲜血,多提示膀胱与尿道结石,但早期患病藏獒均无明显症状。

1. 肾结石　多位于肾盂,偶见于肾皮质部,严重病獒可见血尿,肾区压痛,步态强拘。如肾盂发生炎症则出现肾后性氮血症,表现剧烈呕吐,口腔溃疡,体温降至 38℃以下。

2. 输尿管结石　病犬急性持续性腹痛,拱背缩腹,输尿管单侧或不完全阻塞时可见血尿,如双侧输尿管同时完全阻塞时呈尿闭。

3.膀胱结石　病獒排尿困难、尿频、血尿,腹部触摸膀胱壁变厚。结石位于膀胱颈颈部,排尿有疼痛反应。

4.尿道结石　多发于公獒,尿道不完全阻塞时排尿疼痛,尿液呈滴状或断续状流出,有时排尿带血。尿道完全阻塞时则发生尿闭,患病藏獒频频努责,腹围增大,结石多潴留在阴茎口后端。

【病理变化】　剖检可见肾脏表面凹凸不平,类似猪肝色,肾包膜不易剥离,肾脏皮质与髓质交界处可见油菜子样结石,肾盂内见2~3毫米×3~5毫米大小不等的棕绿色结晶体,触之易碎。膀胱浆膜斑状出血,黏膜密布出血点,重症犬呈弥漫性出血,膀胱内可见细沙样黄绿色结晶体。尿道黏膜出血。

【诊　断】　根据临床症状和病理变化可做出初步诊断,确诊须进行实验室检查。

1.尿液检查

(1)尿八项检查　取自然排出的尿液或导尿获取的尿液5毫升,置于1.5厘米孔径的清洁干燥试管内,在相对湿度小于60%的室温条件下测定。用试纸条边缘沿容器口擦拭,按标签上标明的比色时间与色标比较,色块上表示的数值即为检测结果。有条件的可直接使用仪器进行含量测定。

(2)尿沉渣检查　取尿液适量于离心管中,3 500转/分离心15分钟,弃上清液,取沉淀物于载玻片上,盖上盖玻片,在显微镜下可观察到不同类型的结晶体。

2.血液生化检查　尿石症患病藏獒血液生化指标变化不明显,患草酸钙和乌粪石病獒血钾浓度降低;患尿酸盐结石患病藏獒的血清白蛋白和尿素氮水平降低。临床上以血清尿酸、肌酐、尿素氮的变化为监测肾功能障碍的指标。

3.X线检查　患病藏獒取侧卧位或仰卧位,于X线诊断床上对尿道、膀胱、肾脏进行探查,可显示结石的致密阴影。根据不同类型结晶体的密度大小,分为可透X线的结石(阴性)和不可透X线的结石(阳性)。尿酸盐结石,其密度与软组织密度相近,所以X线摄片上不能显示结石影像,需要做静脉肾盂造影或逆行肾盂造影,可见呈透明的充盈缺损阴影;碳酸钙、磷酸钙结石X线显影较淡;草酸钙结石X线摄片的特征是结石中有较深的斑纹,呈桑葚状。肾结石发生于单侧或双侧肾脏,多位于肾中央,一般呈小颗粒状的圆形、卵圆形或鹿角形,或呈不规则阴影,边缘清晰。输尿管结石在输尿管径路上有颗粒状圆形、桑葚形影像,输尿管造影显示局部阻塞,造影剂不能顺利通过。膀胱结石可见膀胱内有X线不可透性高密度影像,呈圆形、椭圆形或桑葚形。

4. B超检查 藏獒取侧卧位或仰卧位,在肾区、耻骨前缘部剪毛,均匀涂上适量耦合剂,持扇形探头于左、右第十二肋间上部及最后肋骨上缘探查肾脏。探头置于耻骨联合前缘,向前移动扫查至膀胱顶部。患病藏獒肾皮质、髓质部出现细条、斑点状强回声影像。在膀胱积尿的影像下不时地用探头撞击膀胱,观察有无细沙样结晶体在尿液中上下沉浮。在患病藏獒膀胱内液性暗区中,可出现点状或团块状强回声,其后方伴有声影,可随体位改变而移动,小于3毫米的结石无典型声影。

【防　治】

1. 预防 加强饲养管理,供给充足的饮水,避免长期饲喂含钙、磷和其他矿物质较高的饲料和饮水,对本病高发的地区,要进行地方病的病因调查,以查明致病原因,采取相应的措施。对容易引起本病的甲状旁腺功能亢进、甲状旁腺激素分泌过多、维生素D摄入过多、雌激素摄入过多等内分泌疾病,肾脏及膀胱的感染、尿路阻塞、尿潴留等疾病,要及时进行治疗。食物方面应投喂低蛋白质、低钠、低钙和低维生素D的食物。对患磷酸铵镁(鸟粪石)结石的病獒,应改变患病藏獒食谱,降低尿液中尿素、磷和镁的浓度。

2. 治疗 药物治疗的目的是采取合适或可控的方法,阻止尿结石的生长,使尿液中形成结石物质的溶解度呈不饱和状态,以此产生疗效。明确结晶体成分有利于碎石、溶石。用超声波和碎石振荡波体外击碎肾和输尿管结石,再行药物疗法。中医治疗对排除尿路小结石有良好效果,对大结石无明显作用。投予利尿剂增加尿量,促使结石溶解和悬浮,用改变尿液 pH 值的药物,创造不利于结晶形成的环境。调整日粮,减少尿液中成石物质的浓度。压迫膀胱排出结石或手术取出结石。手术取石要在消除病因的前提下进行,否则仍有很高的复发率。手术切口选在膀胱背侧面可减少结晶体再次沉积。尿酸盐、胱氨酸盐结石可投服碳酸氢钠使尿液碱化。此外,对尿酸盐结石(如黄嘌呤)可投给嘌呤醇,阻止尿酸盐凝结;对胱氨酸盐结石可投青霉胺,使其成为可溶性胱氨酸复合物。草酸钙、磷酸钙、碳酸盐结石,投给酸性食物或氯化铵,使尿液酸化,促进结石的溶解。

(1)西医治疗

①导尿　局部用 1 毫升/升新洁尔灭溶液消毒,导尿管涂上灭菌油剂,从尿道外口直接插入膀胱导尿;如果导尿受阻,用生理盐水加氨苄西林反复冲洗尿道,使结晶物质排出,直到尿液排出为止。

②膀胱穿刺　如果导尿困难,可直接从膀胱抽尿,并用生理盐水加氨苄西林反复冲洗。

③抗菌消炎　用氨苄西林、氯霉素或庆大素肌内注射或口服。

④药物利尿　排尿困难病例,导尿后用呋塞米肌内注射或静脉注射,促使排尿。

⑤止血　可用维生素 K、止血敏、安络血肌内或皮下注射。

⑥补液　用 5%～10%葡萄糖注射液静脉注射。

比较小的结石,如果未将尿道完全阻塞,可同时用利尿剂和膀胱括约肌松弛剂促进结石的排出,通常采用先使用平滑肌松弛剂,隔一定时间后给予利尿剂的方法。常用的平滑肌松弛剂有氯丙嗪、胃复安等,或肌内注射普鲁卡因青霉素2万单位,利尿剂可应用呋塞米,连续用药5～7天,病獒可将大部分结石排出,结石的直径在5～10毫米或5毫米以下,并且数量较少。一些病例发生排尿极度困难或尿闭,其中是结石阻塞公獒尿道的,可利用导尿管经尿道上行探查,发现结石阻塞处,施行尿道切开术取出结石;发生在母獒的,采用导尿管向尿道插入的方法,先行通畅尿道,随后向内注入生理盐水和灭菌石蜡油的混合液体,反复冲洗将结石排出。

(2)手术治疗　逆行性导尿法是临床上最常用的治疗方法,普遍适用于公犬和母犬,通过对尿道的反复冲洗,将结石冲回膀胱内,为下一步的手术治疗打下基础。但对于一些较大的结石,成功率很低。临床上,若出现以下情况之一,则应考虑进行手术治疗:尿石症反复发作;遗传性尿道解剖异常;药物溶解治疗失败;需要进行膀胱黏膜培养。对单纯膀胱结石的犬,直接进行膀胱切开术取出结石即可;对有尿道阻塞的犬,如果尿道插管不能将结石推回膀胱内,则需要进行尿道切开术。

①膀胱切开术　846合剂配合氯胺酮混合全麻。按常规手术方法打开腹腔,将膀胱体引出切口外,周围用浸有灭菌生理盐水的无菌纱布隔离,仅露出膀胱体。在膀胱底壁前部切开膀胱壁,切口尽量避开血管。用锐匙取出结石,并用生理盐水彻底清洗膀胱,取出细小的结石,避免二次堵塞。取一软的导尿管从膀胱向尿道逆向插管,导尿管的一端留于膀胱内,另一端置于尿道开口外,并冲净尿道内残留的结石。然后常规缝合膀胱壁,关闭腹腔。将留在尿道口外的导尿管与尿道口周围皮肤做2针结节缝合使其固定,常规消毒伤口并包扎。

②尿道切开术　尿道切开术的部位应根据X线摄片上显示的结石部位进行定位。母獒由于尿道较短,而且弹性较大,一般很少在尿道部发生阻塞,一旦发生,通过导尿管试探性插管也很容易将结石送回膀胱,然后再进行膀胱切开手术。公獒的结石一般发

生在阴茎骨后方,手术时在结石部位的阴茎骨正中线切开皮肤,切口约3厘米,分离皮下组织,显露阴茎缩肌并移向侧方,切开尿道海绵体肌,在结石处纵行切开尿道1~2厘米,用眼科镊子小心取出结石。接着取一软的导尿管从尿道切口处插入膀胱,另一端置于尿道外口,进一步冲洗尿道,使其畅通。留置此导尿管,然后用可吸收缝合线缝合尿道,用丝线缝合皮肤。

膀胱内留置导尿管是为了避免尿液潴留于膀胱或尿液通过尿道时,不利于术口愈合,4~5天后撤去导尿管,1周后拆线。术后按常规剂量服用消炎药,配合对症治疗。

膀胱及尿道切开取石术为传统的开放手术方式。随着现代医疗技术的发展,也可采取保守疗法,即用尿道膀胱镜取石或碎石,结石用碎石钳机械碎石,并将碎石取出。此种方法适用于结石直径在2~3厘米者,较大的结石需采用液电、超声、激光或气压弹道碎石。结石过大、过硬或膀胱憩室病变时,才施行膀胱切开取石。目前,尿路结石的治疗也正在由开放式手术向保守疗法转变。

(3)中医治疗

方剂一:排石散。柴胡6~12克,茵陈8~15克,石韦8~15克,金钱草10~20克,鸡内金6~12克。水煎候温灌服。

方剂二:知母黄柏散。知母、黄柏、乌药、萆薢各15克,鲜生地黄、鲜淡竹叶各20克,滑石10克。将上述药物混合后,水煎2次,将两次药液混匀,候温后灌服,每天1剂(50~60千克体重),早、晚分2次服用,连用3~6天。

【护　理】 注意加强藏獒的日常饲养管理,能有效地预防尿石症发生。平时要十分注意藏獒食物的酸碱平衡,避免形成结石。还要注意及时而规律的让藏獒排尿,日粮中添加适量的食盐,保证充足的饮水,增加藏獒的排尿量。饲养中还要避免藏獒精神受到刺激而影响正常排尿,致使尿液在膀胱中停留时间过长,形成结石。手术后每天检查导尿管的情况,注意术后的消炎和术部伤口愈合情况,根据结石的性质选用不同的处方犬粮或自制犬粮。

阴门脱出物

阴门有脱出物是母獒生殖道疾病中常见的临床症状之一。临床常见的阴门脱出物有阴道增生、阴道脱出、子宫脱出、阴道肿瘤、小肠经阴门脱出、膀胱经阴门脱出和两性畸形等。脱出物阻塞产道,妨碍母獒的正常配种,严重者使母獒丧失繁殖能力。

【病　因】

1. 阴道增生　阴道增生与雌激素分泌剧增有关,是由于雌激素过度刺激导致阴道黏膜发生充血、水肿、过度增生而脱出于阴门外,主要见于发情前期和发情期的年轻母獒,且多见于第一次发情的母獒。脱出物为阴道黏膜的增生部分,随发情时间延长而不断增大,发情结束后常能自然消退,但下次发情时可能复发。

2. 阴道脱出　当妊娠后期、分娩前后、便秘、腹泻、尿闭或胃肠急性臌胀时,母獒强烈努责,腹内压增高,使得松弛的阴道壁组织受到妊娠后期胎儿增大的重力或异常增高的腹内压的推挤而从阴门脱出;阴道壁受强烈刺激如母獒与公獒交配时被强行分离、体格娇小的母獒与体格过大的公獒交配等也可诱发阴道脱出。此外,母獒体内雌激素分泌过多(包括病理性雌激素过多),致使阴道黏膜增生、水肿,会阴部组织松弛,也可诱发本病。而阴道壁自身的脱出,多发生于妊娠后期或分娩时。

3. 子宫脱出　子宫脱与分娩有关,营养不良、运动不足、经产老龄藏獒、胎儿过大或胎水过多使子宫过度扩张、松弛、分娩时产道损伤、阵缩过强、助产时粗暴牵拉胎儿等均可引起本病。本病多发于分娩后几小时之内,也有少数在分娩后 2~4 天发生。脱出物为子宫角或子宫体,其表层组织为子宫黏膜,内层为浆膜组织。

4. 阴道肿瘤性病　肿瘤主要通过性活动传播,在交配时脱落的肿瘤细胞由带肿瘤动物转移到另一动物的生殖道中。发病母獒均有交配史,脱出物为异常的肿瘤组织,形状不规则。

5. 小肠阴门脱出　小肠阴门脱出与分娩有关,在分娩过程中,由于粗暴助产或母獒强烈努责造成子宫体破裂,同时伴有腹泻、便秘等肠道的剧烈蠕动时,肠管从子宫体破裂处进入子宫内,经过子宫颈而脱出阴门,多发生于分娩时或分娩后数小时内。

6. 膀胱阴门脱出　充盈的膀胱由于异常外力的作用从子宫体破裂处进入子宫内,经过子宫颈而脱出阴门。

7. 两性畸形　由性分化发育过程中性染色体的组成发生变异而引起,妊娠期间注射雄激素或孕激素,也可使雌性胎儿雄性化。脱出物为短小阴茎,一般在性成熟后才易被发现。

【临床症状】

1. 阴道增生　脱出物如拳头样,呈淡粉色,质地坚实,顶部光滑发亮,后部背侧有数条纵形皱褶。向前延伸至阴道底壁,与阴道皱褶吻合,腹侧则终止于尿道乳头前方。

2. 阴道脱出　指阴道壁部分或全部外翻和脱出于阴门之外。阴道脱出的诱因较复杂,但主要与阴道壁组织松弛无力有关。若阴道部分脱出,当犬卧下时从阴门口可见到红色黏膜外翻,站立时可自动缩回,或脱出物呈球形并显露尿道乳头,站立时不能自行缩回;当阴道全脱出时,子宫颈外翻,呈轮胎状,表面光滑,质地较柔软。

3. 子宫脱出　一侧子宫角完全脱出时,外观呈不规则长圆形囊状;两侧子宫角连同子宫体全部脱出时,脱出物外观呈"Y"形。脱出物呈粉红色,质地松软,表面不光滑,有皱褶,有时可能还附有胎衣碎片。

4. 阴道肿瘤　母獒的阴道肿瘤种类较多,最常见的是传播性性病肿瘤。肿瘤呈红色或灰白色菜花状,有蒂,突出于阴道壁,与周围阴道组织界限清楚,质脆,易脱落,脱落处出血。可发生于阴道壁的任何部位,多位于阴道前庭。肿瘤数量、大小不等,较小时一般不容易被发现,较大的肿瘤脱出于阴门外,造成机械性不适,患病藏獒常舔舐阴部,阴门常有少量淡红色血样或脓血样液体排出,易与母獒正常发情相混淆。

5. 小肠阴门脱出 脱出物为小肠,穿刺有时可抽出肠内容物。

6. 膀胱阴门脱出 脱出物表面光滑,外观呈粉红色的圆球状,随时间的推移,脱出物逐渐膨大,穿刺可抽出尿液,膀胱脱出时膀胱颈发生捻转,患病藏獒出现尿闭。

7. 两性畸形 性别介于雌、雄两性之间,出生时通常被认为是雌性犬,性格温驯,其外生殖器官与雌性犬无异。性成熟后,体格一般要比正常的雌性犬大,且似雄性,喜欢攻击斗殴。性成熟后的犬可见阴道内脱出一杆状物。两性畸形犬会出现发情症状,对公獒有性吸引力,阴门肿胀,但无生育能力。

【诊 断】 通过病因调查结合临床症状进行综合判断。

【防 治】

1. 预防 加强饲养管理,妊娠和配种时注意运动量,避免过于肥胖。在母獒配种、分娩、难产助产时防止阴道、子宫的损伤和感染,做好消毒工作,避免母獒感染钩端螺旋体、支原体、布鲁氏菌、滴虫等。对诱发本病的阴道增生、阴道肿瘤、尿道炎、子宫内膜炎、便秘、尿闭、胃肠臌胀、腹泻等要及时治疗。妊娠后期的母獒禁止剧烈运动。此外,在交配过程中强行使犬分离以及小型犬种与大型犬种交配导致的阴道脱出要及时进行治疗。遗传方面注意一些短头品种的藏獒易患阴道脱出。

加强对分娩后2～3天藏獒的护理,及时给予营养丰富、易消化的肉汤,运动不足、经产的老龄藏獒、胎儿过大或羊水过多、子宫过度扩张导致松弛、分娩后阴道受过度刺激、努责剧烈等引起的子宫脱出要及时治疗,避免助产时过度牵引引起子宫脱出。

2. 治　疗

（1）阴道增生　采用整复方法不能将其还纳于产道内。对于繁殖母獒，轻度增生可通过应用孕激素（如醋酸甲基孕酮、黄体酮、睾酮等）来对抗雌激素的作用而减轻本病的发展，严重增生或当脱出的肿块擦伤和感染时则需手术切除。对非繁殖犬则可施行卵巢子宫切除术，能彻底避免复发。

（2）阴道脱出　轻度的阴道脱出在清除病因后可自行恢复。脱出严重者，可通过整复方法将其复位。首先用2%新洁尔灭溶液或0.1%高锰酸钾溶液将脱出物充分清洗、消毒后，使患病母獒处于前低后高姿势，然后将脱出物涂上灭菌润滑剂向阴门内托送整复。为防止再次脱出，整复后可做阴门固定缝合或阴道侧壁与臀部皮肤的固定缝合术。整复困难的，可行外阴上联合切开术或剖腹牵引子宫整复术。如脱出的阴道因长期暴露在外，阴道严重出血、感染或坏死，必须采用阴道截除术。妊娠母獒患阴道脱出可引起分娩困难，必要时也可做阴道部分切除术。非繁殖用种犬可做卵巢子宫切除术。

（3）子宫脱出　采用整复方法可将其还纳原位，对部分脱出的子宫可经阴道整复还纳。将脱出物充分清洗、消毒后，在表面涂上灭菌润滑剂，提高后躯，用手指推回脱出的子宫，同时用另一只手从腹壁上将子宫向前方拉。为了预防整复后再脱出，可在阴道内填塞以纱布卷制成的阴道塞，放置1～2天。也可在阴门周围进行荷包缝合，2～3天后拆线。对完全脱出或脱出部严重淤血、水肿，不宜经阴道整复的犬，可剖腹牵引子宫进行整复。整复后投予抗生素和子宫收缩剂。当脱出时间长且脱出子宫严重感染、坏死、损伤或难以还纳以及反复脱出时，可做卵巢子宫切除术。

（4）阴道肿瘤　阴道肿瘤不可整复，但可通过手术切除肿瘤，同时配合药物化疗。由于性传播性肿瘤大小不一，手术治疗很难确保肿瘤切除干净，所以手术后配合化学药物进行治疗效果更彻底。一般选用硫酸长春新碱静脉注射,每周 1 次,一般治疗 3～6 周即可。在化疗期间注意进行白细胞的监测。在肿瘤未治愈前,该母獒不可再用于繁殖。

(5)小肠阴门脱出　本病需通过手术方法进行整复。脱出物清洗消毒,然后在母獒耻骨前缘的腹中线上切口,手指伸入将脱出肠管从子宫破裂处牵引回腹腔,再将子宫体破裂口进行缝合。对损伤严重的肠管可进行肠管截除术。如果子宫损伤严重或不再留做种用的母獒可同时进行卵巢子宫摘除术。

(6)膀胱阴门脱出　本病可通过整复方法还纳原位,治疗方法基本同小肠阴门脱出。但在整复前应先将膀胱内尿液抽净,以免在整复时由于用力而致膀胱破裂。对于出现尿闭的犬应注意纠正尿毒症症状。

(7)两性畸形　脱出物不可整复,可通过手术方法切除。

【护　理】　科学规范饲养,积极预防原发病的发生。手术后的护理主要以止痛、消炎为主,患病期间佩戴伊丽莎白项圈或颈枷,防止患病藏獒自残。每天进行伤口的处理和监护,并给予易消化吸收的营养丰富的食物,对雌激素过多引起的阴道脱出,护理的重点是防止藏獒自残,并及时冲洗阴道脱出物并保持阴道黏膜的湿润和清洁。阴道整复后及时进行术后的护理,护理期间将藏獒置于干净、通风良好的房间中单独护理,避免因吠叫引起腹内压升高,造成手术失败。对阴道水肿在阴门上临时缝合的患病藏獒,一般在术后 1 周以后拆除缝合线。因排尿困难而留置导尿管的,术后要密切观察,以防脱落。阴道肿瘤治疗时要进行白细胞总数的检测,避免白细胞过低引起并发感染。

假　孕

藏獒是季节性单次发情动物,每年立秋后进入繁殖季节,每个繁殖季节仅出现 1 次发情。根据母獒的发情征候和对公獒的反应,发情周期一般分为发情前期、发情期、发情后期和乏情期。如果妊娠,黄体在整个妊娠期都发挥功能。未交配或交配未孕,黄体功能也维持近似妊娠期的时间。这就是说,藏獒没有黄体溶解机制,不需要胎儿来延长黄体寿命,切除子宫不会影响黄体寿命,未孕时发情后期的时间与妊娠期相近,血液中孕酮水平的变化范围与妊娠期相似,在发情后期之后,藏獒进入很长的乏情期,在乏情期期间卵巢处于完全休止状态。由于黄体期较长,藏獒在每一黄体期都伴随着一定程度的乳腺发育,因此有人将正常的未孕獒黄体期称为生理性或隐性假孕。由于不同品系或个体的母獒在发情后期乳腺发育的程度不同,因此出现明显假孕临床症状的才认为是发生了假孕。

【病　因】　发情周期促乳素分泌过多;病犬对内分泌变化敏感,包括孕酮的逐渐降低及促乳素的适度升高;外源性孕酮导致假黄体期发生;由于发情间期进行卵巢摘除术,停止孕酮治疗时,先天性或由前列腺素所致的黄体溶解,抗孕酮药物的治疗,导致孕酮消退;垂体微腺瘤可能引起先天性高促乳素血症;其他刺激如仔獒的寄养或视觉的、自然的或社会因素,均可导致促乳素反射性过高。

【临床症状】　由于发情周期的特殊性,50%～75%的母獒在发情后期结束时出现假孕表现。在临床上可见未孕母獒体重增加,乳腺胀大并能泌乳,乳汁性质可由清亮液体至乳汁样变化不等。通常表现喜欢饮水,食欲不佳,急躁不安,寻找暗处做窝,有时出现呕吐、多尿等症状。症状明显的母獒假孕,在临床上表现三大特征,即行为上的变化、乳房的增大以及泌乳,这似乎更像母獒产后的表现。因此,用"乳溢"一词来描述犬的这种状况更为贴切。藏獒的发情期长,交配时间长,子宫颈也相应地长时间处于开放状态,增加了子宫感染的风险。藏獒在发情期没有做好卫生消毒,或配种不当,或公獒生殖器官感染,导致子宫感染,触诊腹壁可感觉子宫增长、变粗。所以,藏獒发生子宫积液和子宫蓄脓的概率较高,发生假孕的母獒有时会伴随生殖道疾病。

【诊　断】　假孕可根据临床表现进行诊断。由于犬主有可能不清楚确切的交配时间,所以应考虑是否妊娠。应对可疑病例进行超声波或X线检查,对于子宫蓄脓或流产的病犬,可通过腹部超声波和X线诊断,再配合红细胞计数、阴部检查等做出确诊。应当注意的是,假孕可与其他繁殖或非繁殖疾病混合发生,这会增加诊断的难度。同时,还应考虑高促乳素血症,虽然它很少发生于藏獒,但甲状腺功能减退是藏獒常发的一种内分泌疾病,它能引起促甲状腺素释放激素分泌增加,而促甲状腺素释放激素又能引起促乳素的释放。另外,垂体微腺瘤、肝肾衰竭、性腺类固醇及兴奋神经药物的使用也可引起高促乳素血症。

【防　治】

1. 预防　加强饲养管理,提高母獒机体的抵抗力。饲喂 β-胡萝卜素,或在发情期前(一般在立秋后)的饲料中加入维生素 A。进行宫内人工授精,适时配种,可以提高母獒的受胎率,从而有效地避免假孕。对于不用于繁殖而且常发生假孕的母獒,可以考虑进行去势手术,摘除卵巢是唯一的永久性预防措施

2. 治疗　母獒假孕是一个生理性的过程,对于症状较轻的母獒可不予理会,临床症状明显或严重时才进行治疗。促乳素对假孕母獒临床症状的出现和维持或许起一定作用,促乳素水平升高明显的犬临床症状明显,降低血液中促乳素浓度或许可以减轻假孕的临床症状。母獒假孕多用对症治疗来减轻临床症状,传统方法是使用类固醇激素,近年来多使用促乳素抑制剂和五羟色胺拮抗物,特别是多巴胺受体激动剂使用较多。

卡麦角林,每次每千克体重 5 毫克,每天 1 次,连用 6 天;甲麦角灵,每次每千克体重 0.1 毫克,口服,每天 2 次,连服 8~10 天,对假孕有较明显的作用。乳腺充盈时千万不要挤出乳汁,因为这

样只会刺激泌乳。

雄激素如甲睾酮,主要是通过对抗雌激素、抑制促性腺激素分泌而起到回乳的作用,母獒剂量为每千克体重 1 毫克,肌内注射。

孕激素如醋酸甲地孕酮和醋酸甲羟孕酮,可能是通过抑制促乳素释放或降低组织对促乳素的敏感性而减轻症状,但停药后假孕症状可复发。

可利用前列腺素加速黄体的溶解作用,每次 0.05 毫克,肌内注射,可终止犬的假孕。

【护　理】　患有假孕症的母獒,在疾病治疗期间,要禁止用手挤乳,或对乳房进行热敷等物理疗法。为防止母獒舔吸自己的乳汁,可以用伊丽莎白项圈或颈枷进行保定,以促进假孕尽快康复。

难　产

分娩过程中胎儿不能顺利产出,分娩时间明显延长的称为难产。难产的发生可因藏獒的品系、胎儿的体况及外界因素的影响而各异。一般来说,纯种犬较杂种犬多,不运动或少户外运动的藏獒较户外运动多的藏獒多,初产藏獒较经产藏獒多,喧闹嘈杂状态下分娩的藏獒较安静状态下分娩的藏獒多等。

【病　因】

1. 母体因素

(1)产力不足　推动胎儿从子宫内娩出的力量称为产力,导致母体产力不足的主要因素有以下几种:①饮食不合理,饲料配方不当,缺乏必需的矿物质、维生素、微量元素等,且母獒过度肥胖,缺乏运动。②年老体弱、怀胎过多或分娩时伴有其他疾病(如子宫内膜炎等)。③其他因素,如分娩时外界环境对妊娠犬影响;嘈杂及陌生环境使之精神紧张;缩宫素使用时机不当或过频、过量;过早地实施人工助产,过度压迫腹壁,老龄犬体弱产力不足等。

(2)产道狭窄　临床主要分为以下几种:一是子宫颈口狭窄,

二是骨盆狭窄,三是外阴部狭窄,四是膀胱积尿。另外,还有异位妊娠即宫外孕等。

2. 胎儿因素 分娩时胎儿过大、胎儿发育异常及胎儿在产道中的位置和姿势异常,两个胎儿同在子宫体中,都可导致难产发生。

【临床症状】 由于母体因素引起的难产,一般患病藏獒后躯被羊水污染而潮湿、污秽,频繁起卧,坐立不安,频频努责,痛苦呻吟,产程较长的体温升高,躺卧不愿活动。生产过程阵缩和努责次数减少、持续时间缩短,母獒努责力量明显不足,且羊水已流出约2小时以上,多为原发性子宫乏力性难产。因胎儿因素引起的难产有2种情况:一是正位分娩时胎头过低或过高,颈部屈曲,头部转向侧方。胎头过大或畸形,两前肢屈曲不能进入产道。二是倒位分娩时两后肢屈曲,不能进入产道。或一后肢于盆腔内,另一后肢于盆腔外,两后肢分开。胎头过大时,躯体虽已产出产道外,但胎头仍未通过子宫颈口或骨盆腔及外阴。如果外阴处有绿色分泌物,则表示母仔胎盘已分离,常见于产道狭窄和胎儿过大、胎儿异常等情况。腹部触诊或 X 线检查分娩 1 个或几个胎儿后,经过 4 个小时无分娩动作,但子宫中仍有胎儿的多见于子宫收缩无力性难产。胎儿发育过大性难产多发生于初产母獒,一般妊娠期超过 70 天且胎儿仍然活着。经产母獒妊娠期超过 70 天的也可发生胎儿发育过大性难产。有时藏獒分娩时间可延长至 72 小时,有极少数母獒仍能产出活的仔獒,但大多数母獒发生难产和胎儿死亡现象,故分娩超过 12 小时仍无分娩动作的母獒最好做临床检查,必要时进行剖宫产手术且预后谨慎。

【诊 断】 根据病史及临床症状即可做出确诊。测试母獒体温、脉搏、呼吸,然后进行指检,将食指涂灭菌润滑剂后,缓慢伸入阴道内,仔细检查产道的松弛情况、子宫颈口的开张情况、骨盆的大小及胎儿在骨盆腔前口所处的位置、姿势及宫缩情况等,通过初步检查,可大致判定难产的类型及母体的状况。必要时进行 X 线检查或 B 超检查。

【防　治】

1. 预防　加强饲养管理,适当加强妊娠母獒的运动量或营养。对母獒妊娠期前 45 天要加强营养,45 天以后要逐步减少食物的摄入。防止当年母獒过于肥胖或过早配种,对因胎儿因素引起的难产要做好助产工作。注意妊娠后期要让妊娠母獒进行适量的运动。

2. 治疗　本病的治疗原则是根据难产原因制订助产方案,助产包括药物催产和手术助产两类。

(1)保守治疗　适于妊娠母獒产道通畅,子宫内胎儿数量不多,仅是由于产力不足而导致难产时使用。

①合理使用缩宫素　小剂量缩宫素可使子宫肌有节律地收缩,大剂量缩宫素则使子宫肌呈强直性收缩,因此临床上使用时,应视犬的体重大小,用 1～5 单位缩宫素混于 5% 葡萄糖注射液 100 毫升中,每分钟 10 滴,观察子宫收缩 15～30 分钟,视宫缩情况而增减滴数和浓度,缩宫素的最大剂量不应超过每次 10 单位。宫缩时间应控制在 3～5 分钟,宫缩过频或持续时间过长会导致胎儿在子宫内缺氧而窒息死亡。

②人工助产　助产时助产者应将右手食指伸入产道,检查并纠正胎儿的位置及姿势,然后以左手适当压迫腹部,给予加压,并感觉胎儿的移动情况,若轻度加压后胎儿移动性很差,且未进入骨盆腔时,应禁止强行加压,以免子宫破裂或胎膜破裂。藏獒的正常胎位是嘴部和两前肢朝外,俯位或仰位产出,常见胎位不正的人工助产方法如下。

肩部前置:手指沿胎儿颈下部插入,摸到肘部时,将一前肢或两前肢拉出,然后助产。

颈侧弯或仰生:一前肢或两前肢进入产道,头弯于躯干一侧或卡在耻骨上。助产者可将手指伸入产道,触及胎儿头部插入口腔,调整胎位,固定胎儿的手用力向后推,插入胎儿口腔的手用力外拉,两手配合取出胎儿。这类病例过去通常采用止血钳夹住胎儿,然后将胎儿分解后取出,这样易造成子宫和阴道损伤、出血,将手插入口腔取出胎儿,既安全,效果又好。

荐部前置:通过触诊可触到尾部,手指感到圆滑而柔软的臀部,但摸不到后肢,推尾部回腹腔,再整复成倒生状态即可。

仰位倒生:通过触诊可触到尾部,摸到后肢,但胎儿呈仰位,整复成卧位倒生状态即可。

肘部、膝部前置:通过触诊可触到肘部或膝部,先回推,再整复成正常状态即可。

(2)手术治疗　及时采取剖宫产手术。

①适应症　阵缩或努责逐渐减弱,临床检查确定为胎位不正及产道狭窄,不能正常娩出时;母獒超过预产期(正常为58~63天)仍无分娩征兆,疑有胎儿死亡、木乃伊胎;母獒体过于肥胖、胎儿过大,为防异常情况以保母仔安全时;由于种种原因引起的产力不足,运用子宫收缩药物诱发阵缩无效,触诊母獒腹中确有胎儿的均可及时进行剖宫产手术。

②手术方法

麻醉:用846合剂以每千克体重0.04~0.1毫升的剂量进行麻醉,肌内注射用药后约有80%的犬在3~5分钟后有轻微的呕吐现象,一般在8~15分钟后进入麻醉状态。

手术定位:常采用左侧横卧保定(因为犬通常采用右侧睡卧姿势),在左侧腹壁切口,切口部位在股骨头和最后肋骨引一水平连线中点,垂直做一长8~12厘米的切口。

手术操作:在切口部位覆盖灭菌创巾并用巾钳固定,依次切开皮肤、腹外斜肌、腹内斜肌、腹横肌,暴露腹膜,充分止血后剪开腹膜打开腹腔。

术者手伸入腹腔将子宫缓慢拉出切口，在子宫与腹壁之间用大块纱布填塞，盖好切口周围，在子宫角大弯靠近子宫体处，避开血管和胎盘做 4～6 厘米长纵向切口。

　　术者两手指由子宫切口伸入，将切口附近的胎儿连同胎衣一起拉出，迅速扯破胎膜，擦净胎儿口、鼻和面部黏液，结扎脐带，用纱布或棉絮等包裹起来，放于干燥、温暖的地方。术者另一只手在子宫外面向切口方向压迫捏挤帮助移动胎儿，依次拉出同侧子宫的全部胎儿。用同样的方法将对侧子宫角的胎儿推到子宫切口处取出，如另一侧子宫角内的胎儿取出困难时，可再做一子宫壁切口，将胎儿取出，把子宫内胎儿胎衣全部取出后，挤压两侧子宫角以排出残留的胎水、血液及胎衣碎片，向子宫内撒入青霉素 160 万单位、链霉素 100 万单位。

　　清理子宫壁切口，将切口两侧边缘对齐，用羊肠线或可吸收缝合线做连续全层逢合子宫切口，再做浆膜肌层水平内翻包埋缝合，取出填塞覆盖创口的纱布，用生理盐水冲洗子宫后，还纳入腹腔，使其恢复原来位置，腹腔撒布青霉素 160 万单位即可。

　　用羊肠线或可吸收缝合线连续缝合腹膜，皮下脂肪和肌肉用 7 号丝线连续缝合，用 10 号丝线做皮肤结节缝合，切口涂以 5％碘酊，外用纱布覆盖防止伤口撕裂、污染。

　　手术结束后，若犬苏醒，能够站立行走，精神状况尚可，只需常规抗菌、消炎护理 3～5 天；若麻醉过深、长时间未苏醒时，可注射苏醒灵 3 号(1∶1)或苏醒灵 4 号(0.5∶1)进行催醒，对病情严重的藏獒给予强心、补液；对体质较差、难产时间长、子宫收缩弛缓、子宫内有残留胎膜及坏死组织的病獒，为防止败血症发生，可用缩宫素配合输液、抗菌、消炎进行治疗。术后母獒给予易消化的食物，一般在减食 2～3 天后方可正常喂食。

　　【护　理】　掌握母獒初配月龄，防止过早交配，初配不可早于第一次发情，在第三次发情进行配种为宜，因为此时母獒身体发育已经成熟,此时配种既有利于母体健康,又有利于胎儿的发育,获得健康的仔獒。选配要合理,就体型大小而言,正确选配的原则是大犬配大犬,大犬配中犬,中犬配小犬,如以大犬配小犬,会导致胎儿过大造成难产。加强妊娠犬的饲养管理,要保证母獒妊娠期间的营养平衡。妊娠母獒要进行合理运动,这是不可缺少的,但运动要适度,一般是妊娠前期每天运动 2 小时,妊娠后期每天 3 小时左右,临产前 2~3 天可在室内运动。药物助产时要随时观察母獒的表现,对于产道异常,胎儿胎向、胎位、胎势异常的,或胎儿死于子宫内时间过长的要禁用药物催产。

对难产的护理根据病因不同,其护理内容也有所不同。药物治疗难产时,助产人员要用手指有节奏地按压阴道上壁,刺激子宫反射性的收缩,以排出胎儿。当母獒努责停止时,可给予饮水和食物,必要时让母獒进行排尿和排粪。密切观察母獒生产情况,包括胎儿和胎盘排出的情况,对母獒不能使胎儿复苏时,要对新生仔獒进行人工复苏,在胎儿出生 1~3 分钟内,用手撕开胎膜,吸出或擦去胎儿口腔和气管中的液体,避免吸入胎粪和胎水;将胎儿头部和身体包裹在毛巾中,头部朝下缓慢摇动胎儿,用毛巾按摩胎儿的头部和胸部,刺激胎儿呼吸,必要时采用正压通风装置或面罩给氧。要让新生仔獒尽早吃入初乳,并将其置于温暖、湿度适宜的环境中,保持全身干燥。对于母獒无初乳的,应立即给仔獒口服葡萄糖粉。

药物治疗 4 小时未见效果的难产应尽快采取剖宫产手术,手术后的母獒要加强护理,密切观察母獒伤口的愈合情况,24 小时监护。在哺乳期间,严防新生仔獒在伤口处钻挖。必要时,让母獒定时哺乳,实行母仔短时分离,以尽快使母獒恢复。母獒乳汁分泌不足的,可用保姆犬进行代乳。

产后低钙血症

产后低钙血症是母獒分娩后常发的一种代谢性疾病,常发生于分娩后的小型犬,藏獒也有报道发生。临床上以发病突然、高热、呼吸急促、肌肉强直痉挛、运动失调乃至倒地抽搐为特征。本病又称产后痉挛。

【病　因】　据调查,发病母獒大多以肉类食物为主,肉类食品中钙、磷比例不平衡,而犬饲料中钙、磷比要求在 1.2～1.4∶1。因此,长期饲喂钙、磷不平衡的饲料或缺钙的饲料势必影响母獒钙的吸收。同时,妊娠、哺乳期间,仔獒的生长发育需要母獒供给大量钙,如果饲料中钙的供给不足以补充消耗量,或在某些病理条件下,如甲状旁腺功能减退时,不能从骨髓中动员钙以恢复血钙水平,从而使神经、肌肉兴奋性过高,都能引起产后低血钙症。发病母獒年龄多在 3 岁以下,4 岁以上母獒少发。另一特点是发病藏獒如在妊娠、哺乳期间不改善饲料结构,补充足够的钙和维生素 D_3,则下胎复发的可能性较大。只要仔獒尚在哺乳,母獒就有发病的可能。本病一旦发生,确诊后应立即治疗,方可提高治愈率,首选药物为钙制剂。如仔獒需继续哺乳,母獒应连续用药 2～3 次,并注意补给维生素 D_3,饲料中添加钙片或骨粉等。补液时要添加维生素 B_1,以调节神经功能,同时为防止低血糖,可加入 50% 葡萄糖注射液 10～20 毫升,以提高治愈率。静脉注射 10% 葡萄糖酸钙注射液时,应缓慢注射并注意监测心脏变化,以防心率加快和心律失常,引起心力衰竭而突然死亡。

【临床症状】　本病常在分娩后 1～3 周内或偶见在妊娠后期和分娩过程中突然发病。开始时病獒运步蹒跚,后躯僵硬,步态强拘,以后表现不安,头部肌肉颤动,颈、胸、腹、腰部肌肉强直性痉挛,站立不稳,倒地,呼吸急促,眼球向上翻动,眼睑不断地开张和闭合,口角处常附有白色的泡沫。对外界刺激表现敏感。体温多在 40℃～42.5℃,心音亢进。发病后经治疗症状很快缓解或消失,如不坚持治疗,则数小时或数天后可重新发作,第二次发作的症状比第一次更为明显。病犬在发病间歇期不表现任何病状。本病预后良好,但若不及时治疗,可能会遗留瘫痪后遗症,甚至窒息而死。

【诊　断】　母獒产后缺钙症的诊断,主要通过问诊及临床检查,即可做出初步诊断,也可通过血液生化检测进行诊断。血液生化检测可见血清钙多数为 4.1～7 毫克/升(正常为 9.3～11.7 毫克/升),血清无机磷为 1.86～3.91 毫克/升(正常为 2.7～5.7 毫克/升),血清碱性磷酸酶活性升高达 43～116.9 金氏单位/100 毫升(正常为 6.4～8.3 金氏单位/100 毫升)。

本病症状与中毒病、神经性犬瘟热、癫痫症状相似,应加以鉴别。

中毒性疾病常为群发性,各种年龄的藏獒均在相同的时间发病,体温或高或低,有阵发性痉挛,神志不清,解毒治疗后症状减轻。

神经性犬瘟热常见于各年龄的藏獒,无性别差异,体温或高或低,阵发性痉挛,治疗后症状不减轻,犬瘟热病毒检测呈阳性。

癫痫常有家族史,发作时口吐白沫,痉挛抽搐,头部后仰,发作后同正常藏獒一样,仅有精神委靡、乏力症状。

产后低钙血症仅见于产后分娩的母獒,病獒体温明显升高,持续性痉挛,输入钙制剂后症状消失或减轻。

【防　治】

1. 预防　在母獒妊娠期可预防性投服维丁钙片、鱼肝油以及一些含钙、磷、维生素 D 丰富的食物。产前严禁单纯补钙,要使用钙、磷平衡饲料或妊娠期犬粮饲喂,将发病母獒与仔犬隔离,人工定时哺乳仔犬。10 日龄以后的幼龄獒犬可结合人工哺乳,以减轻母獒的负担,促进其康复。哺乳期母獒宜饲喂哺乳期专用犬粮。

2.治疗　以补充钙质、镇静为治疗原则。

（1）补充钙剂　静脉注射 5％葡萄糖注射液 200 毫升、10％葡萄糖酸钙注射液 10～30 毫升。注射后 5～10 分钟,痉挛症状明显缓解,12 小时后重复注射 1 次,共注射 2～3 次。也可同时肌内注射维生素 D_3 或维丁胶性钙注射液。

（2）镇静抗痉挛　经补钙后症状无明显缓解者,可用氯丙嗪或戊巴比妥钠静脉注射或腹腔内注射,每千克体重 20～30 毫克。或静脉注射硫喷妥钠,每千克体重 15～17 毫克。抗痉挛的治疗可用 25％硫酸镁注射液静脉滴注。

【护理】　对患病的母獒除了输入钙制剂以外,还应对高热和低血糖进行检测和纠正,密切观察心率,对继发的脑水肿症状进行对症治疗。间隔数日后检查血钙浓度,并进行钙制剂的调整。对母獒因抽搐引起的体表擦伤要进行局部清理、消炎处理。

患病藏獒在治疗期间,要对仔獒进行单独护理,避免因母獒在疾病发作期间造成仔獒的意外死亡。

子宫蓄脓

藏獒子宫蓄脓是指藏獒的子宫腔内积聚大量脓液,并伴有子宫内膜异常增生和细菌感染的病症。根据子宫颈的开放与否可分为开放型与闭合型。本病多发于成年未经交配、妊娠、结扎（卵巢摘除）的母獒,且以 6 岁以上的中老龄母獒居多。患病藏獒在发情后 3～8 周内发病,可伴有长期的发情紊乱或子宫内膜炎病史。母獒易发生子宫蓄脓的原因主要是发情后雌激素分泌增多,使子宫内膜充血、变厚,再加上排卵后即使没有受胎,黄体也存在相当长一段时间并持续分泌孕酮,刺激子宫内膜囊性增生,此时子宫内膜易受外界微生物感染,容易形成子宫蓄脓。

【病　因】　内分泌紊乱,发情、配种、生产时的不洁行为引起细菌感染及长期使用类固醇药物等,均会引起子宫蓄脓。另外,外用雌激素治疗年轻藏獒有时会产生急性子宫蓄脓或急性子宫内膜炎。

【临床症状】 藏獒子宫蓄脓的临床症状与子宫内蓄脓的时间长短有关,主要症状为:患病藏獒精神不振,厌食,一般体温正常,发生脓毒血症时体温升高,后期甚至降低。有时呕吐,腹泻,喜饮水,多尿。腹围增大,尤其是闭锁型子宫蓄脓病例,临床上常出现腹部膨大现象,触诊腹部可感知充盈的子宫角。闭锁型的子宫蓄脓,由于自体中毒,常出现休克、死亡。开放型病例阴道时常流出灰黄色或红褐色脓液,有腥臭味,在这种情况下腹触诊有时腹围并不增大,但可感知变粗的子宫角。跗关节常有污秽的排泄物黏附。

子宫蓄脓的病原常为大肠杆菌,大肠杆菌感染子宫后,由于产生大量的内毒素,造成机体毒血症和器官组织的损伤,临床上出现等渗尿、蛋白尿等。严重的子宫蓄脓如治疗不及时或用错误的方法治疗,可以造成子宫溃疡或子宫穿孔,引起患病藏獒贫血、肾小球肾炎、毒血症,临床血液常规检查白细胞总数增加,核左移,嗜中性粒细胞增多。严重感染时,嗜中性粒细胞呈现核右移,出现多量的嗜中性粒细胞中毒颗粒。

【诊　断】 依据临床症状、血常规化验,结合 X 线或 B 超检查进行综合判断。

1. 血液学检查 患病藏獒白细胞一般升高,嗜中性粒细胞增多,核左移。

2. B 超检查 腹部剪毛后涂耦合剂,经过 1～3 分钟的探查即可做出正确的诊断。发生子宫蓄脓时,在病犬子宫区可见多个圆形低回声区,呈现比膀胱的尿液回声强的超声影像。蓄积血液或分泌液时与尿液的回声近似,但存在多个低回声区,并且子宫壁比膀胱壁厚,很容易和尿液相区别。

3. X 线检查 应同时拍正位和侧位摄片各 1 张,以综合判断蓄脓子宫的大小和位置。病獒发生子宫蓄脓时,从 X 线摄片可见腹中部和下部有香肠样的均质液体密度。

【防　治】

1. 预防　鉴于本病在母獒生殖系统上的重要性,建议成年母獒如不做种用应尽快考虑做结扎术,以减少本病的发生。在做结扎手术时要采用欧美等发达国家推荐的卵巢-子宫全切除术,避免留下残余组织,引起再次发情、妊娠和子宫蓄脓的可能。

2. 治疗　母獒子宫蓄脓常见的治疗方法有保守疗法(主要是激素治疗)和手术疗法2种,其中手术疗法是首选的治疗方法。

(1)保守疗法　治疗原则是促进子宫内容物的排出及子宫复旧,控制和防止感染,增强机体抵抗力。开放型子宫蓄脓可注射缩宫素或前列腺素类药物促进脓液排除,全身使用抗生素和补充体液,纠正酸碱平衡失调。治疗闭锁型子宫蓄脓病例,可先用雌激素扩张子宫颈,敏化子宫,再肌内注射缩宫素。一般不主张冲洗子宫,原因是冲洗液很难完全排出,反而进一步加速感染的扩散。

子宫蓄脓的第一次恢复一般预后良好,少数病愈母獒可配种受孕,但多数易在2年内复发。目前治疗上应用最多的激素是氯前列烯醇(PGF$_2$),并多同时应用抗生素如链霉素、庆大霉素、先锋霉素等。另外,用激素治疗有一定的副作用。例如,按治疗量(每次25毫克)使用,多在注射后30分钟内出现流涎、不安、呕吐和腹泻等症状,而小剂量(每次20毫克)使用虽可以促进子宫内容物的排出,但治愈率不高。更好的治疗用激素类药物是抗孕素-18-甲基-三烯-高诺酮,即23号避孕药,剂量为每千克体重10毫克,不影响卵巢功能和乳腺的发育,未发现有副作用。

还可口服"康乃馨"抗宫炎片,每次2～3片,每天3次,连用7～10天。口服中药生化汤或益母草膏,也有较好的疗效。

(2)手术治疗　用犬眠宝以每千克体重0.15～0.2毫克做全身麻醉,然后仰卧保定。术部常规剪毛、消毒,于耻骨前缘至脐部正中线做6～10厘米切口,按常规依次分层切开腹壁,即可见两支充盈膨大的子宫角。将两支子宫角小心牵引至腹腔外,用消毒纱布将切口与子宫周围隔开。双重结扎子宫动脉和卵巢动脉,在距阔韧带附着缘1厘米处集束结扎子宫阔韧带,然后切断子宫阔韧带,结扎卵巢悬韧带后切断。用肠钳夹子宫颈,在其前方相距约2厘米处,用另一肠钳夹住,在前方肠钳的后方剪断子宫。断端用灭菌生理盐水冲洗后,用灭菌纱布擦干,撒布氨苄西林粉,将子宫断端连续缝合,再内翻缝合,还纳腹腔。依次缝合腹膜及各层组织、皮肤,关闭腹腔。修整创口,使新鲜剖面相对,涂布碘酊,装置绷带,肌内注射等量苏醒灵4号复苏。

术后静脉注射5%糖盐水250毫升、头孢曲松钠0.5克、维生素C 0.5克、维生素E 60毫克、地塞米松2毫克、左氧氟沙星50毫升(0.1克);皮下注射拜有利1毫升,连续用药5天。伤口保洁并每天用2%碘酊消毒3~5次,防止伤口感染。术后3天给予流质食物,8天后拆线。

【护 理】 患闭锁型子宫蓄脓的藏獒,常因子宫内毒素的吸收,表现自体中毒现象,立即手术进行子宫卵巢的全切术尤为必要。手术前和手术后要进行体液的补充,术前和术后给予广谱抗生素治疗7~14天,术后2天后给予流质食物,密切观察术后藏獒的恢复情况(包括伤口的愈合以及体温、食欲等情况)。患开放型子宫蓄脓的藏獒,采用保守治疗时应注意藏獒的年龄和全身机体的状况,一般老年母獒同时伴有其他疾病的、机体有自体中毒的、子宫感染严重且子宫颈闭锁的、呼吸衰竭的藏獒均不适宜使用保守疗法。保守疗法常见的副作用有呕吐、腹痛、唾液增加、不安、心动过速等,而且在以后的发情期有可能复发。

第七章　藏獒神经系统疾病的防治与护理

脑　炎

　　脑炎是指藏獒由于感染性和中毒性因素侵害,引起脑实质的炎症,广义的脑炎包括各种脑部感染和脑病,根据病灶的性质分为化脓性脑炎和非化脓性脑炎。

　　【病　因】　导致脑炎的主要原因是内源性和外源性感染,亦有中毒性因素引起的。化脓性脑炎主要由头部创伤、邻近部位的化脓灶波及、化脓菌如链球菌、葡萄球菌、肺炎球菌等经血源性转移引起。

　　1. 病毒性因素　常见的有狂犬病病毒、伪狂犬病病毒、疱疹病毒、流感病毒、犬细小病毒、犬传染型肝炎病毒等。

　　2. 细菌性因素　包括各种需氧菌、厌氧菌,常见的有链球菌、葡萄球菌等。

　　3. 原生动物感染　主要由弓形虫病、巴贝斯焦虫病等引起。

　　4. 中毒性因素　主要由铅、汞、氟乙酸钠、杀鼠剂、饲料霉变中毒引起。

　　5. 寄生虫移行　主要由一些线虫的幼虫、囊尾蚴等引起。

　　另外,饲养管理不当、受寒、感冒、中暑、卫生条件差可以促进本病的发生。

　　【临床症状】　根据病程和患病部位的不同,主要表现为不定性的神经症状。病初藏獒表现为兴奋,行为异常,触摸犬只体表,藏獒有时发出嚎叫。有不同程度的发热、食欲减退或降低,常有惊厥,眼球震颤,咬肌痉挛,流涎。功能性丧失引起各种程度的麻痹,共济失调，轻瘫或瘫痪。

前脑脑炎主要表现为抽搐、视觉障碍和严重的感觉迟钝，患病藏獒常常卧地不起、狂吠等。

小脑脑炎主要表现为吞咽困难和知觉障碍。

脑脊髓脑炎主要表现为颈部疼痛和僵硬。

【诊　断】　根据一般脑炎的症状和共同症状，可做出初步诊断，血液生化检查可以对系统或其他器官的疾病进行诊断，脑脊液的检查分析有助于进一步的确诊。

【防　治】

1. 预防　避免藏獒接触有毒化学药物，对易引起脑炎的狂犬病、伪狂犬病、钩端螺旋体病、弓形虫病等要及时治疗。

2. 治疗　本病的治疗原则是加强护理，降低颅内压、抗菌消炎、对症治疗。

病毒性脑炎无特效治疗药物，细菌性脑炎可用易通过血脑屏障的药物，如高渗透性药物甲硝唑、磺胺嘧啶等进行治疗。脑炎或脑脊髓炎时可用氨苄西林以每千克体重 10 毫克的剂量，静脉或皮下注射。细菌性脑炎、原生动物性脑炎、立克次体性脑炎需要长时间的治疗。

镇静可用盐酸氯丙嗪，每千克体重 1～2 毫克，静脉或肌内注射。也可用苯巴比妥，每千克体重 2～5 毫克，口服，每天 3 次。

为降低颅内压，降低脑水肿，可用 20% 甘露醇注射液静脉注射，常用剂量为每千克体重 5 毫升，20 分钟内输完。

中药治疗可用下列方剂：生石膏 20 克，黄连 10 克，天花粉 10 克，菊花 10 克，黄芩 10 克，知母 10 克，大黄 10 克，黄柏 10 克，栀子 10 克，滑石 10 克，白芍 6 克，泽泻 5 克，茯苓 6 克，郁金 6 克，甘草 3 克。水煎服，每天 1 剂，分 2 次口服。病情严重、惊悸不安的，在方中加朱砂、柏子仁、天竺黄和酸枣仁 1～6 克；昏迷不醒的，加石菖蒲、车前子各 10 克；抽搐时，可加地龙、蝉蜕各 10 克；热象明

显时,除加大黄柏、黄芩的剂量外,另加大青叶、金银花各 10～20
克。

【护 理】 脑炎需要小心的护理,病毒性脑炎大多数是致命
的,一般治疗无效。细菌性脑炎的治疗需要几周、甚至更长时间的
治疗,需要犬主耐心的配合和良好的护理。有时脑炎虽已治愈,但
某些后遗症可能会长期存在。藏獒在患病期间,需要在安静、通
风、光线较暗的犬舍中休息,并给予肉汤、鸡蛋、牛奶等易消化的食
物,并供给充足的饮水。昏迷时,对头部进行冷敷处理。尽量减少
噪声、光线的刺激,护理人员要细致地照顾患病藏獒,排粪、尿失禁
的,要仔细梳理被污染的被毛,并经常给行动不便的藏獒身下垫敷
柔软的垫料,避免皮肤因尿渍形成溃烂、褥疮。

中　暑

中暑是日射病和热射病的总称,是由于日光直射或运输时环
境温度过高所导致的脑及脑膜充血和脑实质的病变。由于藏獒对
热的耐受性较差,因此在长途运输、饲养环境突然变更(从高海拔
地区突然到低海拔地区)、饲养长毛藏獒却无控温设备的地区常有
本病的发生。本病以体温升高、循环和呼吸障碍以及出现神经症
状为特征。

【病 因】 藏獒在夏季饮水不足;犬舍设计缺陷,过于狭小闷
热,无空调降温设备;运输过程中运输车厢密闭,过于拥挤,闷热;
南方地区环境温度高于藏獒的体温,热量散发受到限制,藏獒不能
维持机体的正常代谢,以至体温升高,体内积热,引起中枢神经系
统紊乱现象等,均可导致中暑。另外,过度肥胖的藏獒也易患中
暑。

【临床症状】 患病藏獒病初迅速出现脑功能迟钝和衰弱,精
神委顿,全身疲乏,四肢无力。病初结膜呈现红色,以后逐渐发绀,
瞳孔增大,皮肤灼热,大量流涎,呕吐,脉搏快速而弱,体温迅速升

高至41℃～42℃,呼吸急促、困难,心跳加快,末梢静脉怒张,口腔和舌面干燥。患病藏獒张口呼吸,出现呼吸浅表的症状,有时突然倒地,肌肉抽搐,痉挛或昏迷。有的藏獒则表现为神经症状,如站立时摇晃、步态踉跄,随后卧地不起,陷入昏迷状态。有的患病藏獒出现极度兴奋状态,狂奔冲撞。肺充血或肺水肿时,口腔中出现白沫或带血色的唾液。肾衰竭时,患病藏獒少尿或无尿,痉挛,最后出现昏迷、惊厥,肝、肾功能严重衰竭时可导致死亡。

【防　治】

1. 预防　藏獒有一定的耐热性,近几年由于饲养者对长毛型藏獒的偏爱,南方不少獒场开始养殖长毛型藏獒,但由于养殖环境常处于湿热状态,导致藏獒中暑的概率也相应增加。因此,为避免藏獒中暑,首先要对养殖环境进行改造,用人工降温的办法降低犬舍温度,增加犬舍通风换气,并给予藏獒充足的饮水。在犬舍运动场周围种植树木,运动场上方搭建遮阳网,以减少藏獒中暑的机会。立夏至三伏天可给予藏獒解暑用品,如绿豆汤、西瓜等食物,以减少藏獒中暑。

2. 治疗　立即让病犬离开高热环境,将其放置在通风、阴凉处休息,给予清凉的饮水,并在饮水中加入口服补液盐,静脉输入5％糖盐水。

采用物理降温措施,用冰水在患病藏獒的头部、颈部、四肢内侧敷擦,并不断地在身上浇凉水,或在冷水中加入少许酒精擦拭,有条件的地区可用空调设备,将环境温度降低至20℃～25℃,也可用经过冷藏的5％糖盐水500～1 000毫升经输液泵快速输入体内,以迅速降低体温,改善周围循环衰竭。

在采用物理降温的同时,使用药物降温,效果较好。可在500毫升5％糖盐水或生理盐水中,加入盐酸氯丙嗪10～25毫克,以抑制体温调节中枢,降低体温,保护神经细胞。有高热、昏迷和抽搐者,可采用冬眠疗法,用冬眠灵和异丙嗪按每千克体重1毫克、盐酸哌替啶按每千克体重 2 毫克剂量,加入 25％葡萄糖注射液 20～30 毫升中,15 分钟内滴完。

陷于休克的患病藏獒,可静脉滴注 5％碳酸氢钠注射液和乳酸林格氏液,输液时注意检测血常规和血液生化指标,以防肺水肿。黏膜发绀的犬只,可通过气管插管进行充分的输氧。严重休克时,可用地塞米松按每千克体重 1 毫克剂量,静脉输液。注意测定血钾、血钠、血钙和氯化物水平,按情况及时给予补充或限制,低血钾可用含氯化钾 0.4％的 5％葡萄糖注射液静脉滴注;高血钾时除限制钾盐的摄入外,可用 5％碳酸氢钠注射液和 5％葡萄糖注射液加胰岛素静脉滴注。

心衰时可用洋地黄制剂,每千克体重 0.006 毫克,静脉注射。抽搐者,可用地西泮注射液 10～20 毫克,肌内注射。早期急性肾衰竭时,为防止肺水肿和脑水肿,可快速静脉输入 20％甘露醇注射液,每千克体重 5 毫升,另加呋塞米 12.5 毫克,静脉滴注。

低钙性高热抽搐者,可用 5％葡萄糖溶液加葡萄糖酸钙进行静脉滴注。

中药治疗应根据患病藏獒的中暑状态、体质进行辨证施治。轻症中暑用白虎加人参汤或清络饮治疗,暑热蒙蔽心包的,先用安宫牛黄丸开窍,后用白虎汤和清营汤加减治疗;暑热气阴耗竭的,可用生脉散加山茱萸治疗。

【护　理】　对于中暑严重的犬只,要注意心血管、肾脏、血管内凝血、血液酸碱平衡的检测,监测心电图指标,以检查心脏是否有心律失常的情况。治疗期间每天检测肌氨酸和电解质含量,并留置导尿管检查尿量,如肌氨酸含量降低,尿量减少,可用利尿药物和腹膜透析治疗。对于弥散性血管内凝血,可用肝素按每千克体重 75 单位,加冷冻的新鲜血(每千克体重 10 毫升),静脉输入。监护血液酸碱平衡,并根据化验数据进行治疗。

初期发病的藏獒,要隔一段时间给藏獒进行物理降温,以免体温过高。严重的病例要用冰块冷敷、冷水灌肠或用盐酸氯丙嗪进行肌内注射,以降低基础代谢,增加机体的散热。

癫 痫

癫痫是脑部兴奋性过高的某些神经元突然、过度的重复放电,引起脑功能突然发生短暂异常。由于过度放电的神经元部位不同,临床上可出现短暂的感觉障碍、肢体抽搐、意识丧失、行为丧失等,称为癫痫发作。有反复发作倾向的称为癫痫症。

【病　因】　由脑部或全身其他疾病引起的癫痫称为继发性、器质性或症状性癫痫。原因不明的称为功能性、原发性癫痫,可能与近亲繁殖、遗传有关。近几年由于过度强调外观的形态,致使一些养殖户采用近亲繁殖的方法进行繁育,致使癫痫病的发生率呈现上升趋势。继发性癫痫可见于以下疾病:①脑部先天性或发育异常,如先天性脑积水、脑发育异常、无脑回。②脑部后天性损伤,如脑炎、脑肿瘤等。③炎症,如脑膜炎(化脓性、结核性、病毒性、真菌性)、脑炎、脑寄生虫病、脑脓肿等。④中毒,如有机磷中毒、铅中毒、士的宁中毒。⑤代谢紊乱,如低血糖、低血钠、低血钾、产后低血钙、肝性脑病、尿毒症、中暑、肾病等。

【临床症状】　患病藏獒在癫痫发作前,常变现为不安、恐惧、双眼凝视、表情茫然等症状,有时出现简单的异常行为,如颜面肌抽搐、过度抓搔和过度自咬身体的某一部分;发作时,意识突然丧失,肌肉紧张性增加,平衡失调,藏獒突然倒地,口吐白沫,阵发性惊厥发作,肌肉抽搐。全身肌肉屈曲痉挛,继而有短促的肌张力松弛,四肢抽搐乱蹬,头向后仰,两眼上翻,眼球直视。在此期间,由于胸部的阵挛活动,气体反复从口腔中进入,形成白沫。同时,常伴有排粪、排尿失禁,多涎,瞳孔放大等症状。在发作后期,藏獒常表现为知觉渐渐恢复,有共济失调、精神倦怠、疲劳无力、意识模糊等症状。

继发性因素以犬瘟热后遗症引起较为常见,常表现为局限性发作,肌肉痉挛常局限在身体的某一部分,如头部或其他身体某一部分肌肉群抽搐、震颤,出现面部肌肉抽搐、头部转动、流涎、呕吐、狂奔或攻击主人等异常行为,并往往由局限性发展为全身性大发作。代谢性疾病、肝性脑病、中毒等引起的癫痫除有以上症状外,尚有其各自疾病的临床表现。

癫痫病的发作时间及间隔时间长短不一,有时一天发作几次,有时长达数天、数月才发作 1 次。

【诊　断】　根据临床症状(反复性发作、强直性或阵发性肌肉痉挛、意识丧失)和病史做出诊断。病因学诊断需要进行全面的临床检查。

【防　治】

1. 预防　对于原发性的癫痫一般采用绝育或不生育的方式以降低后代藏獒的发病率。对继发性癫痫要及时治疗易诱发本病的脑积水、脑炎、中毒性疾病、传染病和代谢病等。

2. 治疗　本病的治疗原则是控制发作,降低发作的严重程度,对症治疗,加强原发病的治疗。

原发性癫痫的藏獒,由于有遗传倾向,一般不作为种用。

发作时要避免患病藏獒的意外伤害,适当按住抽搐的肢体,并在头部垫上柔软的垫料。保持呼吸道的通畅,防止窒息,必要时进行气管切开或气管插管。

用抗癫痫药物治疗,可减少发作的次数。可用苯巴比妥钠,初次给药的剂量为每千克体重 2.5 毫克,每天 3 次,口服。地西泮,每千克体重 3 毫克,口服,每天 3 次。或用安定注射液按每千克体重 1.5 毫克的剂量,静脉输入。溴化钾,每千克体重 10 毫克,每天 2 次,口服。苯巴比妥有一定的毒副作用,治疗时要严格控制剂量和静脉注射的速度,并注意用药后的临床观察。

中兽医学认为癫痫的发生主要是肝风内扰、痰蒙心窍所致,可根据患病藏獒的病情辨证治疗。平肝熄风、豁痰开窍或熄风豁痰、镇心开窍可用温胆汤加减、天麻钩藤汤加减、二陈丸、安神散等药物,其他成药如僵蛹片、颠宁片等均可长期应用。

先天性或胎中受病的,可用镇痫散,药用当归3克,川芎3克,白芍3克,全蝎1.5克,蜈蚣1条,僵蚕3克,钩藤3克,朱砂1克,麝香0.5克。诸药研末后灌服。本方为成年藏獒的剂量,幼獒可根据体重酌减。

【护 理】 患有癫痫的藏獒,平时要加强护理,减少不良因素的刺激,减少食物中蛋白质的含量和食盐的用量,饲喂含有B族维生素的饲料。治疗期间要进行血清药物浓度的检测,并根据检测结果进行药物剂量的调整。患病藏獒发病时,注意藏獒的护理,包括平时不要将藏獒放在较硬的水泥地面上,以免发作时擦伤。

对于继发性癫痫,要在对症治疗的同时,加强原发病的治疗。

第八章 藏獒循环系统疾病的
防治与护理

心 力 衰 竭

心力衰竭又称为心脏功能不全,是血管功能与循环血量正常而心脏因心肌收缩力减弱,导致心脏排血量减少,静脉回流受阻,动脉供血不足,不能满足全身组织代谢需要而引起的一类综合征。

【病 因】 以下原因均可引起心脏排血量下降,导致心力衰竭。

1. 心脏负荷加重 主动脉瓣和肺动脉瓣狭窄、肺水肿、肺炎等,使左、右心腔排空遇到阻力,心肌必须增强其收缩力才能将血液排出;主动脉瓣闭合不全,静脉输血、输液过多或过快,导致心肌负荷过重等,均可引起心力衰竭。

2. 心肌发生病变 严重的心肌炎、严重贫血、心肌变性等可引起心力衰竭。

3. 急性传染病继发 犬瘟热、细小病毒病、弓形虫病、中毒性疾病、肾炎和肺气肿等,均可使心肌受损,引起心肌收缩力减弱而导致心力衰竭。

另外,手术、分娩、严重的细菌感染、剧烈运动等原因也可引起心力衰竭。

【临床症状】

1. 急性心力衰竭 患病藏獒表现为高度的呼吸困难,脉搏频数、细弱而不整,精神沉郁,可视黏膜发绀,静脉怒张,患病藏獒突然倒地,痉挛、体温降低,并发肺水肿,胸部听诊有广泛的湿性啰音。鼻孔中流出泡沫状鼻液。

2. 慢性心力衰竭 患有慢性心力衰竭的藏獒病程发展缓慢，患病藏獒精神沉郁，不愿活动，易疲劳，呼吸困难，可视黏膜发绀，体表静脉怒张，四肢末梢发生水肿。听诊时心音减弱，出现机械性杂音和心律失常，心脏叩诊浊音区扩大。

3. 左心衰竭 患病藏獒主要表现为肺循环障碍，临床上表现为呼吸加快和呼吸困难，听诊肺泡音粗厉，常出现干性或湿性啰音。

4. 右心衰竭 主要表现为全身性水肿和体循环淤血，常有腹水、少尿等一系列实质器官功能障碍的症状。

【诊　断】　根据病因和临床症状综合分析，可确定诊断。X线检查右心衰竭时常有心影增大现象，左心衰竭时常有肺门影增大、肺纹理增粗等现象。

【防　治】

1. 预防 本病的预防主要是加强饲养管理，对易引起主动脉瓣和肺动脉瓣狭窄的疾病以及肺水肿、肺炎、心肌炎、犬瘟热、细小病毒病、弓形虫病、中毒性疾病、肾炎和肺气肿等原发性或继发性疾病要及时进行治疗。

2. 治疗

（1）急性心力衰竭　应采取抢救措施，改善缺氧状态，促进血液流动，减轻回流量，控制肺水肿。

①给氧　用气管插管或鼻导管进行给氧，氧流量为4～6升/分，也可采用氧气面罩给氧。

②强心　可用西地兰，每千克体重0.2～0.4毫克。或用毒毛旋花子苷K，每千克体重0.4毫克，加入5%葡萄糖溶液中，缓慢静脉注射。

③利尿　有肺水肿的可用呋塞米治疗，每千克体重1～3毫克，静脉、肌内或皮下注射均可，每天3次。

④扩张血管，减轻心脏后负荷　依那普利，每千克体重0.5毫

克,口服,每天 1~3 次。也可用氢化可的松 5~20 毫克,加入 5%
葡萄糖溶液 100 毫升中,静脉注射。

⑤对症治疗 纠正酸碱平衡失调和电解质紊乱,注意低血钾
的纠正,用能量合剂进行静脉注射。

(2)慢性心力衰竭 治疗原则是调整心肌收缩力、前负荷、后
负荷和心率,改善心肌代谢功能。具体措施如下:①限制运动,减
轻心脏负荷,必要时给予镇静剂。饲喂易消化食物,少量多次供
给,避免过饱,限制食盐的摄入量。②增加心肌收缩力可给予洋地
黄制剂等,用洋地黄制剂时注意心电图的检测,以判定洋地黄用量
不足或过量。③消除水钠潴留可用利尿剂,并注意及时补充氯化
钾。必要时用保钾利尿剂如安体舒通、氨苯蝶呤等药物,防止电解
质的紊乱。

【护　理】 对充血性的心力衰竭主要是控制肺水肿,促进血
液流动,减轻血液返流量。对气喘和严重的肺水肿,要控制藏獒的
活动量,最好限制其活动,将患病藏獒关在安静、通风良好的笼子
中,通过氧气笼输氧,同时静脉滴注呋塞米,每千克体重 2~4 毫
克,每 4 小时注射 1 次。

对患病藏獒要进行早期监护,观察藏獒在疾病早期安静状态
下的呼吸次数,如呼吸次数持续数日增加,要及时进行门诊检查,
以免耽误病情。呼吸次数增加有可能患有早期肺水肿。

定期进行心电图的检查,并进行安静状态下藏獒心率的检查,
对近期接受过心力衰竭治疗的藏獒,要每周进行一次心电图的检
查,直到患病藏獒病情稳定为止。患有慢性心力衰竭的藏獒,用药
物控制病情后要每隔几周进行一次心脏、心血管功能的复查,包括
一般的常规检查,心律失常以及心跳加快或减慢的都要进行心电
图检查。有呼吸加快、听诊呼吸音异常的要进行 X 线检查,以确
定是否患有肺水肿或呼吸系统疾患。

心 肌 炎

心肌炎是伴有心肌兴奋性增加和心肌收缩功能降低为特征的心脏肌肉炎症。按炎症性质可分为化脓性和非化脓性炎症。按其侵害的组织,可分为实质性和间质性心肌炎。按病程可分为急性心肌炎和慢性心肌炎。临床上藏獒常表现为急性非化脓性心肌炎,老龄藏獒发病率较高。

【病　因】

1. 急性心肌炎　常继发于传染病如犬瘟热、犬细小病毒病、犬传染性肝炎、链球菌病、沙门氏菌病、结核分枝杆菌病、钩端螺旋体病等,寄生虫病如弓形虫病、犬恶丝虫病,脓毒败血症、自身免疫系统疾病、风湿、中毒病和严重的贫血均能引起心肌变性和炎症。

2. 慢性心肌炎　常由急性心肌炎、心内膜炎反复发作而引起。

【临床症状】

1. 急性心肌炎　以心肌兴奋性增加的症状开始,患病藏獒心悸亢进,脉搏快速而充实,有时出现心律失常(尤其是患犬细小病毒病时),胸壁出现震动,心浊音区扩大,运动后心率次数和力量维持一段较长的时间。

心肌变性时,多以充血性心力衰竭为主要特征,脉搏增强、疾速。第一心音增强,混浊或分裂;第二心音降低,伴发收缩期杂音、心律失常和奔马律。

病初脉搏紧张、充实,随着病情的发展,心率和脉搏不对称,心跳强盛而脉搏微弱。重症患病藏獒有时出现昏迷、全身衰弱、心力衰竭等症状。感染引起的心肌炎,常伴有体温升高,血液检查有其特有的变化。

2. 慢性心肌炎

【诊　断】　根据藏獒的年龄、病史、临床症状,结合心电图检查结果即可做出初步诊断。

心电图检查常见心动过速和心律失常,急性心肌炎的初期 P 波增大,P-Q 和 S-T 间期缩短。急性心肌炎严重期 P 波降低、变纯,T 波增高,P-Q 和 S-T 间期延长。急性心肌炎的致死期 R 波、S 波更小,T 波更高。

【防　治】

1. 预防　防止原发病和继发病发生,尤其是要积极治疗患有细小病毒病的幼獒。在治疗后要经常检测藏獒的心电图检查。不要进行过早的运动或过量的运动,以防止复发引起突然死亡。

2. 治疗　本病的治疗原则是减轻心脏负担,改善心肌营养,增强心肌收缩力,抗感染和对症治疗。

患有心肌炎的藏獒,要注意保持犬舍的安静,可将藏獒拴养在安静的犬舍,避免运动和兴奋,适量运动,以减轻心脏的负担。

在饲养管理上,要少量多次的饲喂易消化且富有营养、维生素的食物,并适量限制饮水量。

治疗可用 B 族维生素,每千克体重 30 毫克;维生素 C,每千克体重 50 毫克,口服,每天 2 次。营养心肌可用三磷酸腺苷 15～30 毫克、辅酶 A 50～100 单位、肌苷 20～50 毫克,肌内注射,每天 1 次。

呼吸困难、X 线检查显示有肺水肿的病獒,可用呋塞米治疗,初次剂量为每千克体重 2～4 毫克,静脉、肌内或皮下注射均可,每天 3 次。病情稳定后改为口服,剂量为每千克体重 1～2 毫克,每天 1～3 次。

治疗原发病和继发感染时,细菌性疾病可使用大剂量广谱抗生素,中毒性疾病按常规解毒治疗,病毒性疾病可使用免疫球蛋白、犬高免血清等,真菌性疾病给予抗真菌药物,寄生虫病使用驱虫药物。

患病藏獒出现呼吸困难、黏膜发绀时,要进行吸氧治疗;出现心力衰竭时,可皮下注射安钠咖,每次 0.1～0.3 克,每天 1 次。

【护　理】　用药前,做血清电解质的检测,注意钾离子浓度、肌酐、转氨酶的检测,用药 7～14 天再进行一次检测。创伤性心肌炎通常在创伤后 24～72 小时内连续检测心电图,病獒回家后,犬主要时刻观察其呼吸情况,如出现呼吸次数增加和呼吸困难,应及时就诊。患病藏獒治疗一段时间后,应再进行一次心电图的检测。

患病藏獒在治疗期间,供给富有营养及维生素的食物,并要限制患病藏獒的运动。

对病毒性、细菌性传染病要进行隔离治疗。

心 内 膜 炎

心内膜炎是心内膜及瓣膜的炎症,按其病理变化可分为疣状心内膜炎和溃疡性心内膜炎。按其起源可分为原发性心内膜炎和继发性心内膜炎。按其病程可分为急性心内膜炎和慢性心内膜炎。

【病　因】

1. 感染　全身细菌感染、病毒感染、恶丝虫和原虫感染均可引起心内膜炎,其中细菌感染是引起藏獒心内膜炎最常见的原因之一,常见的致病菌有金黄色葡萄球菌、溶血性链球菌、大肠杆菌、绿脓杆菌、肺炎球菌、巴氏杆菌、伪结核杆菌、丹毒杆菌等。少数心内膜炎可由真菌、立克次体引起。

2. 继发感染　常发生于感染创、软组织脓肿、骨髓炎、尿路感染、肺和前列腺等组织器官感染等,通常以菌血症的方式感染。某些临床检查也可引起菌血症,如内窥镜检查、导尿和尿道插管、手术等。

3. 邻近组织炎症蔓延感染　如心肌炎、心包炎、主动脉硬化症等。

4. 长期使用肾上腺皮质激素　可抑制机体的抗感染能力,从而易导致细菌侵入血液而发生心内膜炎。

【临床症状】 患病藏獒食欲减退，精神不振，无力，体重减轻和消瘦，运动后咳嗽或呼吸困难。由于导致发病的原因很多，常无特异性的症状，故病犬临床表现常呈多样性。由感染或免疫介导性疾病引起的可有全身症状，发热是其中的症状之一，但有时也不发热，如发生并发性休克时。风湿和类风湿、细菌性关节炎常有四肢跛行的症状，泌尿系统疾病的症状与感染有关，可出现血尿、尿毒症、肾小球肾炎等症状。

听诊在左侧心基部可听到舒张期杂音和奔马律杂音。

【诊 断】 根据心内性杂音和血液学检查结果可做出初步诊断。急性细菌性心内膜炎时，血液检查白细胞总数增加，嗜中性粒细胞增多，核左移。X线检查可见肺充血、肺水肿及胸腔积液像，心电图检查有明显的左心房和左心室扩大的波形。有条件的地区可用心回声图检查心脏器质性病变和瓣膜运动的异常。

【防 治】

1. 预防 加强饲养管理，增强藏獒的机体抵抗力，为防止饲料中维生素的缺乏，可以供给犬用维生素制剂或平时在饲喂过程中添加蔬菜，一般蔬菜占饲料用料的 1/3。平时要预防细菌、病毒性感染的发生，对于易引起本病的脓毒败血症、心肌炎、风湿等疾病要及时治疗。

2. 治疗 本病的治疗原则是控制感染，防止心瓣膜的进一步损害，治疗原发病和对症治疗。

根据血液培养和药物敏感实验结果选择有效抗生素治疗，早期治疗可以提高本病的治愈率。首先选择使用足够剂量的青霉素、链霉素、头孢菌素类药物等，以穿透纤维素-血小板的赘生物基质而杀灭细菌。头孢拉定，每千克体重 25 毫克，每天 4 次；青霉素，每千克体重 4 万单位，每天 4 次；庆大霉素，每千克体重 2～4 毫克，每天 3 次；丁胺卡那霉素，每千克体重 5～10 毫克，每天 3

次。以上药物疗程为 6～8 周,肌内或静脉注射。

真菌性心内膜炎可应用两性霉素 B 进行治疗,剂量为每次每千克体重 0.1～1 毫克,每天 1 次,连用 6 周,使用时注意肾功能的检测;立克次体性心内膜炎可使用四环素治疗。

对于寄生虫引起的心内膜炎,要驱虫或通过手术摘除虫体。

降低心肌收缩力可用安体舒通,每千克体重 2 毫克。乙酰水杨酸,每千克体重 1 毫克,口服,每天 1 次。奎尼丁,每千克体重 2.5 毫克,口服,每天 1 次。

【护 理】 本病应尽早发现和治疗并发症,严密的监护非常重要,对原发病因所引起的并发症要对症治疗。在治疗期间,对充血性心力衰竭要严密监护和护理,同时注意药物的副作用。由于心内膜炎多预后不良,尤其是发生主动脉瓣膜疾病、充血性心力衰竭、血栓和肾衰时,常可使本病预后恶化,兽医应提前告知犬主。

第九章　藏獒血液及造血系统
疾病的防治与护理

出血性贫血

出血性贫血是由于体内或体外出血,导致红细胞从血管腔内流失,造成循环血液中红细胞数量或血红蛋白量低于正常的疾病。

【病　因】

1. 急性出血性贫血　又称为急性失血性贫血,主要是由于外伤和外科手术、产后大出血、肿瘤破裂、特别是动脉血管破裂而引起。

2. 慢性出血性贫血　主要见于寄生虫感染,如钩虫、吸血昆虫跳蚤的感染,以及胃肠道损伤、溃疡等。其他器官如鼻腔、肺、肾、膀胱、子宫的出血性炎症引起的长期反复出血也可引起慢性出血性贫血。

【临床症状】　患病藏獒失血,可见明显的外伤,如划伤、外科手术出血或其他损伤,慢性出血常见有器官出血的症状,如鼻腔出血,胃肠出血有粪便发黑、便血等症状,肺出血有咯血的症状,泌尿系统疾病有血尿症状。患病藏獒有消瘦、可视黏膜苍白、精神不振、嗜睡等症状。严重贫血时除有上述症状外,患病藏獒脉搏细微,心脏听诊有缩期杂音,呼吸加快,体温低下,四肢末梢冰凉,肌肉震颤,瞳孔散大,反应迟钝,有时出现不随意的排尿,脑部贫血时出现呕吐和抽搐等症状。

【诊　断】　根据临床症状和发病情况,可做出初步诊断。对于内出血要进行仔细的检查,B超、X线检查和体腔穿刺术对体内出血的诊断有帮助。血液检查可发现幼稚型红细胞和淡染的红细胞,网织红细胞增多。慢性出血可有血清铁浓度降低和血清总铁结合力降低。鉴别诊断应与其他原因导致的再生障碍性贫血相鉴别。

【防　治】

1. 预防　加强饲养管理,对犬只进行约束管理,养殖藏獒必须要有一定的场地和院落,以免管理疏忽造成藏獒和他人的伤亡事故。外出参加比赛和配种时,要注意检查车辆安全,对于原发性疾病和突发性的出血性疾病要及时救治。

2. 治疗　本病的治疗原则主要是消除病因,止血,补充血容量,防止休克和对症治疗。

急性失血时,首先要消除病因,对出血部位进行止血处理,同时进行输血和补液。输血前进行交叉配血实验,血型相容后,从留置在藏獒颈静脉内的导管输入血液,如果不能通过静脉输血,可使用骨髓针通过骨髓内输入红细胞和血浆。开始输血时,密切注意患病藏獒的输血反应。严重贫血时,除进行输血外,还可进行液体的补充,可静脉注射右旋糖酐溶液、葡萄糖溶液、乳酸林格氏液、氨基酸制剂等。急性出血时应防止休克的发生。

由胃肠道出血导致的贫血,首先要消除出血的原因,才能达到彻底治愈的目的。钩虫病引起的贫血应驱虫补铁,同时要预防重复感染;体外出血的,可用结扎、压迫或烧烙等方法止血;体内出血的,可用止血药物如肾上腺素、维生素 K_3 或葡萄糖酸钙溶液进行止血。

缺铁性贫血和营养性巨幼红细胞性贫血可以补充特殊的造血物质如铁制剂、维生素 B_{12}、叶酸等。但应注意的是,在补充造血物质的同时,要对患病藏獒进行严格的临床检验,以免滥用维生素 B_{12},延误治疗时机。

临床上常用的刺激红细胞生成的药物有丙酸睾酮、康力龙等,丙酸睾酮每次每千克体重用 1 毫克,每天 1 次,肌内注射;康力龙每千克体重用 0.5 毫克,分 3 次口服;肾上腺皮质激素具有造血和止血功能,可使用强的松,每千克体重 1～2 毫克,口服。

亦可使用补血的中药治疗,如当归、党参、黄芪、熟地黄、白芍、何首乌、阿胶、紫河车、鸡血藤等,鹿角胶也具有刺激红细胞生成的作用。中兽医使用中药制剂治疗再生障碍性贫血,取得了较好的疗效。

【护 理】 急性出血性贫血要注意监护,防止患病藏獒休克。慢性出血性贫血的患病藏獒要进行长期治疗,平时注意藏獒的日常饮食和饲喂,日粮中应有足够的蛋白质和维生素。适时运动,每隔 2～3 周检查红细胞的数量和红细胞压积,一般红细胞恢复到正常数值可能需要 2～3 个月时间。输血治疗时,要注意输入血液的血型一定要与患病藏獒的血型相符合,临床上常有未经血型鉴定或交叉配血实验而输入不相合的红细胞和血液,导致翌日患病藏獒病情突然恶化的情况。

溶血性贫血

溶血性贫血是因红细胞破坏过多,超过了正常的造血补偿能力而发生的贫血。临床上以黄疸、肝脏和脾脏肿大为特征。

【病 因】 引起藏獒溶血性贫血的原因很多,主要包括物理性因素、化学性因素、生物性因素、遗传性和免疫性因素等。

1. 物理性因素 高温能使红细胞膜上的脂类溶解,输液过多能使血浆低渗,引起红细胞离子异常,致使红细胞膨胀崩解;弥散性血管内凝血可使纤维蛋白沉积在微血管中,使红细胞通过时被撕开,引起微血管病性溶血性贫血。

2. 化学性因素 多见于药物中毒,如氯霉素中毒、有机磷农药中毒、磺胺类药物中毒、奎宁中毒、苯中毒、铅和汞中毒等,氧化物洋葱、扑热息痛、美蓝、维生素 K_3、苯重氮吡啶等可引起海恩茨体和异常细胞的形成,亦可引起溶血性贫血。

3. 生物性因素 溶血性链球菌可分泌产生 O 型和 S 型溶血素,葡萄球菌能分泌 α、β、γ 溶血素,使红细胞破坏而引起溶血。钩端螺旋体、立克次体、犬巴贝斯焦虫等也可引起藏獒患溶血性贫血。

4. 遗传性因素 常见于藏獒遗传性血液病及代谢病,但临床上报道很少。

5. 免疫性因素 主要是由于红细胞表面覆盖有免疫球蛋白或补体,导致红细胞崩解,引起溶血性贫血,常见的原因有异型输血、新生仔犬溶血病以及注射青霉素、链霉素、头孢菌素类药物、磺胺类药物、苯妥英钠、氯丙嗪、疫苗等。另外,犬红斑狼疮等也可引起溶血。

【**临床症状**】 患病藏獒精神不振,可视黏膜苍白,有时有黄疸,心动加速、呼吸困难。患病藏獒虚弱,有时发生呕吐、腹泻,厌食,嗜睡,一般体温不高。犬巴尔通体病病獒有休克、弥漫性血管内凝血、代谢性酸中毒、血红蛋白尿、血红蛋白血症、黄疸、淋巴结肿大和脾肿大现象。药物中毒引起的溶血性贫血还常伴有高铁血红蛋白血症,患病藏獒黏膜呈褐色或泥色。

【**诊　断**】 首先查明原发病,根据临床症状和血液、尿液检查结果,可以做出确诊。溶血性贫血可测定血清胆红素、霍恩小体染色、血红蛋白电泳、6-磷酸葡萄糖脱氢酶等项目,以明确溶血性贫血的性质。尿液检查常出现尿胆红素增多现象,尿液呈深黄色,如伴有肾脏的损伤,尿蛋白呈现阳性,尿液通常呈现深咖啡色、红色,血红蛋白检查呈阳性。

血液学检查主要检查红细胞的形态、大小,并在血涂片中可发现病原体,如巴贝斯虫、锥虫、附红细胞体等。

【**防　治**】

1. 预防 加强饲养管理,避免人为因素引起的贫血。加强场地、饲养环境和药品的管理,在治疗中对易引起慢性贫血的药物要加强监管。在输血时，要进行血液的配型试验，以免造成溶血性贫血。对易引起贫血的疾病如钩端螺旋体病、寄生虫病、蛇毒中毒等注意预防和及时治疗。

2. 治疗 本病的治疗原则是消除原发病，加强护理，输血和补充造血物质。

对于生物性因素引起的溶血性贫血，可使用抗感染、抗寄生虫药物进行治疗；对毒物引起的溶血性贫血，应及时停用引起中毒的物质，同时进行解毒治疗，纠正贫血现象。对洋葱等氧化物引起的溶血性贫血，如高铁血红蛋白血症严重，可用1‰美蓝注射液治疗，每次每千克体重1毫克，静脉缓慢注射。过量的美蓝可导致氧化性破坏升高，故使用时应注意剂量的控制。

免疫介导性溶血性贫血可使用糖皮质激素治疗。如强的松，每千克体重1~2毫克，口服，每天3次，连用2~4周为1个疗程。如红细胞压积得以改善，可改为每天口服2次，再用1~2周。然后减为半量再口服1~2周，以后逐步减少用药剂量和用药次数。对急性免疫介导性溶血性贫血，如使用糖皮质激素无效，可用其他免疫抑制性药物与强的松结合使用，如环磷酰胺，每千克体重2毫克，口服或静脉注射，每天1次，每周连用4天，停3天后再接着使用，连用4~6周。对使用上述药物无效的患病藏獒可考虑手术切除脾脏。弥漫性血管内凝血用肝素进行治疗并输入血浆。

使用雄激素不仅能刺激红细胞生成，而且能通过血浆环境的改变而减少溶血，可应用丙酸睾酮、康力龙等药物。中药可采用益气补血或补肾活血的药物，通过辨病与辨证相结合方法进行治疗。

对症疗法可参见出血性贫血的治疗。

【护　理】 患免疫介导性溶血性贫血的藏獒，在使用糖皮质激素治疗时，最初每天要进行一次红细胞压积的检测，检查红细胞压积是否上升或下降，以便对症治疗。当红细胞压积上升时，要每周进行一次红细胞压积测定，以便确定是否改变治疗方案。使用环磷酰胺、硫唑嘌呤等具有细胞毒性的药物时,需要检测白细胞、血小板总数等项目。

血液寄生虫病引起的溶血性贫血,除了给予杀虫剂外,还要密切注意对症治疗和良好的护理,黄疸较重的患病藏獒需住院治疗,同时每周进行一次常规血液检查和血液生化检查。

附红细胞体病由于可造成严重的肝脏肿大和肾脏损伤,故治疗时除了对因治疗外,还需对其过氧化物引起的脏器损伤进行对症治疗。

平时注意藏獒的日常饮食和饲喂,日粮中应有足够的蛋白质和维生素,适时运动。有条件的可口服生血补血口服液或阿胶补血口服液。对由内分泌疾病如甲状腺功能减退和肾上腺皮质功能减退导致的贫血,在纠正原发病后即可使机体贫血状态得以恢复。

营养性贫血

营养性贫血是指缺乏某些造血必需物质所导致的贫血,饲养条件不良的养獒场比较常见。

【病　因】　营养性贫血主要是由于缺乏蛋白质、铁、叶酸、铜、钴、维生素 B_{12} 等造血物质所引起。

1. 蛋白质缺乏　主要是由于营养不足和消化吸收功能障碍而导致蛋白质缺乏,使藏獒骨髓造血功能低下而引起贫血。

2. 铁缺乏　主要见于铁摄入不足或需要量增加,在正常情况下,藏獒一般不会发生铁缺乏,但在仔獒生长期、母獒泌乳期和妊娠期,由于机体需铁量的增加,或食物中长期缺铁便会导致缺铁性贫血。胃酸缺乏,小肠病变,胆汁分泌或排泄障碍,饲料中磷酸、植酸含量增多均可引起缺铁性贫血。此外,长期慢性出血、寄生虫感染也可引起缺铁性贫血。过度采血的供血犬也可出现缺铁性贫血。

3. 叶酸和维生素 B_{12} 缺乏　可因摄入不足、胃肠道内合成减少、寄生虫感染以及某些药物影响叶酸和维生素 B_{12} 的吸收而引起贫血。叶酸和维生素 B_{12} 是合成 DNA 所必需的营养物质,缺乏时会使红细胞的分裂、增殖、成熟受到抑制。

4. 铜缺乏 铜在血红蛋白合成和红细胞的成熟过程中起促进作用,饲料中缺铜时,可因血红蛋白合成减少而导致贫血。

【临床症状】 患病藏獒瘦弱,营养不良,体质衰弱,嗜睡,精神不振,被毛粗乱,可视黏膜苍白,心搏加快,并经常伴有出血性素质。

【诊 断】 本病主要根据病史、临床检查和实验室检查红细胞形态特点,结合血清生化检查进行确诊。

铁缺乏的后期主要表现为小红细胞血症和血红蛋白过少,外周血液中的红细胞大小不均,红细胞淡染,红细胞比容下降等现象。

叶酸和维生素 B_{12} 缺乏时,有胃肠疾病史和用慢性叶酸盐抑制性药物用药治疗史,有轻度和中度贫血,红细胞颜色正常,有时出现大红细胞,嗜中性粒细胞分叶过多,血清检查叶酸和维生素 B_{12} 浓度低。

【防 治】

1. 预防 预防本病的主要措施是加强妊娠藏獒的营养,对幼龄藏獒要及时进行全价配方犬粮的补饲。给哺乳母獒提供处方犬粮或富含维生素 A、B 族维生素和铁、铜、钴等元素的饲料,以提高母乳的抗贫血能力。

2. 治疗 治疗原发病,及时控制感染,尤其是肠道感染。藏獒在妊娠期和哺乳期要加强日粮中蛋白质和新鲜蔬菜的补充,对慢性溶血性贫血和长期使用甲氨蝶呤、磺胺、抗癫痫药物的藏獒,给予叶酸预防性治疗。对患有钩虫病的藏獒要进行驱虫治疗,如果患病藏獒贫血严重,应先纠正贫血,再进行驱虫。有胃肠溃疡的,要积极治疗,同时给予铁剂。

应用铁制剂治疗缺铁性贫血,可用硫酸亚铁150~500毫克,口服。有胃肠反应的,可用10%柠檬酸铁铵溶液10~20毫升,口服。口服铁剂有吸收障碍的,可肌内注射葡聚糖铁,每千克体重10~20毫克。

由叶酸和维生素B_{12}缺乏引起的贫血,可补充叶酸,每千克体重4~10微克,每天1次。维生素B_{12},每天100~200微克,肌内注射。连用数周,直到贫血和红细胞指数恢复正常。

糖皮质激素可部分恢复胃功能,促进维生素B_{12}的吸收,维生素C、维生素B_1、维生素B_6可作为辅助治疗药物。严重的巨幼红细胞性贫血要注意低血钾的发生,应注意补钾。

中兽医治疗缺铁性贫血可用黄病降矾丸口服,每次1~2克,每天3次。如有慢性胃炎、肠吸收不良的,可用党参、白术、神曲、陈皮、鸡内金等,促进肠黏膜对铁的吸收。恢复期可用香砂六君子汤加减,以健脾和胃。

【护　理】　治疗本病需较长的时间,在治疗期间要进行红细胞压积的检测,以及时调整用药剂量。治疗期间注意藏獒的饮食和饲养管理,由体外寄生虫引起的贫血,要进行饲养环境和体表的灭虫。饲料中及时补充富含铁和叶酸的食品,如鸡蛋、动物肝脏、蔬菜等。

白 血 病

白血病是造血系统的恶性肿瘤,其特征是骨髓中有大量的幼稚白细胞增生,并进入血液浸润破坏其他组织。本病根据增生细胞的不同,可分为粒细胞性白血病和淋巴细胞性白血病。根据病程的不同可分为急性白血病和慢性白血病。

【病　因】　本病的病因尚不清楚,通常认为与病毒感染、致癌物质、遗传因素有关。

【临床症状】

1. 粒细胞性白血病　患病藏獒全身衰弱,食欲不振和废绝,体温升高,饮欲增加,贫血严重,可视黏膜苍白,有时呼吸困难。患病藏獒表现不安,有呕吐、腹泻、多尿症状,触诊有时可见肝脏、脾脏、全身淋巴结肿大症状。

2. 淋巴细胞性白血病　通常发生在 4 岁以上的藏獒,除了有上述粒细胞性白细胞病的症状外,其体表淋巴结肿大,有时出现跛行,皮下组织有许多结节,有时出现严重的腹水症状,触诊检查脾脏有肿大现象。体质消瘦的藏獒触诊时偶尔可触到肿大的肠系膜淋巴结。淋巴性白细胞侵入脑部会出现中枢神经系统症状。

【诊　断】　根据临床症状和血象与骨髓象检查进行确诊。

粒细胞性白血病多见于 2～3 岁的成年藏獒,血液学检查可见白细胞总数增加,最高可达 40×10^9 个/升以上,分类计数粒细胞可达 $70\% \sim 90\%$,粒细胞出现异常分裂象,并出现大量幼稚型髓细胞,主要为嗜中性粒细胞。

淋巴性白细胞病多见于 4 岁以上的藏獒,常伴有脾脏肿大。血液学检查可见白细胞总数达 $30 \sim 70 \times 10^9$ 个/升,红细胞总数降低,白细胞分类计数可见淋巴细胞占绝对优势,出现分化型和未分化型淋巴细胞。

【防　治】

1. 预防　加强饲养管理,增强藏獒体质,避免一些放射性致病因素如 X 线检查、核辐射接触等;避免藏獒接触含有苯、甲醛及其衍生物的物质,如含超标苯、甲醛浓度的装修材料、农药、汽油、油漆等。尽量避免在治疗时使用保泰松、氯霉素、环磷酰胺等化学药物。防止病毒感染,减少白血病发生。

2. 治疗　本病目前尚无可靠的治疗方法,治疗主要采用支持疗法、化学疗法与放射疗法,以使患病藏獒的症状减轻,生存期延长。

（1）化学疗法　分为诱导缓解和巩固维持 2 个阶段，诱导缓解治疗常用的方案是用长春新碱和强的松联合治疗，若连用几周无效时，需改用其他方案治疗，如甲氨喋呤与 6-巯基嘌呤联合使用、阿糖胞苷、环磷酰胺与天冬酰胺酶联合使用等，均有一定的疗效。

（2）巩固维持治疗　患病藏獒在病情完全缓解后，仍需长期维持治疗，常用的药物有 6-巯基嘌呤，20～30 毫克，口服，每周连用 5 天；甲氨喋呤，5～10 毫克，口服，每周 1 次。

淋巴细胞性白血病常由于化疗药物治疗效果不佳，常伴有出血和感染，所以在治疗时常使用支持疗法。出血时可输血治疗，有细菌感染时使用广谱抗生素治疗。本病的治疗预后很差，病犬常因感染、出血和多器官衰竭而死亡。

慢性粒细胞性白血病治疗时，可服用羟基脲 20～30 毫克，每天 2 次，连用 4～6 周，当嗜中性粒细胞总数下降至 $15～20×10^9$ 个/升时，每周减为一半剂量。对于有分裂象的慢性粒细胞性白血病，尚无治疗成功的病例报道，预后不良。

中兽医治疗本病无成功报道，可试用三尖杉脂碱进行治疗。

【护　理】　本病需要长时间的治疗，且目前尚无特效疗法。就目前的治疗水平而言，无论西药或中药，都只能缓解患病藏獒的临床症状。治疗期间需每周进行红细胞和白细胞总数的检测，由于本病预后很差，治疗时需与犬主及时沟通，以免发生医患纠纷。

第十章　藏獒内分泌系统
疾病的防治与护理

尿 崩 症

尿崩症是一种以多尿、多饮、尿比重降低或渗透压降低为特征的水代谢紊乱症,以老龄藏獒常见。

【病　因】

1. 中枢性尿崩症　原发性抗利尿激素分泌不足或完全不分泌,常见于下丘脑-垂体后叶病变所致。继发性原因可见于下丘脑、垂体附近肿瘤、脓肿、感染和外伤。

2. 肾源性尿崩症　多数肾源性尿崩症是由后天肾脏功能和代谢功能紊乱引起的,常见于肾上腺皮质功能亢进、高钙血症、子宫蓄脓、肝脏疾病、慢性肾脏疾病、低血钾、甲状腺功能亢进等疾病。

3. 水摄入过多　常见于藏獒因行为异常摄入水量过多而导致。

【临床症状】　患病藏獒饮欲增加,尿量增多,尿液呈水样清亮透明,不含蛋白质,比重较低,常低于 1.007。病初病獒肥胖,后期消瘦。有垂体肿瘤或损伤的藏獒,有时出现神经症状,如定向障碍、抽搐以及失明等。

【诊　断】　根据病史和临床症状,结合外源性加压素反应实验和改良的断水试验进行诊断和鉴别诊断,以鉴别中枢性尿崩症和肾髓质功能损伤。

【防　治】

1. 预防　加强饲养管理,对易引起本病的原发性疾病要积极治疗。

2. 治疗　本病的治疗原则是消除原发病,治疗完全或部分中枢性尿崩症。

(1)消除原发病　由脑肿瘤引起的尿崩症,可手术摘除肿瘤或进行放射治疗。由感染引起的尿崩症,应控制感染。对原发性多饮症的治疗要控制饮水,逐步限制饮水,以恢复尿浓缩能力。

(2)补充激素　治疗完全或部分中枢性尿崩症,可用去氨加压素 2~4 滴滴入患病藏獒的结膜囊内、鼻内、包皮内或阴门内,每天 1~2 次。也可用长效尿崩停深部肌内注射 2~10 单位,1 周注射 1~2 次。或用尿崩停粉剂 10~30 毫克,鼻腔内吸入,每天 3 次。

(3)非激素药物治疗　不完全尿崩症用氯磺丙脲,每天每千克体重 10 毫克,口服,用药期间可能发生低血糖,可与升高血糖的双氢克尿噻联用。治疗中枢性尿崩症和肾源性尿崩症用噻嗪类利尿剂,如双氢克尿噻,每千克体重 5 毫克,每天 2 次;或用氯噻嗪,每千克体重 20 毫克,每天 2 次。

【护　理】　对水分过多潴留和脱水的患病藏獒进行监护,根据饮水量和尿量监控的结果,制定最适宜的给药次数和药物剂量。用噻嗪类药物时,给患病藏獒饲喂低钠食物。

甲状腺功能减退

甲状腺功能减退是由于甲状腺激素合成或分泌不足而导致,临床上以黏液性水肿、皮肤被毛异常和各器官功能降低为特征。

【病　因】

1. 先天性甲状腺功能减退　由甲状腺发育不全、结构缺陷和遗传性因素引起。

2. 后天性甲状腺功能减退　由于甲状腺激素和促甲状腺激素缺乏导致,常见于淋巴性甲状腺炎和自发性甲状腺滤泡萎缩。

3. 继发性甲状腺功能减退　由于脑垂体占位性病变引起促

甲状腺激素缺乏,常见于先天性垂体畸形、肿瘤或感染引起垂体病变,药物和营养不良引起促甲状腺激素分泌被抑制等。

【临床症状】　先天性患病藏獒主要表现为呆小、四肢短小,骨骼和被毛发育缓慢,皮肤干燥、粗糙,体温低下。

后天性患病藏獒主要表现为神情呆滞,怕冷,运动易疲倦,嗜睡,皮肤和被毛粗糙,皮肤呈对称性脱毛,有时皮肤有色素沉着,有干性或油性的皮脂溢出。重病的藏獒发生黏液性水肿,主要发生在面部或头部,患处皮肤松弛,触之有捻粉样。听诊时心率减慢,心音低弱,心动过缓。

【诊　断】　根据临床症状和病史调查,结合血液学检查和血清生化检测结果(血清 T_3、T_4 值降低,血清碘减低,胆固醇增高,基础代谢率降低)即可确诊。

【防　治】

1. 预防　加强饲养管理,有先天性甲状腺疾病的藏獒要禁止繁育,积极治疗原发性疾病。

2. 治疗　治疗本病常用甲状腺制剂替代疗法。常用的药物有左旋甲状腺素,每千克体重 22 微克,口服,每天 2 次,在临床症状消除后,减少至每天使用 1 次。或用三碘甲状腺氨酸钠,每千克体重 5 微克,口服,每天 3 次,连用 3 周,临床症状消除后,可给予半量再使用一段时间。心脏病、糖尿病、肾上腺皮质功能减退的患病藏獒在开始治疗时,给予较低的剂量,一般以正常剂量的 25% 开始,每 2 周增加 25%,直到达到常规剂量为止。

黏液性水肿昏迷的治疗可静脉注射三碘甲状腺氨酸钠,直到患病藏獒清醒为止,以后改为口服。静脉注射氢化可的松,清醒时逐步降低用量。积极控制感染,可使用广谱抗生素,并注意患病藏獒的保温和供氧。补充葡萄糖和复合维生素 B。补液量不宜过大,以免引起心力衰竭。使用三碘甲状腺氨酸钠时不宜与升压药合用,以免发生心律失常。

【护　理】　用甲状腺激素替代治疗时,应持续治疗 8 周,在
1～3 周时,患病藏獒症状可得到缓解,但皮肤症状和体重的改善
可能需几个月的治疗时间。

治疗 8 周以上且治疗无效时,要重新对患病藏獒进行疾病诊
断和用药评估。导致治疗失败的原因可能是诊断错误、藏獒主人
未按要求给药、药物剂量或次数不够、使用过期药品等。

甲状腺功能减退需要长期服药,护理期间,藏獒主人要对患病
藏獒加强护理,控制藏獒的活动量,并给予高热量和富含维生素的
食物。

有先天性甲状腺功能减退症的藏獒不宜留作种用。

甲状旁腺功能减退

甲状旁腺功能减退是由甲状旁腺激素产生和分泌降低,或靶
组织对甲状旁腺激素的反应减低所引起的疾病。本病的特征是发
生低钙血症和高磷血症,但肾功能正常。

【病　因】　甲状旁腺功能减退常见于以下原因:①手术切除
甲状腺、甲状旁腺和甲状旁腺肿瘤,引起长期高钙血症而导致。
②过量补充维生素 D 和钙制剂,引起甲状旁腺萎缩。③外伤、病
毒感染、肿瘤转移和浸润,使甲状旁腺脱落和损伤。④糖尿病、庆
大霉素中毒引起的低镁血症,抑制了甲状旁腺激素的分泌,引起靶
器官对甲状旁腺激素反应降低。

【临床症状】　患病藏獒表现全身肌肉抽搐,严重时肌肉痉挛、
全身肌肉震颤,昏睡、虚弱,运步时共济失调、步态僵硬,发作时极
度气喘,体温升高,多尿、饮水量增加,心肌受损后心动过速。心电
图检查可见 Q-T 间期延长。

【诊　断】　根据临床症状、病史调查和实验室检查结果可以
做出确诊。

血液生化检查可见血清钙含量降低(6～7 毫克/100 毫升),血

清磷含量增高,肾功能正常,血清镁含量正常或轻微下降(原发性甲状旁腺功能减退)。鉴别诊断可与癫痫、低血糖、高钙血症、尿毒症等代谢紊乱性疾病和有机磷中毒相鉴别。

【防　治】

1. 预防　加强饲养管理,合理饲喂日粮,给予低磷食物。对易引起本病的外伤、感染如犬瘟热、肿瘤转移和浸润、糖尿病、庆大霉素中毒等要积极治疗。

2. 治疗　抽搐发作期可快速静脉输入10％葡萄糖酸钙注射液10～20毫升,必要时肌内注射苯妥英钠,以终止抽搐与痉挛。输入时用5％葡萄糖溶液稀释,缓慢输入。输液期间,对心动过缓、Q-T间歇期过短的进行心电图监控,同时停止输入葡萄糖酸钙溶液。

抽搐控制以后,可以按维持正常血钙浓度的比例口服葡萄糖酸钙1～2克,同时给予维生素D_3 2 500～5 000单位/天,以防止抽搐的发生。维持期注意检测血钙的浓度。

患病初期常使用甲状旁腺激素治疗,剂量为20～200单位,皮下或肌内注射。

为减少磷的吸收,可口服氢氧化铝凝胶20毫升,每天3次,以降低肠道对磷的吸收。

【护　理】　本病在治疗期间,要连续检测血钙浓度直到病情稳定为止(8～10毫克/100毫升),输入葡萄糖酸钙时要检查心电图,以免出现意外,血钙浓度稳定时,每周检测1次血钙的含量,以调整、补充维生素D和钙制剂的用量。以后每隔1～3个月进行不定期检测。血磷的浓度要每周进行检测,直到血磷含量恢复正常为止,之后每隔1～3个月检测1次。因手术、外伤等引起的甲状旁腺功能减退病例,要进行甲状旁腺激素的检测,一般每月检测1次。对高钙血症要停止补钙,并积极治疗。给予藏獒低磷食物,以降低磷酸盐的摄入。

雌激素过多症

雌激素过多症多发生于成年母獒,病獒表现为卵巢功能不均衡Ⅰ型。本病发生与滥用雌激素有关。

【病　因】　常因卵巢囊肿、卵巢肿瘤和雌激素投予过量所致。

【临床症状】　母藏獒的发情一般在秋、冬季节,每年发情 1次。患病藏獒主要表现为子宫出血,子宫内膜增生和发情样征候,外阴肿胀,阴道流出分泌物,乳房肿大,肷部、阴道周围、乳房和会阴部对称性脱毛,色素沉着,或发生脂溢性皮炎。

子宫内膜增生的患病藏獒表现为多饮、多尿,继发感染时可引起子宫蓄脓。

【诊　断】　根据临床症状、病史调查以及实验室检查阴道黏膜涂片无正常发情犬的各种细胞成分,血清雌性激素含量高于健康对照犬等,即可确诊。

【防　治】　摘除卵巢、子宫是最可靠的治疗方法,为促进被毛生长,可给予甲状腺素。子宫内膜增生的患病藏獒,可用孕酮10～50 毫克或人绒毛膜促性腺激素 500～1 000 单位,肌内注射,48 小时后重复注射 1 次。

【护　理】　患病藏獒在用人绒毛膜促性腺激素治疗时,易发生子宫蓄脓,因此在治疗后 60～90 天,要严格检查藏獒的子宫恢复情况,必要时进行子宫卵巢的全切除。

第十一章 藏獒营养代谢病的防治与护理

佝偻病

佝偻病是幼獒由于维生素 D 和钙缺乏而引起的一种代谢病。主要表现为在幼獒骨骼生长中骨化过程受阻,长骨弯曲,软骨肥大,肋骨与肋软骨结合处出现串珠样肿胀结节,临床上以消化紊乱、异嗜、跛行、骨骼变形为特征。

【病　因】　本病主要因维生素 D 不足或缺乏而引起。幼獒主要从饲料和母乳中获取维生素 D,日光照射也会使皮肤中的维生素 D_2 变成维生素 D_3。所以,哺乳母獒营养不良,幼獒饲料中缺乏维生素 D,接受阳光照射不足、肠道内有寄生虫、断奶过早或患有消化系统疾病,均可引起幼獒维生素 D 不足或缺乏而导致本病。

另外,饲料中钙、磷缺乏和比例不当,甲状旁腺功能异常等也可引起佝偻病。

【临床症状】　患病藏獒病初主要表现为异嗜,食欲不佳,生长缓慢,消瘦。随着病程的发展,骨、关节发生病变,病犬表现为步态强拘,跛行,起立困难,四肢变形,呈 X 形或 O 形姿势。患病藏獒软弱无力,卧地不起,关节肿胀、变形,肋骨与肋软骨结合部肿胀,呈串珠状。有的关节呈双关节状。

【诊　断】　根据临床症状、饲养管理情况和血液学检查可以确诊。血液学检查可见血清钙、磷浓度降低,X 线检查可见骨和关节变形。

【防　治】

1. 预防　佝偻病是可以完全预防的,主要采用以下方法。

第一,在仔獒生长期进行定期检查,窝产仔獒较多的,要密切观察母乳是否能满足仔獒的生长需要。由于母乳中的钙、磷比例适当,有利于钙质的吸收,出生20天左右的仔獒,可以适当在户外晒太阳,由最初的15分钟逐渐延长在户外停留的时间,让太阳直接照射在仔獒身上。户外烟雾过多或山区多雾时由于紫外线被阻挡,可适时延长晒太阳的时间。

第二,应用维生素D制剂。处于生长期的幼獒、青年藏獒、哺乳及妊娠期母獒要保持最低的维生素D生理需要量;对饲料中维生素D不足和钙、磷比例失调的,要进行维生素D制剂的补充。尤其是在集约化獒场生产的仔獒,饲养环境密闭,仔獒日常均在玻璃阳光室中饲养,因此饲料中要注意维生素D制剂的补充。妊娠后期的母獒由于生理需要和为保持新生仔獒骨的正常发育,可服用适量维生素D制剂。

2. 治疗　加强饲养管理,给予富含钙、磷的饲料,并保持饲料中钙、磷比例正常。幼獒在饲养过程中,要经常进行户外活动,给予充足的日光照射。

补充维生素D可用维生素D_3 10万～20万单位,肌内注射,每周1次。或用维丁胶性钙0.5万单位,肌内注射,每天1次。也可在食物中添加鱼肝油5～10毫升,每天1次。

在补充维生素D的同时,给予钙制剂,严重缺钙时,可缓慢静脉注射葡萄糖酸钙注射液5～20毫升。对妊娠母獒要进行钙剂的补充,最好使用各阶段配方日粮。

【护　理】　在治疗期间,每2～4周进行X线检查,以确定治疗效果。适度运动,防止骨骼疏松和变形。补充维生素D时不宜过量,以免引起维生素D中毒,引起高钙血症。治疗期间供给营养均衡的处方犬粮或易吸收、营养丰富的食物,如适量的动物肝脏和鸡蛋。幼獒断奶前进行驱虫,多晒太阳,饲喂阶段性平衡日粮,避免饲喂奶糕、米糊等以淀粉为主要成分的食品以及自制的全肉日粮。有消化道疾病的，要积极治疗，消除致病因素。

低 血 糖

低血糖是指幼獒体内血糖过低而产生的一种代谢性疾病，以抽搐等神经症状为特征。

【病　因】　引起幼獒发生低血糖的主要原因是血糖来源不足或消耗过多、糖代谢紊乱等。母獒在妊娠期、哺乳期严重营养不良，妊娠时胎儿数量过多等也可发生低血糖。此外，幼獒缺少乳汁，常处于饥饿状态，受惊吓、受凉、患消化功能障碍性疾病等均可引起本病。

【临床症状】　本病的症状较为复杂，与血糖下降的程度、速度、时间以及藏獒体质和机体反应性有关。母獒低血糖主要由于在妊娠期、哺乳期发生严重的营养不良，或妊娠时胎儿数量过多等，主要表现为发病突然，体温升高，最高可以高达 41℃～42℃，呼吸加快，脉搏增数。全身肢体强直性或间歇性抽搐，四肢肌肉痉挛，患病藏獒不能迈步运动或运动失调，有时出现口吐白沫、昏迷、嗜睡等症状。

幼獒低血糖主要出现精神沉郁，反应迟钝，步态不稳，软弱无力，继而出现可视黏膜苍白，颜面肌肉抽搐，全身肌肉出现阵发性痉挛，很快发生昏迷现象。

【诊　断】　根据临床症状，结合病史调查可做出初步诊断，通过实验室检查结果可做出确诊，血液学检查可见血糖降低至 50 毫克/100 毫升，血酮升高至 30 毫克/100 毫升以上。

母獒低血糖的症状与产后癫痫的症状相似，但血液学检查产后癫痫血钙浓度低于正常值。低血糖常发生于母獒分娩前、后 1 周左右，产后癫痫常发生于产后 1～3 周。

仔獒低血糖常发生于出生后 1 周内或断奶前后，前者多由母獒泌乳不足、寒冷刺激、饥饿所引起，后者多由寄生虫寄生、肠道感染或吸收功能尚未发育健全,影响葡萄糖吸收所引起。

【防 治】

1. 预防 分娩前后要加强对妊娠母獒的营养供给,特别是供给优质的妊娠獒犬粮,尤其要注意碳水化合物的供给。对易发生低血糖的幼獒,要及时进行治疗,每天少食多餐,并供给 2 克白糖,可有效防止低血糖的发生。

2. 治疗 治疗原则是消除原发病,迅速补充葡萄糖。

(1)补糖 仔獒常用 20％葡萄糖注射液加等量复方氯化钠溶液,以每千克体重 10 毫升的剂量,缓慢静脉注射;或用 10％葡萄糖注射液以每千克体重 5 毫升的剂量,缓慢静脉滴注,直到血糖恢复正常水平。成年母獒可用 20％葡萄糖注射液以每千克体重 1.5 毫升的剂量,静脉滴注;或用 5％糖盐水 250～500 毫升,加地塞米松 20 毫克,静脉注射,再口服葡萄糖粉,每千克体重 0.25 克。翌日再按上述方法进行治疗,直到症状消失为止。

(2)提高血糖浓度 可口服三氮嗪,每千克体重 5～10 毫克,口服,每天 2 次;也可口服糖皮质激素强的松,每千克体重 0.5～1 毫克,每天 1 次;或肌内注射氢化可的松,每千克体重 0.5～1 毫克,每天 1～2 次;还可皮下或静脉注射胰高血糖素,每千克体重 0.03 毫克。

(3)治疗原发病 有消化道感染的,消除消化道疾病,仔獒注意保温,饲喂时坚持少食多餐的原则。妊娠母獒分娩前、后注意保证营养的供给。

【护 理】 母獒分娩前后,要加强营养的供给,最好是饲喂优质的妊娠犬犬粮。胎产仔数过多的母獒,要预防低血糖的发生。妊娠后期母獒的能量供给要增加 25％～50％。仔獒在出生后,要加强护理,初乳不足的,要进行代乳或人工哺乳。注意仔獒的保温。断奶期间或出生 3 周以后的幼獒,注意代乳品的补充,并注意饲喂的数量和次数。代乳品的成分应与母乳成分相当。避免因饲喂方法不当而引起胃肠炎症。20日龄左右的藏獒要进行预防性驱虫。发生低血糖性抽搐时要注意护理,避免昏迷、口吐白沫时误咽引起异物性肺炎。

肥 胖 症

肥胖症是藏獒由于代谢障碍引起脂肪过度蓄积导致运动和功能障碍的一类疾病。

【病　因】　肥胖症主要由人为因素和内分泌障碍所导致,另外遗传因素也是导致藏獒肥胖的原因。

1. 人为因素　主要由错误的审美观念和饲养方法所引起。近几年来,众多养獒者误以为藏獒是世界上的大型犬之一,体重越重表示血统越纯,结果人为填食造成藏獒肥胖。具体表现如下。

(1)能量摄入增加　对藏獒采食不加限制,给予适口性好、高能量的食物和零食,或直接人工填食。若藏獒挑食,饲养者就给予适口性更好、能量更高的食物以吸引藏獒大量采食。

(2)能量消耗减少　藏獒被圈养在狭小的笼舍里,没有运动场或运动场窄小,使藏獒运动很少,一般每天低于4小时。

2. 内分泌功能障碍　脑下垂体、甲状腺、松果体、生殖腺等功能减退或胰岛腺分泌过多,可导致肥胖症发生。

3. 遗传因素　饲养者选育松弛型藏獒,其结果往往导致后代容易患肥胖症。

【临床症状】　患病藏獒体躯呈圆形,丰满,皮下脂肪丰富。由于脂肪的沉积使肋骨、髂骨和脊柱的触诊变得困难。病情进一步发展,会在躯干、上腹、胸廓沉积脂肪,腹部下垂,从侧面看,背线和腹线不平行,腹部胀大,腹部无上收。病獒不耐运动,嗜卧,易疲劳,运动时呈摇摆步式。由于体重增大,四肢骨骼变形,后肢呈现卧系。生长期过肥的藏獒,体长与体高的比例失衡,显得腰身特长,四肢短粗。

严重肥胖的藏獒，常出现不耐热、呼吸困难、心悸亢进、脉搏增数等现象。由于心血管功能的下降，出现肝脏、肾脏、胰脏等功能障碍。

公獒出现配种时爬跨困难，过重的体重可造成自然交配的失败。

【诊　断】　临床上根据体重、视诊、运动测定即可做出诊断，严重时，仅凭临床症状即可确诊。饲养史可以提示饲养中存在的一些管理问题。

鉴别诊断应与内分泌失调引起的代谢增强或减弱、药物引起的暴食、水肿或腹水相鉴别。

另外，可以通过实验室检查血脂的变化进行诊断。

【防　治】

1. 预防　本病的预防主要是限制进食量，尤其是高脂肪、高能量和含淀粉较高的食物。生长期间注意运动量，应按生长发育期进行分阶段饲养，严格控制合理的饲喂量。母獒分娩后、公獒交配前要合理安排作息时间和饲喂犬粮的种类，尤其是松弛型家族的藏獒更要做出合理的饮食计划。由疾病引起的肥胖症要及时对原发病进行治疗。

2. 治疗　本病的治疗原则是调整饲料结构，增加藏獒的运动量，减少藏獒热量的摄入。

(1)调整饲喂量　对过于肥胖的藏獒要进行饲喂量的调整，可以减少原饲喂量的 50%～60%，使肥胖藏獒每周减重 1%～2%。

(2)调整食物成分　饲喂低热量的食物，自制食物的代谢能不要超过 10.5 兆焦/千克，商业犬粮的代谢能不要超过 12.97 兆焦/千克，自制犬粮减少碳水化合物和脂肪成分的用量，增加蛋白质的用量。

(3)调整饲喂次数　可将藏獒 1 天的饲喂量分成 3 次喂完，不要一次性喂完，多次饲喂会使藏獒维持饱腹感。

（4）增加运动量　藏獒是跑足动物，在原产地平均每天日运动量在 20～40 千米。在内地的养獒场，藏獒每天的运动量也应不低于 4 小时。增加运动量，可以维持已减轻的体重，增强体质和提高与能量消耗有关的代谢率。可制定藏獒每天的锻炼计划，由主人带其散步或强制运动。

此外，对于因甲状腺功能减退而引起的肥胖，可口服或皮下注射甲状腺素治疗。左旋甲状腺素，每千克体重 22 微克，每天 2 次，在临床症状消除后，减为每天使用 1 次。三碘甲状腺原氨酸，每千克体重 5 微克，连用 10 天。因生殖功能减退导致的肥胖，可皮下注射性激素。

【护　理】　目前国内养殖藏獒没有针对人与犬的关系、犬的运动与健康等制定相应的法规，藏獒养殖受市场利益的影响，人为填食现象比较严重，而填食的做法无疑是对藏獒的虐待和伤害。另外，市场对藏獒的品赏仅停留在外观、毛量上，对于气质、运动性能的品赏尚待时日。因此，正确引导藏獒养殖十分重要。首先要杜绝填食行为，才能从根源上杜绝人为制造的肥胖症。

对于肥胖的藏獒，主人要同兽医共同制订减肥计划，包括每周对藏獒进行体重称量，调整饲喂量和运动量，每 2 周进行 1 次健康体检，以确定和观察治疗的效果。

饲养管理要合理，根据藏獒的发育特点，采用不同阶段的配方犬粮，定时、定量饲喂。对已经发生肥胖的藏獒要采取少食多餐的措施，减少饲喂量，一般饲喂平时日粮的 60%。每天进行运动性的锻炼，不要低于 4 小时。饲喂高纤维、低能量、低脂肪的食物或处方减肥商品犬粮，逐步进行肥胖藏獒的减肥治疗。

肥胖症的治疗是长期而又漫长的，治疗的长期效果是至关重要的，注意观察皮下脂肪的减少和腹部上收的进展情况以确定治疗的效果。

从观念上要进行思想解放，健康的藏獒绝不是体重有多重，毛有多长,而是运动性能、气质和外观相统一的有机体,即体型高大、骨骼粗壮、结构匀称、紧凑协调、性格刚毅、凶猛强悍、忠诚机智、高大勇猛的大型犬。体长和体高的比例为 10：9,体高与体重为之相应,属粗糙紧凑型的体质类型。

营养过剩

营养过剩是指藏獒在生长发育阶段,因营养过剩,造成犬的过度生长,肌肉和脂肪的过度增加引起骨骼和关节病变,主要发生骨软骨炎、髋关节发育异常、外翻变形和摇摆综合征。

【病　因】　给生长期藏獒无限制地饲喂高能量、高营养的食物,或在饲料中过多地添加其他营养物质,尤其是钙添加过量,使藏獒钙摄入量过高,均可导致营养过剩。

【临床症状】　患病藏獒体型丰满肥胖,运动时跛行,不愿走动,触诊骨和关节疼痛,X 线检查骨骼变形和关节缺损。

【诊　断】　根据藏獒平时的饲喂史和临床症状,结合 X 线检查即可确诊。

【防　治】

1. 预防　不同年龄段的藏獒使用相应的配方犬粮饲喂,并加强生长期藏獒的运动量,控制藏獒过度肥胖。

2. 治疗　本病的治疗在于早预防和早发现,一旦骨骼受损,只能通过手术来改善。可用止痛剂以缓解临床症状。发病期每千克体重用阿司匹林 10～22 毫克,口服,每天 2 次,以消炎止痛。

【护　理】　藏獒在生长阶段要进行生长率的测定,如体高、体长、管围、体重等,根据藏獒生长发育的不平衡性,在藏獒 3～6 月龄时要进行体重的控制,并要加强生长期的运动量。体重的控制要以正常增长为宜。各月龄段使用不同的营养水平饲喂藏獒,可以控制各种器官和组织的生长发育,避免过于肥胖。

手术矫正的藏獒,要进行术后的消炎,注意切口的愈合情况和关节等的临床检查和监护。每 2 周进行 1 次临床检查和 X 线检查。

维生素 A 中毒

维生素 A 中毒是指藏獒日粮中含有高浓度的维生素 A,导致藏獒摄入维生素 A 过多而引起的中毒。正常藏獒维生素 A 的需要量为 50～100 单位,高于此浓度会导致软骨细胞代谢紊乱,抑制硫酸软骨素的合成。软骨细胞可合成一种酶,形成可溶性的硫化黏多糖。过多的维生素 A 可破坏此酶系统。此外,大量的维生素 A 会刺激破骨作用,同时使骺板过早融合。

【病　因】　过量饲喂大量动物肝脏,或错误地使用维生素 A 添加剂,如添加鱼肝油过多,发情前期使用维生素 A 制剂过多等,均会导致维生素 A 中毒。

【临床症状】　患病藏獒跛行,颈部或关节疼痛,皮肤有过敏症状,有时藏獒表现昏睡、无力、厌食。幼獒早期患维生素 A 中毒症时,可出现生长迟缓的症状,有时出现齿龈炎和牙齿脱落现象。X 线检查多见颈椎骨质增生以及骨膜和关节钙化现象。

【诊　断】　根据临床表现和有过多饲喂肝脏或补充鱼肝油的饲养史,结合 X 线检查结果即可确诊。

【防　治】

1. 预防　本病的预防主要是纠正错误的饮食习惯和合理使用维生素 A 制剂的剂量。

2. 治疗　立即停止使用维生素 A,限制牛奶、肝脏、鱼等食物的摄入,骨质增生处将在较长时间内才能逐渐消散。

【护　理】　患病藏獒的临床症状可能在数月后才可慢慢消失,但骨骼的变形不可能恢复。沉积在肝脏的维生素 A 将在数月或数年后才能代谢完全。

维生素 D 中毒

维生素 D 中毒是指在治疗藏獒维生素 D 缺乏时,使用多量(超过正常需要量的 10～20 倍)维生素 D 制剂而引起的中毒现象。

【病　因】

1. 补充过多的维生素 D 制剂　在藏獒生长期间,在日粮中添加过多的鱼肝油制剂或饲喂以鱼制品为主的日粮。

2. 治疗失误　长期使用或大剂量使用维生素 D 制剂。

【临床症状】

1. 急性期　常见于藏獒误食大量鱼肝油制剂,表现为呕吐、腹泻、食欲不振或厌食、无力或昏睡,实验室检查血钙浓度增高。

2. 慢性期　患病藏獒骨骼疼痛,表现为跛行、消瘦、骨骼钙化不良、易骨折,关节旁软组织常有钙沉积,肾脏、心脏、主动脉、肺脏、胃等部位有软组织损伤和钙化现象。

【诊　断】　根据患病藏獒的病史和临床症状,结合实验室检查和 X 线检查结果即可确诊。鉴别诊断需与高钙血症、骨瘤、原发性甲状腺功能亢进、骨损伤、骨代谢病、慢性肾衰竭等相鉴别。

【防　治】

1. 预防　合理使用维生素 D 制剂。

2. 治疗　停止使用所有含维生素 D 的食物和添加剂,口服或注射硫酸钠,以减少钙的吸收。急性中毒时,食物中不要添加钙制剂。而慢性中毒时,应添加钙制剂,以缓解钙从骨中的流失。

治疗高钙血症,同时纠正水和电解质的紊乱。可的松制剂对维生素 D 中毒引起的高钙血症有效。轻度和中度的高钙血症可用生理盐水静脉注射,每天每千克体重 50 毫升,以给藏獒补水和诱导利尿。如有低血钾症状,可用 10％氯化钾注射治疗。补水后可使用呋塞米,每千克体重 1～3 毫克,静脉注射,每天 1～2 次;强

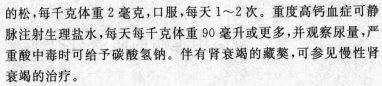

的松,每千克体重 2 毫克,口服,每天 1～2 次。重度高钙血症可静脉注射生理盐水,每天每千克体重 90 毫升或更多,并观察尿量,严重酸中毒时可给予碳酸氢钠。伴有肾衰竭的藏獒,可参见慢性肾衰竭的治疗。

　　【护　理】　要连续检测病獒的血钙、电解质和肾功能状况,根据检测结果进行药物调整。急性中毒的病例,日粮中不需添加钙,慢性病例根据检验结果,添加适量的钙。X 线检查一般每月进行 1 次。值得注意的是,如果维生素 D 中毒病例治疗过晚,肾功能被破坏且伴有脑损伤的患病藏獒,预后较差。

第十二章　藏獒中毒病的防治与护理

常见的藏獒中毒病有灭鼠药中毒、有机磷农药中毒、有机氟化合物中毒、除草剂中毒以及疾病治疗过程中的药物中毒等,本章主要针对近几年养獒场常见的中毒病进行探讨。

毒鼠磷中毒

毒鼠磷又称为毒鼠灵,是国内外普遍使用的一种抗凝血杀鼠药。

【病　因】　藏獒常因误食灭鼠的毒鼠磷或吞食了被毒鼠磷毒死的老鼠而导致中毒。

【临床症状】　中毒藏獒的临床表现随中毒剂量和出血部位而异。

1. 急性中毒　藏獒突然死亡,脑、心脏和肺脏有出血。

2. 亚急性中毒　藏獒表现为贫血和虚弱,精神沉郁,不愿活动,嗜卧。天然孔出血,鼻腔和口腔黏膜出血,呕血,粪便带血或尿血。内出血也引起相应的症状,心内膜出血可引起心律失常,胸、腹腔出血可引起呼吸困难,脑出血时出现痉挛、轻瘫、共济失调等症状,关节腔出血时表现跛行。此外,皮下组织出现血肿或出血、淤血现象。

【诊　断】　根据近日养獒场有使用灭鼠药的情况,结合临床症状和实验室检查可见凝血酶原、促凝血酶原激酶、凝血时间延长等情况,即可做出诊断。

【防　治】

1. 预防　严格管理毒饵,及时清理犬舍中因吞食毒饵死亡的鼠类尸体。

2. 治疗 发病后及时催吐,阻止毒物吸收。此外,及时洗胃和导泻以排出毒物。

急性中毒的藏獒在治疗处理时,动作宜轻柔,以免藏獒受伤。缺氧和贫血时要给予吸氧,出血严重时要给予新鲜全血,每千克体重 10～20 毫升,静脉输入,输入时先快速输入 50%,再缓慢输入另外 50%。止血可用维生素 K_1,每千克体重 3～5 毫克,肌内注射。对呼吸困难、怀疑有胸腔出血的,可进行 X 线检查。

亚急性中毒时可口服维生素 K_1,每千克体重 2～5 毫克。同时,给予高脂肪食物以促进维生素 K 的吸收。对于半衰期较长的毒物,需长期服药。

【护 理】 治疗停止后,要进行凝血状况的检测,给可能接触到毒物的藏獒口服维生素 K_1,对于已知的毒物,根据其半衰期进行长期治疗。

磷化锌中毒

磷化锌是常见的一种灭鼠药,其化学名为二磷化三锌,为黑色粉末,不溶于水,有腐败的鱼腥味,通常以 2.5%～5% 的比例与食物、糖拌成混合性毒饵使用。藏獒的中毒剂量为每千克体重 20～50 毫克,在误食后,由于胃酸作用可使磷化锌的毒性增强。

【病 因】 藏獒误食磷化锌毒饵后,在胃酸的作用下,磷化锌分解为磷化氢气体,刺激呼吸道,引起呼吸困难甚至窒息。

【临床症状】 藏獒磷化锌中毒的潜伏时间一般为 15 分钟至4 小时,最初表现为消化道症状,病獒厌食、呕吐或腹泻,呕吐物中带血,呕吐物中散发出带有蒜味的特异性臭味。病獒腹痛,呼吸急促、困难,拱背收腰,表情痛苦,有时表现为尖叫、狂奔、倒地不起等症状。随着中毒的加深,中毒藏獒共济失调,抽搐痉挛,呼吸极度困难,张口呼吸,心律失常,昏迷衰竭,最后因窒息而死亡。

【诊 断】 根据误食毒饵和犬场内投放毒饵的病史,结合呕吐物中有大蒜臭味,病犬有呕吐、腹痛和呼吸困难等临床症状,最后结合实验室检查呕吐物中有磷和锌,即可确诊。

【防 治】

1. 预防 加强对灭鼠药物的管理,完善使用制度,对毒饵的投放地点加强管理,及时清除未被采食的剩余毒饵。及时深埋被毒死的鼠尸,避免藏獒误食而中毒。

2. 治疗 磷化锌中毒无特效解毒药,早期中毒可用以下方法解救。

(1)阻止毒物吸收 中毒早期可用 5％碳酸氢钠溶液洗胃。碳酸氢钠可中和胃酸,减少磷化氢的产生。也可以灌服 0.5％硫酸铜溶液,使硫酸铜与磷化锌形成不溶性的磷化铜,阻止毒物的吸收,促使藏獒呕吐以排出部分毒物。导泻可用硫酸钠,一次口服10～30 克。

(2)限制饮食 限制饮食 24 小时,可减少胃酸的产生。

(3)对症疗法 注射尼克刹米或樟脑磺酸钠可兴奋呼吸中枢,对伴有肺水肿的可静脉注射地塞米松,每千克体重 1 毫克。发生酸中毒的可静脉注射碳酸氢钠,并进行补液、强心、利尿治疗。为防止肺水肿,可同时静脉输入高渗葡萄糖注射液和葡萄糖酸钙注射液。为防止肝脏损伤,可应用复合维生素 B 和右旋糖酐注射液。

【护 理】 在本病治疗期间,要加强病獒的保定,由于病獒意识丧失,可出现由于痛苦而误伤主人的事件,因此护理时要注意人员安全。本病的症状与有机磷农药中毒的症状相似,故在治疗上要通过阿托品治疗进行鉴别。最好根据实验室诊断做出确诊后再确定治疗和护理方案。

有机磷农药中毒

有机磷农药是一类常用的杀虫药,包括敌敌畏、乐果、敌百虫等。

【病　因】　藏獒发生有机磷农药中毒主要由以下几方面原因造成。

第一,驱除体表寄生虫时用量过大、浓度过高、用药面积过大、用药时间过长等,常见于杀灭蠕形螨、痒螨、犬蜱等。

第二,使用敌百虫等药物驱除体内寄生虫时用量过多或用药时接触碱性物质使毒性增强而导致中毒。

第三,藏獒喜食被有机磷农药毒死的鼠尸,其原因不详,误食此类鼠尸以及被有机磷农药污染的食物、饮水或吸入毒物等,均可引起中毒。

【临床症状】　不同的有机磷农药,其中毒剂量不同,有的为剧毒,动物摄入少量即出现急性中毒症状。通常中毒藏獒在摄入毒物几分钟或几个小时出现症状,因中毒的程度不同其症状也有所不同。

1. 轻度中毒　中毒藏獒流涎,食欲不振,精神委靡,恶心呕吐,腹泻,轻度不安。

2. 中度中毒　中毒藏獒异常兴奋,流涎,食欲不振或废绝,呕吐,腹痛,拱背收腰,瞳孔缩小,视力减弱,呼吸急迫,心率加快,体温升高,肠音高朗,腹泻严重。

3. 严重中毒　中毒藏獒精神高度狂躁,全身肌肉剧烈抽搐、痉挛,大量流涎,流眼泪,腹痛、腹泻严重,呼吸困难,心跳加快,心律失常,排便、排尿失禁,全身发热,倒地不起,昏迷或呈癫痫样发作,黏膜发绀或苍白,常伴有肺水肿,最终因呼吸肌麻痹而死亡。

【诊　断】　根据毒物接触史和临床症状,结合实验室毒物检验和血液检查胆碱酯酶活性被抑制,即可确诊。使用阿托品和碘解磷定可进行验证诊断。

【防　治】

1. 预防　加强对有机磷农药的管理,有机磷农药要单独保存,并派专人管理,建立严格的农药领用、出库、购买制度。使用后的农药空瓶、空罐要回收处理,严禁乱扔、乱放,避免藏獒因舔舐而引起中毒。对已使用后的剩余药品要妥善处理。

喷洒农药时要注意个人防护,喷药时要穿长袖工作服,并戴口罩,对身体其他暴露部分要进行防护。严禁在犬舍中对藏獒身体喷洒农药。喷洒药物时要注意风向,防止喷洒在自身或藏獒身上。喷洒时还要避免将药物喷洒到食具、饮水器上。犬舍、运动场地喷洒时要注意药物的残留期。喷洒的场地要隔一段时间后再放入藏獒,以避免藏獒中毒。治疗前要对藏獒体重、肝脏功能等进行评估。

2. 治疗　严重中毒的藏獒要使用特效药物治疗。可用乙酰胆碱对抗药硫酸阿托品,以阻断乙酰胆碱的毒蕈碱样作用。剂量为每千克体重 0.2 毫克,通常 1/4 剂量静脉输入,其余 3/4 剂量可皮下输入。3～6 小时重复用药 1 次,连用 1～2 天。

氯磷定或碘解磷定可与有机磷和胆碱酯酶复合物磷酰化胆碱酯酶的磷原子结合,使其活力恢复。常用剂量为每千克体重 20 毫克,静脉注射,必要时 3～4 小时后重复使用 1 次,剂量减半。输液时可与 5% 葡萄糖注射液混合后静脉输入。

对于经皮肤接触中毒的,要仔细冲洗皮肤,注意敌百虫中毒时要用清水冲洗,不可用碱性溶液或碱性肥皂冲洗。

经口服中毒的,要进行洗胃处理。敌百虫中毒要用清水洗胃,其他有机磷农药中毒可用 2% 碳酸氢钠溶液洗胃。洗胃完毕后,可口服活性炭粉 50～100 克。

出现呼吸困难的,可进行输氧或肌内注射呼吸兴奋剂尼克刹米。狂躁不安的病獒可用镇静、解痉药物,如盐酸氯丙嗪、苯巴比妥钠等。治疗的同时注意纠正水、电解质代谢紊乱和酸碱平衡失衡。

【护　理】　对于有机磷中毒的藏獒,在治疗时,治疗人员和藏獒主人要进行毒物的防护,救护人员要戴手套和防护围裙,以防止毒物侵入人体。治疗时,注意药物禁忌,禁止使用吗啡、地西泮等药物。对于轻度中毒的藏獒,可单独使用阿托品或解磷定;中度或严重中毒的,以阿托品和解磷定合用为佳,第二次用量可减半。注意有机磷农药中毒时禁用油类泻剂。

藏獒中毒时,除药物治疗外,临床护理也十分重要。首先要保持病獒的安静,注意治疗或护理室的保温和干燥,给予患病藏獒充足的饮水。对于患病严重卧地不起或异常抑制的藏獒,要铺以干净的垫料或柔软的垫草,并每隔一段时间进行翻身护理,这样有助于病体的康复。

治疗后有视力障碍、后躯麻痹、出汗异常的或幼獒发育异常的可根据具体患病状态,采取淘汰或继续治疗;有后躯麻痹的患病藏獒要经常给予翻身、按摩,以避免发生褥疮。

二甲苯胺脒中毒

二甲苯胺脒常用于控制和灭杀动物的体表寄生虫,藏獒常用19.9%二甲苯胺脒杀螨剂和12.5%二甲苯胺脒制剂。二甲苯胺脒中毒主要是由于经皮肤或消化道用药过量,使二甲苯胺脒进入体内而引起。临床上主要以中枢神经系统抑制、高铁血红蛋白血症、紫绀和出血性膀胱炎为特点。

【病　因】 一是驱除蠕形螨、体表螨虫和蜱时,用药量过大。二是藏獒舔食了含有二甲苯胺脒的药品、项圈等。

【临床症状】 临床症状与中毒剂量有关。在小剂量中毒时,藏獒出现暂时的安静,有食欲减退、呕吐和腹泻等轻度胃肠炎的症状。在大剂量中毒时,藏獒中枢神经被抑制,有瞳孔散大、共济失调、体温降低、心动过缓、血压降低、肌肉无力、呕吐等症状。同时,出现血尿,可视黏膜发绀。重度中毒的有昏迷、肺水肿、脑水肿、胃出血、贫血等症状。

【诊　断】　根据临床上出现中枢神经系统抑制、紫绀和血尿等特点,结合血清学二甲苯胺脒的定性和定量测定,以及藏獒对二甲苯胺脒有接触史,即可做出正确诊断。

【防　治】

1. 预防　根据药物的浓度及藏獒体重等合理使用药物。

2. 治疗　治疗剂量下出现不良反应时,应立即停止用药。用药过量导致中毒时,由皮肤接触引起中毒的可用大量清水冲洗,由消化道吸收引起的中毒要洗胃、催吐或服用活性炭。

及时对症治疗,出现心动过缓的,可用育亨宾,每千克体重0.1~0.2毫克,静脉注射,以纠正心动过缓。精神沉郁并伴有低血压的,可重复使用育亨宾1次。为缓解毒物对肝脏的损害,可用5%~10%葡萄糖注射液,加入三磷酸腺苷、辅酶A、肌苷等输液治疗。有呕吐的应进行止吐处理。体温降低的,要将病獒放置在温暖的地方,进行保温处理。对于出现紫绀的患病藏獒,可用1%美蓝溶液按每千克体重2毫克的剂量加入50%葡萄糖溶液中静脉注射,必要时2小时以后再进行半量输入,每次的总剂量不要超过200毫克,1天的总剂量不要超过600毫克,连用4天,直至紫绀消失为止。出血性膀胱炎的治疗以碱化尿液、止血、消炎为主,碱化尿液主要用5%碳酸氢钠注射液静脉注射,止血可用安络血、止血敏等药物,同时给予抗生素如氨苄西林、庆大霉素等,以预防继发感染。

【护　理】　护理时注意藏獒心律、体温的检测,有条件的地区进行呼吸、心电图的检测。治疗期间有食欲的藏獒可给予易消化的食物,并注意治疗环境的温度。注意美蓝的用药剂量,不可超量使用。

食物中毒

食物中毒是指藏獒食入了被细菌、细菌毒素、毒物污染的或含有有毒物质的食物而发生的中毒性疾病。

【病 因】 主要有以下几方面。

1. 细菌性食物中毒 主要发生于家庭养殖的藏獒和以动物副产品为主要日粮的养獒场。其原因是饲喂了被细菌和毒素污染的剩饭、剩菜和动物副产品。常见的细菌性食物中毒由沙门氏菌、变形杆菌、魏氏梭菌、肉毒梭菌等引起。

2. 真菌性食物中毒 主要是藏獒食入了被真菌污染的食物、犬粮等,常见的病原菌有赤霉菌、青霉菌、黄曲霉菌等。

3. 植物性食物中毒 藏獒食入有毒或含对犬敏感物质的植物如马钱子、洋葱、毒蕈、木薯等引起的中毒。

4. 动物性食物中毒 某些动物体内含有毒性物质,如河豚含有河豚毒素,藏獒食入后可引起神经中枢和末梢发生麻痹。

5. 化学性食物中毒 主要是食物受到化学毒物的污染,如受铅、汞等重金属和有机磷农药污染,藏獒食入后即可引起中毒。

【临床症状】 食物中毒具有流行性,中毒的发生与食物有关,养獒场往往群发。发病快而凶猛,潜伏期短,多在食入后十几分钟至24小时内发病。发病的藏獒症状相似,主要有消化道症状,如呕吐、腹痛、腹泻,有时粪便带血,有些中毒可由于肠道内充满气体而导致腹胀。有的表现为神经症状,如抽搐、麻痹等,肉毒梭菌引起的中毒可出现松弛性麻痹。患病藏獒精神委靡或兴奋,虚弱无力,有时共济失调。血容量下降,或出现毒血症性休克,有时伴有红细胞和白细胞减少症。

【诊 断】 有吞食含有毒物质食物的病史,如细菌性食物中毒有吞食腐败食物、下脚料或腐肉病史。X线检查可见肠道淤积、扩张,肠道内有骨片、骨头等。实验室可进行细菌学、血清学和毒物检查,可确诊毒物种类。

【防 治】

1. 预防 加强饲养管理,避免藏獒食入变质、腐败或来源不明的动物性产品和食物。加强药品管理制度,避免藏獒误食有毒化学药品引起中毒。对铅、汞等金属物品要加强管理,避免使用含铅油漆涂刷犬舍。

2. 治疗 尽快清除毒物和胃肠道内的毒素。应用催吐剂催吐,如盐酸阿扑吗啡,每千克体重 0.02 毫克,静脉注射。洗胃可用温水反复冲洗,直至将胃内容物洗出,灌洗液变清为止。食入腐蚀性化学药品而引起的中毒严禁使用催吐的方法治疗,以免发生严重的胃出血以及食管和胃穿孔。导泻可用泻药,使毒物迅速排出,如硫酸钠 20~30 克,口服;液状石蜡 20~100 毫升,口服。导泻主要用于不能洗胃或吃入毒物时间已久的獒,通常在缓泻剂中加入吸附剂,如活性炭,既可以吸附毒物,又可以保护肠黏膜。对于中毒时间已超过 6 小时的病獒,可以进行灌肠处理,可用温水、1%肥皂水、0.1%高锰酸钾溶液进行多次冲洗。但对于腐蚀性药物中毒和极度衰竭的獒要禁止灌肠。

根据不同病因造成的食物中毒,分别选用高效解毒剂予以解毒,如肉毒梭菌引起的中毒可选用多价抗毒血清治疗。

细菌性食物中毒可给予抗生素。如产气荚膜杆菌引起的中毒可用阿莫西林,每千克体重 11~22 毫克,皮下、肌内或静脉注射,每天 4 次;庆大霉素,每千克体重 2.2 毫克,皮下、肌内或静脉注射,每天 2 次。庆大霉素与头孢菌素合用可治疗沙门氏菌感染。磺胺嘧啶或甲氧苄啶按每千克体重 15 毫克口服,每天 2 次,可治疗沙门氏菌感染或混合感染。红霉素按每千克体重 10 毫克剂量口服,每天 3 次,连用 5~7 天,可治疗梭状芽孢杆菌引起的中毒。恩诺沙星按每千克体重 2~4 毫克口服,每天 2 次,可治疗革兰氏阴性和阳性菌引起的中毒。

对于低血溶性兼败血性休克,可用皮质类固醇类药物治疗。地塞米松磷酸钠,每千克体重 2~3 毫克,静脉注射。强的松,每千克体重 11 毫克,静脉注射。持续血压过低的,可用血管加压素,如多巴胺，每千克体重10~20微克/分，静脉注射；甲氧胺，每千克体重0.1~0.2毫克，静脉注射。呼吸衰竭的可给予吸氧治疗。保护胃肠黏膜可用白陶土果胶，每千克体重1~2毫升，口服，每天4次。食物中毒常引起剧烈呕吐，引起水和电解质的紊乱，应及时补充。

【护 理】 患食物中毒的藏獒要及时就诊，治疗时要注意监护电解质、肝功能等项目，以便及时采取治疗措施。对于细菌性引起的食物中毒，要进行病因的分析，以改善饲养管理水平，在温暖的季节，要注意藏獒的饮食质量和饮食加工环境，不要给藏獒饲喂剩饭和变质的食物，污染的食物要废弃，以免造成更大的损失。

病獒在患病初期，要禁食并给予清洁的饮水，保持病獒休息环境的安静，治疗期间注意尿液、粪便的颜色和病獒的精神状态、口舌颜色、体温等情况，以便及时告知兽医，采取积极的治疗手段。

氨基糖苷类药物中毒

氨基糖苷类药物是由氨基糖与配基苷元结合而形成的苷类药物，对革兰氏阴性杆菌的抗菌作用较强，常用的抗生素有链霉素、庆大霉素、卡那霉素、新霉素、妥布霉素和奈替米星等。

【病 因】 主要因用药不当如大剂量用药和长期用药，肾脏患病时发生药物蓄积，以及发生过敏反应等而引起中毒。

【临床症状】

1. 过敏性休克 主要发生在应用链霉素和庆大霉素的藏獒。一般在注射10分钟后发生，患病藏獒不安、全身震颤、运动失调、恶心呕吐、呼吸急迫、心悸、可视黏膜发绀、血压降低，皮肤有时出现荨麻疹、血疹、皮炎等，腹痛、腹泻，排便、排尿失禁，昏迷、休克。

2. 耳毒性 主要由于使用氨基糖苷类药物不当而引起。前庭功能失调可出现恶心、呕吐、眼球震颤、平衡失调、步态跟跄等症状。耳蜗神经损伤时，听觉功能降低，藏獒听觉迟钝或耳聋。有时两种症状同时存在,表明同时发生了前庭功能失调和耳蜗神经损伤。

3. 肾毒性 主要表现为肾性水肿、管型尿、血尿、少尿、无尿、血钾升高、氮质血症、尿毒症等。

4. 对神经肌肉接头的阻滞毒性 主要发生在使用此类药物肌内或静脉注射时速度过快,或与肌肉松弛剂合用时。此外,藏獒患肾衰竭、血钙降低等易导致本病发生。主要症状为唇舌震颤或麻痹,肌无力,瘫痪,心力衰竭,血压下降,最终因呼吸肌麻痹而死亡。

5. 胃肠道症状 经口给予藏獒新霉素、卡那霉素等,可导致恶心呕吐、腹胀、腹泻等症状,严重时可引起脂肪性腹泻或营养不良,其原因是口服此类药物后,胆汁中药物浓度增高而刺激胃肠。

6. 血液循环系统症状 主要表现为心力衰竭、溶血性贫血和血液学变化,可引起白细胞减少症、血小板减少症、嗜酸性粒细胞增多、血清碱性磷酸酶和转氨酶增高的现象。

【诊 断】 根据藏獒在近期内有应用氨基糖苷类药物治疗史和用药史,结合临床症状即可确诊。

【防 治】

1. 预防 使用抗生素必须根据藏獒的病状、体重、精神状态、年龄、营养状态等综合考虑,准确配伍药物剂量,用药后注意观察藏獒的表现,发现不良反应或中毒时要及时治疗。避免长期用药或用量过大而引起的中毒。

2. 治疗 ①立即停用或减量使用氨基糖苷类药物。②轻度的过敏反应停药后即可自愈,严重的过敏和休克要立即进行抢救,可皮下或肌内注射 0.1% 肾上腺素,藏獒常用 0.1～0.5 毫克/次,用 10 倍量生理盐水稀释后静脉注射。或用 5% 葡萄糖注射液 200 毫升,加入氢化可的松 5～20 毫升,缓慢静脉注射。血压下降时,用 5% 葡萄糖注射液 50 毫升加入酒石酸去甲肾上腺素 0.4～2

毫克,缓慢静脉滴注。或用酒石酸间羟胺 2～10 毫克/次,溶于生理盐水中缓慢静脉滴注。有呼吸衰竭的要采取吸氧、人工呼吸等措施。③为促进药物的排出,可用较大剂量的 10％葡萄糖注射液滴注。为减轻药物的中毒反应,可用硫代硫酸钠进行解毒,为治疗听神经功能障碍,可用利多卡因、卡马西平、乙酰谷酰胺等。④对发生神经肌肉阻滞的患病藏獒,可皮下注射新斯的明 0.5～1 毫克/次,每隔 30 分钟给药 1 次,直到呼吸恢复为止。缓慢静脉注射葡萄糖酸钙或氯化钙注射液。⑤可用营养神经药物谷氨酸钠和抗贫血药物等进行对症治疗,低血钾的可静脉滴注氯化钾注射液。

【护　理】　氨基糖苷类药物中毒是比较危险的疾病,多数养獒场由于用药剂量、给药途径、疗程等存在错误,造成藏獒听力障碍。因此,预防中毒显得尤为重要。

妊娠母獒、初生仔獒、幼獒、老龄藏獒慎用氨基糖苷类药物;患有毒血症、尿毒症、肾衰竭、肝病、低血钾、脱水等疾病的藏獒慎用或不用此类药物。

在药物配伍上,避免与耳毒性和肾毒性较强的药物、抗组胺药物、肌肉松弛药物、全身麻醉药物合用。

关节腔、创腔、胸腹腔等部位慎用此类药物。

对于药物性肾炎的护理,要在饮食上采用低钠食物,并密切观察藏獒的尿量、颜色和尿常规的检查。通常要在 2 周左右进行尿液的检查,并根据尿液检查结果合理使用低肾毒性药物进行治疗。

患有氨基糖苷类药物中毒的藏獒,根据中毒的程度不同,采取的护理方案也不相同。耳毒性中毒在护理时要注意先使藏獒清醒再进行接触,切不可在藏獒睡觉时抚摸或走进犬舍,以免造成人身伤害。

肌肉无力、步态蹒跚的患病藏獒,护理时要注意及时清理粪尿,以免病獒因被毛污染、潮湿而引起皮肤炎症。

第十三章　藏獒皮肤病的防治与护理

引起藏獒皮肤病的病因很多,比较常见的如真菌性皮肤病(详见本书皮肤真菌病)、寄生虫性皮肤病(详见本书蠕形螨病、疥螨病)、病毒性皮肤病(如犬瘟热病)、过敏性皮肤病、内分泌性皮肤病及其他皮肤病。不同病因引起的皮肤病症状各异,治疗方法亦有不同。对于真菌性皮肤病、病毒性皮肤病及寄生虫引起的皮肤病,在相关章节已做介绍,这里主要探讨其他原因引起的几种皮肤病的症状特点和防治方法。

过敏性皮炎

本病是由各种过敏因素所引起的藏獒皮肤疾病,是一种由免疫球蛋白 E 参与的皮肤过敏反应,又称为特异性皮炎。

【病　因】　常见的病因有遗传性过敏、接触性过敏和食物过敏。引起藏獒发生本病比较多见的过敏因素主要有药物、疫苗、昆虫叮咬、植物花粉、食品及食品添加剂等。

【临床症状】　本病常呈急性发作,病犬局部或全身突然出现各种各样的瘙痒性风团(荨麻疹)、水肿性肿胀(血管性水肿)或弥漫性红点(过敏性湿疹)。其症状的表现可能有季节性或周期性,由致敏因子决定。藏獒表现有不同程度的瘙痒症状,可能在墙壁等处摩擦皮肤或舔咬局部皮肤,造成局部脱毛、表皮脱落和发红、抓伤等,若继发细菌感染,可造成自我损伤范围加大、加重。

【诊　断】　主要根据发病史和临床症状进行,通过查找可能突然接触到的某种过敏因子而发病的特征做出初步诊断。可通过血液学检查、皮肤刮片镜检、真菌检查及非过敏性食物检验等做出确诊。

【防 治】

1. 预防 加强饲养管理,经常给藏獒进行被毛的清理,尤其在绒毛脱落的季节,要用手轻拉脱落的绒毛,并用刷子刷拭体表。定期消灭吸血蚊虫。

2. 治疗 尽可能查清过敏原因,并消除过敏因素。寄生虫引起的应给予杀虫剂治疗,真菌感染的应进行抗真菌治疗。

若属急性过敏或出现过敏反应性休克,可采用 0.1% 肾上腺素进行急救,可皮下、肌内或静脉注射,剂量为 0.1~0.5 毫升。

或用苯海拉明,每千克体重 2 毫克,肌内注射。盐酸异丙嗪或扑尔敏,每千克体重 1 毫克,口服,每天 2 次;也可用 25~50 毫克/次剂量肌内注射。

皮下或肌内注射泼尼松,每千克体重 2 毫克,每 2 天使用 1 次;或用地塞米松磷酸钠,幼獒每千克体重 2~5 毫克,成年獒每千克体重 5~10 毫克,皮下或肌内注射。

皮下或肌内注射强力解毒敏,幼獒 2 毫升,成年獒 4~6 毫升。

【护 理】 本病根据病因不同,其护理内容也不尽相同。接触过敏性皮炎在确诊和离开过敏原环境几天后,患病藏獒就有明显的好转;在确定过敏原之后将其去除,预后良好。对于食物过敏的患病藏獒最好使用无过敏性处方犬粮。对于吸入过敏性皮炎的患病藏獒要进行环境的控制,如空气的净化和致敏因子的移除。由于在治疗上采用免疫疗法,治疗时间较长,因此要根据治疗效果,对皮质类固醇激素的用量和副作用进行长期的检测,平均每 3~6 个月做 1 次血液检查和生化检查。

肢端舔舐性皮炎

本病为藏獒过度舔舐肢体末端部分,导致出现脱毛和变厚的空斑或出现溃疡的一种综合征,又称为舔舐性肉芽肿或肢端瘙痒性结节。中年或年龄较大的藏獒多见。

【病　因】　本病多由于藏獒患有骨折、骨赘、骨关节炎,局部有异物或伤口,或患有神经损伤等疾患而引起。发生本病的藏獒常患有精神性疾病如因厌倦而自残等。

【临床症状】　患有本病的藏獒频繁舔舐肢体末端,造成局部瘙痒、脱毛,并形成坚硬、增厚的空斑或结节,结节可能糜烂或溃疡。

通常为单个病变,也可能为多个病变,最常见的发病部位在腕前部,有时也见于掌部、跗部或跖部等。

本病多为慢性发病,常见色素沉着过度和继发细菌性感染(丘疹、蜂窝织炎、渗出)。

【诊　断】　患病藏獒有过度舔舐腕骨或跗骨背面的病史,同时结合上述临床症状可做出初步诊断。X线检查未发现潜在的原发性解剖学异常。神经学检查或神经传导速度测试未发现神经异常。皮肤组织病理学检查有表皮溃疡或增生,轻微的嗜中性粒细胞和单核细胞周围血管性皮炎及不同程度的真皮纤维化。细菌培养(渗出物、活组织样品)经常可分离出葡萄球菌,常见革兰氏阳性菌和革兰氏阴性菌混合感染。

【防　治】

1. 预防　除去病因,保持伤口洁净,注意藏獒皮肤的清洁、干燥。犬舍内要通风良好,对患有肢体外伤的藏獒,要积极进行治疗,避免长期使用强刺激性药物,对原发疾病要积极进行治疗,避免藏獒舔舐伤口。治疗期间要对藏獒进行及时观察,给予富有营养且易消化的食物。

2. 治疗　本病的治疗原则是除去病因,促进炎症消散。

第一,及时处理创伤或除去异物,消除发病原因。

第二,若有条件,最好在药敏试验的基础上,选择敏感抗生素治疗,并长期应用6～8周。

第三,瘙痒症状较重的藏獒,建议使用肤轻松软膏局部涂擦,或在病变处注射曲安奈德或醋酸甲泼尼龙。

第四，对病獒采用一些机械性保护物如局部包扎绷带、使用伊丽莎白项圈或嘴套等。

【护 理】 本病治疗效果常不良，在治疗期间，应注意皮肤并发症的治疗，尤其是继发感染。注意观察骨膜的反应，在四肢有功能障碍时，要减少运动量或限制运动。患病藏獒要进行头部的固定，避免啃咬患病部位。饮食上给予易消化、营养丰富的食物。

脓 皮 病

本病是藏獒皮肤、黏膜、毛囊部、鼻部、爪部等部位由于细菌感染而导致的细菌性疾病。

【病 因】 ①本病多因皮肤局部外伤或其他原因引起细菌感染未及时有效治疗造成，主要感染的细菌是化脓杆菌和金黄色葡萄球菌。②可能与易感疾病或其他潜在性病因有关，如体内和体外寄生虫、营养不良或环境不洁等。

【临床症状】 黏膜皮肤性脓皮病的特点是黏膜、皮肤交界处肿胀、有红斑和形成痂皮，有时两侧对称。患部疼痛、瘙痒或有自体损伤，有渗出组织开裂和色素减退等症状出现，多发生于口角、唇，有时鼻孔、阴门、包皮和肛门等处也有发生。

浅表性脓疱性皮炎的特点是在无毛部皮肤如腹股沟和腋下皮肤出现小的非毛囊性脓疱、丘疹和痂皮，病变无疼痛或瘙痒，常发生在青年期以前的藏獒。

浅表性脓皮病主要是毛囊及其附近表皮的浅表性细菌感染，病变多呈局灶性、多灶性或泛发性，表现丘疹、脓疱、皮屑、上皮和周围组织的红斑、脱毛，病灶多为圆形脱毛、圆形红斑、黄色结痂、丘疹、脓疱或斑丘疹、结痂斑，病灶周围可能有过度色素沉着，随着病情的发展，瘙痒症状逐渐加重。

鼻部的脓皮病主要表现为在鼻梁和鼻孔周围出现丘疹、脓疱、红斑、脱毛、痂皮、肿胀、糜烂或溃疡性瘘管,并表现不同程度的疼痛。

爪部脓皮病是爪的深部细菌感染,可能侵害到 1 个或多个指(趾),伴有局部红斑、脓疱、丘疹、结节、出血性大疱、瘘管、溃疡脱毛或脓肿等,患病藏獒表现不同程度的瘙痒、疼痛和跛行等症状。

深部脓皮病是一种局灶性、多灶性或泛发性皮肤病变,最常发生在躯干和受到压迫的部位,以丘疹、脓疱、蜂窝织炎、脱色、脱毛、出血性大疱、糜烂、溃疡痂皮以及形成浆液性甚至化脓性瘘管等。患病藏獒精神沉郁,食欲减退、体温升高,如果未得到及时有效地治疗,可能引起败血症。

【诊　断】　主要根据病史和临床症状做出诊断,并进行皮肤组织病理学检查;若有条件最好进行实验室皮肤直接涂片、细菌分离培养和皮肤活组织检查,查明感染微生物的种类。

一般幼獒发生脓皮症的易发部位为腹部或腋窝部位稀毛处,出现非毛囊炎的脓疱,脓疱破溃后形成小的黄色结痂和环形皮屑。成年藏獒发生的部位不确定。从发病的部位和病灶的表现、皮肤的病损程度上分为表层脓皮病、浅层脓皮病、深层脓皮病。

【防　治】

1. 预防　加强饲养管理,经常清扫犬舍和运动场地,定期消毒。对患有脓疱病的藏獒要进行隔离治疗,护理、饲养人员和医护人员在进行护理、治疗过程中要注意消毒,避免人为感染其他健康藏獒。饲养时严格按藏獒的发育规律选择合适的犬粮,避免盲目添加高蛋白质、高脂肪饲料。

2. 治疗　查明并除去潜在病因,若有条件,对局部病变部的渗出物进行细菌培养,确定感染菌的种类并进行药敏试验,根据药敏试验结果选择抗生素。常用的抗生素有红霉素,每次每千克体重 10～15 毫克,口服,每天 3 次。林可霉素,每次每千克体重 20 毫克,口服,每天 2 次。克林霉素,每次每千克体重 5 毫克,口服,每天 2 次。磺胺嘧啶,每次每千克体重 27 毫克,口服,每天 2 次。磺胺增效片,每千克体重 15～30 毫克,口服,每天 3 次。以上药物连用 7 天。复发的病例可用阿莫西林,每次每千克体重 22 毫克,口服,每天 3 次。氧氟沙星,每次每千克体重 22 毫克,口服,每天 3 次。头孢菌素,每次每千克体重 22～30 毫克,口服,每天 2 次。另外,甲硝唑、利福平、阿米卡星和恩诺沙星的治疗效果也不错。

病灶周围剪毛,每天用抗菌药物(如洗必泰、碘伏等)湿敷皮肤。

长期全身应用抗生素,至少使用 8～12 周,并在临床症状消失后继续用药 2 周。

藏獒在户外运动时要避开坚硬、粗糙地面,以减少爪部外伤。

【护 理】 给予营养丰富的肉类食物,以提高患病藏獒的机体抵抗力。如果饲喂商品犬粮,不要在犬粮中添加肉类产品,以免毛囊皮脂腺过度分泌引起皮肤细菌性毛囊炎。

抗生素治疗 7 天后,复查治疗效果,如无效,应重新选择抗生素。有条件的地区,可进行细菌培养和药物敏感实验,以选择合适的抗生素。

治疗 1 个月后,进行临床检查,以确定应用最小的药量消除临床症状。由于脓皮症常会复发,藏獒主人应注意治疗期间的观察,并及时就诊。

脓皮症的治疗要慎用糖皮质激素,以免造成复发和继发感染。

马拉色菌病

本病是由厚皮马拉色菌在皮肤过度生长所引起的藏獒皮肤疾病,临床上以瘙痒、脱毛、患病部位皮脂溢并伴有厚皮等为特征。

【病 因】 厚皮马拉色菌是一种常在的酵母菌,正常时少量存在于外耳道、口或肛门周围以及潮湿的皮褶内,当该菌在皮肤上过度生长或皮肤对其敏感时,即发生本病。真菌的过度生长几乎总有潜在原因,如遗传性过敏症、食物过敏、内分泌疾病、角化异常或滥用抗生素治疗疾病等。

【临床症状】 患病藏獒的指(趾)间隙、颈下、会阴部或腿褶处表现中度至剧烈瘙痒,并伴发区域性或全身性脱毛、表皮脱落、红斑和皮脂溢。慢性感染病例的皮肤苔藓化、色素沉着和过度角化,患病獒常散发出难闻的气味,且常伴发酵母菌引起的外耳炎。发生甲沟炎时,造成甲床破溃或感染。

【诊 断】 根据临床症状做出初步诊断,通过细胞学、皮肤病理学检验和真菌培养确诊本病。本病应与脂溢性皮炎、接触性皮炎、过敏性皮炎、疥螨性皮炎相鉴别。

【防 治】 查清病因、去除致病因素是治疗本病的关键。

对病情较轻的藏獒,建议使用抗真菌药物治疗,如用克霉唑软膏涂抹,或用2‰酮康唑溶液,或用2%~4%洗必泰溶液洗浴等,一般具有较好效果。

对于较严重的患病藏獒,建议使用酮康唑混于食物中口服,剂量为每千克体重5~10毫克,每12~24小时使用1次;或使用伊曲康唑,每千克体重5~10毫克,混于食物中口服,每24小时用药1次,连续治疗2~4周。

【护 理】 由于本病易与细菌混合感染,因此要配合使用抗生素。本病治愈后易复发,在使用酮康唑的间歇期,可使用药物香皂洗浴。长期使用抗真菌药物时,要密切观察患病藏獒的精神状态,如出现呕吐、腹泻时,要及时停药,并根据肝、肾功能调整以后的治疗剂量。

皮肤药物反应

本病是由药物过敏所引起的藏獒皮肤疾病,其特征类似其他过敏反应的症状。

【病 因】 本病主要由于某些藏獒对某种药物的敏感性高,

对局部用药、口服药物和注射药物发生皮肤/黏膜的皮肤反应。

【临床症状】 由药物过敏引起的皮肤病临床症状变化极大，可包括丘疹、斑、脓疱、小囊泡、大疱、紫癜、红斑、荨麻疹、血管神经性水肿、脱毛、多形红斑或中毒性表皮坏死松解症、鳞屑/表皮脱落、糜烂、溃疡形成和中耳炎。病损部位可能是局灶性、多灶性或弥散性，伴有不同程度的发热、疼痛和瘙痒等。一些药物作用伴有全身症状，如关节积液、跛行、蛋白尿、发热等，严重病例可出现过敏性休克。

【诊　断】 临床上主要根据患病藏獒的用药情况进行诊断，往往是在用药 10 分钟左右出现上述症状，若患病藏獒前一次用药未出现上述症状，而本次用药出现该症状，此时主要考虑有无新增加的药物品种，一般在有新增药物的情况下，药物反应很可能就是新增加的药物引起的。

【防　治】 肾上腺素是治疗过敏性休克的首选药物，对于药物过敏反应和疫苗过敏反应均有良好的治疗效果。可采用 0.1% 肾上腺素进行急救，可皮下、肌内或静脉注射，剂量为 0.1～0.5 毫升。

也可采用糖皮质激素治疗，泼尼松，每千克体重 1～2 毫克，每 24 小时用药 1 次；地塞米松磷酸钠，皮下或肌内注射，幼獒每只注射 2～5 毫克，成年獒每只注射 5～10 毫克，每天 1 次。

给予抗组胺药物进行治疗，如苯海拉明注射液，肌内注射，2 毫克/千克体重。

皮下或肌内注射强力解毒敏，幼獒 2 毫升，成年獒 4～6 毫升。

对于因某种药物导致过敏的病獒，以后切忌再使用此类药物治疗疾病。

【护　理】 患有药物过敏性皮炎的藏獒，要立即停喂刺激性药物，避免使用化学作用相近的药物。对药物引起的过敏性休克和速发型过敏反应，要采取支持性的护理。

瘙痒严重的藏獒,要进行止痒治疗,局部可用冷水冷敷皮肤,或用1‰醋酸溶液和2‰酒精溶液擦拭,也可用水杨酸酒精合剂、止痒酒精进行擦拭,以消除局部瘙痒。也可口服止痒药物,如异丙嗪、苯海拉明、溴化钙等制剂。

第十四章 藏獒常用外科手术 及术后治疗与护理

眼睑内翻矫正术

【适 应 症】 适用于藏獒眼睑内翻的矫正。眼睑内翻是指眼睑缘部分或全部向内侧翻转,以致睫毛和眼睑缘持续刺激眼球引起结膜炎或角膜炎的一种异常状态。

【术部解剖特点】 眼睑从外科学角度分为前、后 2 层,前面为皮肤、皮下组织和眼轮匝肌,后面为睑板和睑结膜。眼睑的皮肤较为疏松,移动性大。皮下组织为疏松结缔组织,易因水肿或出血而肿胀。眼轮匝肌为环形平滑肌,起闭合睑裂的作用。上睑提肌位于眼轮匝肌深面的上方,作用为提起上睑使睑裂开大。睑板为眼轮匝肌后面的致密纤维样组织,有支撑眼睑和维持眼睑外形的作用。每个睑板含睑板腺,其导管开口于眼睑缘,分泌油脂状物,有滑润眼睑缘与结膜的作用。睑结膜紧贴于眼睑内面,在远离眼睑缘侧翻折覆盖于巩膜前面,成为球结膜。结膜光滑透明,薄而松弛,内含泪腺、瞬膜腺,有湿润角膜的作用。

【器 械】 一般眼外科手术器械。

【保定与麻醉】 病獒侧卧保定,使患眼在上。全身麻醉或全身使用镇静剂,配合眼睑局部浸润麻醉。

【手术方法】 术前对内翻眼睑剃毛、消毒,铺眼部手术巾。在距眼睑缘 2~4 毫米处用手术镊提起皮肤,并用 1 把或 2 把直止血钳夹住。用止血钳夹住皮肤的多少,应视眼睑内翻的程度而定。在止血钳夹住皮肤 30 秒后松脱止血钳,用手术镊提起皮肤皱褶,沿皮肤皱褶基部用手术剪将其剪除。剪除后的皮肤创口呈长梭形或半月形,常用 4 号或 7 号丝线行结节缝合,针距约 2 毫米。术后 10~14 天拆除缝合线。

【术后治疗与护理】 给藏獒戴上项圈,防止搔抓或摩擦造成术部损伤。术后数天内因创部炎性肿胀,眼睑似乎出现矫正过度外翻现象,随着肿胀消退,眼睑缘也逐渐恢复正常。术后需用抗生素眼药水或眼药膏点眼,每天 3~4 次,连用 5~7 天,以消除因眼睑内翻引起的结膜炎或角膜炎症状。藏獒由于颜面皮肤较松弛,手术确定切除皮肤时,注意大型藏獒的发育规律,以免矫正过度。

眼睑外翻矫正术

【适应症】 适用于藏獒眼睑外翻的矫正。眼睑外翻一般是指下眼睑松弛,眼睑缘离开眼球,以至于睑结膜异常显露的一种状态。由于睑结膜长期暴露,不仅引起结膜和角膜发炎,还可导致角膜和眼球干燥。

【术部解剖特点】 见眼睑内翻手术。

【器 械】 一般外科手术器械。

【保定与麻醉】 病獒侧卧保定,患眼在上。全身麻醉或全身使用镇静剂,配合眼睑局部浸润麻醉。

【手术方法】 术前对外翻的眼睑剃毛、消毒,铺眼部手术洞巾,在距眼睑缘 2~3 毫米处做一深达皮下组织的"V"形皮肤切口,其"V"形基底部应宽于眼睑缘的外翻部分。然后由"V"形切口的尖端向上分离皮下组织,逐渐游离三角形皮瓣。接着在两侧创缘皮下做潜行分离,从"V"形尖端向上做结节缝合,边缝合边向上移动皮瓣,直到外翻的眼睑缘恢复原状,得到矫正。切除多余的皮瓣,最后结节缝合剩余的皮肤切口,将原来的切口由"V"形变为"Y"形。用 4 号或 7 号丝线行结节缝合,针距约 2 毫米。术后 10~14 天拆除缝合线。

【术后治疗与护理】 给犬戴上伊丽莎白项圈,防止搔抓或摩擦造成术部损伤。术后需用抗生素眼药水或眼药膏点眼,每天3～4次,连用5～7天,以消除因眼睑外翻引起的结膜炎或角膜炎症状。营养以正常饮食为主。

瞬膜腺摘除与复位手术

【适应症】 用于瞬膜脱出的治疗。

【术部解剖特点】 瞬膜即第三眼睑,是位于眼内角的半月状结膜褶,内有一扁平的"T"形软骨支撑,瞬膜腺大部分位于瞬膜球面下方,被覆脂肪组织,腺体分泌液经多个导管抵至结膜表面。

【器　械】 一般眼外科手术器械。

【保定与麻醉】 病獒侧卧保定,患眼在上。全身麻醉或全身使用镇静剂,配合患眼表面麻醉。

【手术方法】 用0.5%硼酸溶液或抗生素眼药水洗眼,洗眼后左手持有齿镊提起腺体,右手持小弯止血钳钳夹腺体基部,停留数分钟后沿止血钳上缘切除腺体。如有出血,用干棉球压迫眼内角止血,如出血多用干棉球压迫不能止血时,可用棉球蘸上肾上腺素注射液压迫止血,效果良好。

【术后治疗与护理】 术后需用抗生素眼药水或眼药膏点眼,每天3～4次,连用5～7天,以消除因瞬膜腺突出而引起的结膜炎或角膜炎症状。此手术方法由于可引起藏獒的干眼病,现已将切除法改良为整复固定法,效果良好。

眼球摘除术

【适应症】 眼球全脱出、全眼球炎、严重的角膜穿孔或继发眼内化脓感染无法控制时,应施行眼球摘除术。

【术部解剖特点】 眼球位于眼眶内,前部除角膜外有球结膜覆盖,中、后部有眼肌附着,分别为上直、下直、内直和外直肌,上、下斜肌与眼球退缩肌,后端借视神经与间脑相连。

【器　械】　一般眼科外科手术器械。

【保定与麻醉】　病獒患眼在上,侧卧保定。全身麻醉,结合眼轮匝肌麻醉。

【手术方法】

1. 经结膜眼球摘除法　适用于眼球脱出、严重角膜穿孔及眼球内容物脱出、角膜穿透创继发眼内感染但尚未波及眼睑时,具有操作简便、出血少、外观影响小等优点。具体操作如下:用金属开睑器撑开眼睑或用缝合线牵引开眼睑,必要时可切开外眦,充分暴露眼球。用有齿组织镊夹持角膜缘临近球结膜,在穹隆结膜上做环形切开。将弯剪紧贴巩膜向眼球赤道方向分离,分别剪断 4 条直肌和 2 条斜肌在巩膜上的止端。继续用有齿镊夹持眼球直肌残端并向外牵引,用剪刀环形分离深处组织,至眼球可以做旋转运动。然后将眼球继续前提,将弯剪伸入眼球后,剪断眼球退缩肌、视神经及附近血管。眼球摘除后,立即将灭菌纱布条塞入眼眶压迫止血,纱布条一端留在外眼角,眼睑行暂时性缝合。术后 24 小时,将纱布条经眼角抽出。

2. 经眼睑眼球摘除出法　适用于眼球严重化脓感染或眶内肿瘤已蔓延至眼睑时,切除部分眼睑有利于手术创口的第一期愈合。具体操作如下:上、下眼睑常规剪毛、消毒后,将上、下睑缘连续缝合,闭合睑裂。在触摸眼眶和感知其范围基础上,环绕眼睑缘做一椭圆形切口,依次切开皮肤、眼轮匝肌至睑结膜,但需保留睑结膜完整。一边用有齿组织镊向外牵引眼球,一边用弯剪环形分离眼球后组织,分别剪断所有直肌和斜肌。当牵拉眼球可以做旋转运动时,用小弯止血钳伸入眼球后,紧贴眼球钳夹眼球退缩肌、视神经及附近血管,在止血钳上缘将其剪断,即可取出眼球。尽量结扎止血钳下面的血管,以减少出血。当出血控制后,可将球后组织连同眼肌等组织一并结扎,以填塞眶内死腔。最后结节缝合眼睑皮肤切口,并做眼绷带。

【**术后治疗与护理**】 给犬戴上项圈,防止搔抓或摩擦造成术部损伤。全身应用抗生素 2～3 天,防止感染。对于预计可能发生的术后肿胀,可每天进行数次术部温敷,使术部肿胀迅速消退。14天后拆线。

拔 牙 术

【**适应症**】 适用于牙齿瘘、牙周炎、牙髓腔外露、颌骨骨折、齿槽感染时的治疗。

【**术部解剖特点**】 幼年藏獒具乳齿 28 颗,切齿 12 颗,犬齿 4 颗,臼齿 12 颗,成年以后具有恒齿 42 颗,切齿 12 颗,有 2 对特别发达的犬齿,呈弯曲状的侧扁状,臼齿 26 颗。切齿小,齿尖锋利,上、下各 3 对,位于切齿骨和下颌骨的切齿齿槽内,犬齿嵌埋在切齿骨和上颌骨共同构成的上犬齿槽中和下颌骨的下切齿槽中。上犬齿大于下犬齿;臼齿位于齿弓的后部,嵌于臼齿槽内,臼齿分前臼齿和后臼齿,上颌具有前臼齿 4 对、后臼齿 2 对;下颌具有前臼齿 4 对、后臼齿 3 对。除后臼齿外,其他齿随着藏獒年龄按一定的顺序更换 1 次,被更换的齿称为乳齿,更换的齿叫永久齿。切齿和犬齿的齿根为 1 个,臼齿为 2～6 个。齿冠为露出齿龈的部分,齿颈较齿冠略小,齿根为埋在齿槽部分,齿根底部有齿根尖孔,有神经和血管通向齿腔中的齿髓,给齿提供营养,保证其生长作用。

【**器 械**】 一般牙科手术器械。

【**保定与麻醉**】 病獒侧卧保定,全身麻醉。

【**手术方法**】 松动的牙齿应用普通镊子或小齿钳从齿槽中拔出。未松动的牙齿应用牙钳子嘴从齿冠向下用力推进,尽可能深入齿槽,钳嘴一定夹住齿的颈部或齿根,前后左右活动,使牙齿从齿槽中松动,将牙齿拔出。

如果牙齿的颈或根已破坏,拔牙时不能使用钳子夹,需要使用牙根起子。对于齿根已松动的应用成对的尖头起子,以斜的力量对着齿冠将齿根拔出。

对牙齿已破坏、齿根留在齿槽内、齿根已经松动的，应用牙起子插入齿槽和齿槽壁之间，将牙根与周围组织分离并拔出齿根。

【术后治疗与护理】 术后要充分止血，每天更换填充在牙患处的棉球，局部用止痛剂。全身应用抗生素 2～3 天，以防止感染。患病藏獒术后可用鼻饲管饲喂，也可饲喂软的罐装犬粮。密切观察口腔的伤口愈合情况，必要时进行口腔清洗，常用的口腔清洗液有 0.2％洗必泰溶液、1％过氧化氢溶液、聚维酮碘溶液。手术 2 天后，给予患病藏獒流质食物，脾气暴躁的藏獒要安置于温暖、安静的环境中，尽量避免与陌生人接触，并要防止其啃咬硬物或护栏。

声带切除术

【适应症】 为了消除藏獒吠叫声对周围环境的影响，可实行声带切除术。

【术部解剖特点】 声带位于喉腔内，由声带韧带和声带肌组成。两侧声带之间为声门裂。声带上端始于勺状软骨的最下端，下端终于甲状软骨腹内侧面中部。喉内肌由迷走神经支配，喉前神经是神经干的一部分，支配环甲软骨肌，其余的神经支配黏膜的感觉。喉返神经是迷走神经的分支，以喉后神经为终端，其余的支配喉内肌。喉后神经沿气管的背侧和环杓肌背侧的侧表面前行。喉动脉与喉前神经伴行。

【器　　械】 一般外科手术器械、开口器、喉镜、气管插管。

【保定与麻醉】 病獒经口腔切除声带，采用胸卧位保定；经腹侧喉室切除声带时，采用仰卧位保定。全身麻醉。

【手术方法】

1. 口腔内喉室声带切除术 病獒腹卧保定，使颈部伸长，分别拉开上、下颌打开口腔，使口张至最大，从口中将舌拉出后，压住舌根暴露喉室内两条声带,呈"V"形。用一长柄鳄鱼式组织钳(钳头具有切割功能)作为声带切割器械。将组织钳深入喉腔,抵于一侧声带的背侧顶端。活动钳头伸向声带内侧。依次从声带背侧向下切除至腹侧 1/4 处。腹侧 1/4 不宜切除,因为声带在此处联合,切除后容易形成瘢痕组织增生。用电烙或纱布压迫止血。

2. 腹侧喉室声带切除术 喉部腹侧常规灭菌消毒,在喉腹侧正中线上,以甲状软骨凸起处为切口中心,前后切开皮肤 3～4 厘米,分离胸骨舌骨肌至喉腹正中两侧,充分暴露甲状软骨和环甲韧带,采用钳夹和压迫止血,纵向切开甲状软骨和环甲韧带,牵开软骨创缘显露喉室及两侧声带。切除两侧声带,切除声带时,保留少许基部组织,术部出血较少,采用电烙铁烧烙止血或用纱布压迫止血,拭净喉室,用可吸收缝合线连续缝合缺损的黏膜,间断缝合环甲韧带和甲状软骨。喉软骨缝合时缝合线不要穿过黏膜,常规缝合肌肉、皮下组织和皮肤。

【术后治疗与护理】 将患病藏獒置于安静的环境中,以免诱发吠叫,影响创口愈合。创口每天涂擦碘酊 1～2 次,术后使用抗生素 3～5 天,以防止感染。术后的营养供给可采用禁食和静脉补充营养来进行,有条件的地区,可用鼻饲管、内窥镜胃造口术进行营养供给。术后密切观察患病藏獒的呼吸和术部恢复情况,严防吸入性异物性肺炎的发生。

气管切开术

【适应症】 鼻、喉阻塞导致呼吸困难或产生窒息时可使用气管切开术抢救,如发生异物性肺炎、急性肺水肿、上呼吸道急性炎性水肿、气管狭窄、鼻骨骨折、鼻腔肿瘤以及实施副鼻窦手术前。

【术部解剖特点】 气管起自喉的环状软骨,由软骨环组成,沿颈椎腹侧头长肌和颈长肌的下方向后延伸,经寻根胸前口进入胸腔,在颈的前半部腹侧处,其被覆较薄,容易从体表摸到;在颈的后半部因被胸头肌等覆盖而不易触及。颈部上、中 1/3 之间,是气管手术的部位。气管的腹侧中线由皮肤、皮肌、胸骨舌骨肌覆盖。气管环由纤维膜连接内、外表面,并与软骨膜连接一起。软骨环之间有环韧带,胸骨甲状肌位于中线两侧。

【器　械】　一般外科手术器械、气管导管。

【保定与麻醉】　病獒于手术台仰卧、侧卧保定,全身麻醉或局部浸润麻醉。

【手术方法】　术部剃毛、消毒,颈中线切口。钝性分离气管腹侧面皮肤、肌肉组织和结缔组织,向外拉出气管,在第三至第四气管环切开。应用小气管导管插入或将气管边缘缝合至创口的边缘。

【术后治疗与护理】　防止患病藏獒挠抓或摩擦术部,防止气管导管脱落或移动引起患病藏獒窒息。禁止术后清除黏液,以免造成气管黏膜的刺激导致黏液生成量增加。每天清洗术部,除去分泌物。护理人员在护理时禁止吸烟,禁止用有刺激性的消毒药物进行室内消毒,以免刺激病獒黏膜,增加黏液的产量。限制患病藏獒的运动和外出,限制运动时不能用颈圈固定,而要用固定套,以免损伤伤口和气管、喉。术后 12 小时可以给予少量饮水,如果没有发生呕吐和反胃现象,可以在术后 18 小时后饲喂柔软的食物。待原发疾病好转时,缝合切开的气管。

食道切开术

【适应症】　食道发生梗阻时一般使用保守疗法难以除去,可行食管切开术治疗。食道憩室的治疗和赘生物的摘除等均可使用食管切开术。

【术部解剖特点】　食道起始于咽的后上壁,位于气管的背侧,在第四颈椎处水平逐渐偏移至气管的左侧,然后在其后行的过程中又逐渐转向气管的背侧,至第七颈椎转到气管的左背侧。进入胸腔后位于气管背侧,向后过主动脉右侧,延伸于胸主动脉下方的纵隔内,最后穿过膈食道裂孔,终止于胃。从颈静脉沟观察由外向内依次为皮肤、皮肌、颈静脉、位于背侧的颈总动脉、食道、气管。

【器　械】　一般外科手术器械、气管插管。

【保定与麻醉】　病獒手术台横卧保定,全身麻醉。

【手术方法】　术部的选择应视异物阻塞的部位而定,通常由颈静脉沟触诊决定。如果异物位于食道的胸腔部位,病獒的手术部位应尽可能接近胸腔入口处。术部剃毛消毒,提起皮肤皱襞。钝性分离颈静脉、胸骨下颌肌等至气管的侧表面,刺破颈部的深筋膜纤维,钝性分离食管,用消毒纱布隔离,在有异物处纵行切开食管。如果异物在胸腔部分,用长柄钳经切口进入夹取。然后用肠线结节缝合食管黏膜层、食管肌肉层。清洗食管切口和周围创腔,最后结节缝合皮肤,放置引流纱布。

【术后治疗与护理】　术后1~2天禁止饮食,给病獒戴上口套,防止其随意采食食物。静脉注射葡萄糖注射液或生理盐水,2天后喂给稀粥。全身使用抗生素治疗1周,防止创口感染。术后15天内不能使用食道插管。皮肤手术部位15天后拆线。

胸腔穿刺术

【适应症】　用于检查胸膜腔内渗出物的性质,排出胸膜腔内病理性积液。

【保定与麻醉】　病獒可采用站立或侧卧保定,无须麻醉。

【手术方法】　穿刺部位选择左侧第七或第八肋间,与肩关节水平线相交点下方,胸外静脉上方。为了避免损伤肋间神经和血管,穿刺时均在肋骨前缘。术部消毒后,左手将术部皮肤稍向侧方移动,右手持针垂直刺入,通过肋间肌有一定阻力,当阻力消失时表明进入胸腔,如有积液即可流出。操作完成后拔出针头,术部消毒。

【术后治疗与护理】 遵守无菌操作规程,要控制刺入深度,避免损伤胸腔内器官。放出胸腔积液时要缓慢,不要速度过快。拔出穿刺针时,必须先夹闭针头上的排液管,以免空气进入胸膜腔。穿刺后密切观察藏獒的呼吸状况,如呼吸困难可用经鼻吸氧法或有氧笼箱供氧法进行吸氧治疗,并用 X 线检查液体或气体的排除情况。

开放性气胸闭合术

【适应症】 用于治疗开放性胸部透创、肺萎陷等。

【器　械】 一般外科手术器械。

【保定与麻醉】 创口向上,侧卧或仰卧保定,全身麻醉。

【手术方法】

1. 术前准备　开放性气胸发生后,立即用纱布垫在病犬深呼气之末的一瞬间封闭阻塞胸壁创口,使之成为闭合性气胸,有利于争取时间清创。根据病情给予输氧、输液和抗菌药物治疗。

2. 清创　创口周围剃毛消毒,然后将准备好的灭菌大纱布展平,迅速堵塞于胸壁创口内,并用灭菌纱布、脱脂棉填塞创内。剪除坏死组织,修整创腔,摘除异物,彻底止血。

3. 胸腔探查　应用正压给氧控制呼吸进行胸腔探查,检查是否有肺、心器官损伤,对肺脏病变组织进行切除,可使用自动的 U 形钉固定装置。胸腔内注入抗生素,防止胸腔内感染。

4. 闭合创口　较小的创口无须填塞,应迅速间断结节缝合胸膜肋间肌。对较大的创口,从创口上角,由上而下,随着一点一点取出填塞纱布,一针一针间断缝合胸膜肋间肌。最后 1～2 针时,将整个纱布块取出后,迅速闭合胸腔。

5. 恢复胸腔内负压　术后立即抽出胸腔内气体,可使用三瓶连续抽气装置。

【术后治疗与护理】 术后密切观察患病藏獒的呼吸情况,并进行止痛治疗,鼻插管供氧对尽快恢复非常有益,全身应用抗生素1周,防止创口感染。病獒单独饲养,防止剧烈运动,术后10～15天拆线。

开 胸 术

【适应症】 用于心、肺手术和胸腔内食道阻塞、憩室等手术。

【术部解剖特点】 藏獒的胸腔两侧为扁平状的圆锥形结构,锥顶向前构成胸腔前口,前口由第一胸椎、第一对肋骨和胸骨柄构成,锥底向后,呈倾斜的卵圆形,由第十三胸椎、肋弓和胸骨的尖状突构成,共有肋骨13对。肋间动脉供应胸壁的血液,肋间动脉、静脉、肋间神经位于肋骨的后缘,肋间神经在肋间内肌中延伸分布。

藏獒的肺脏分为左肺和右肺,左肺分为前叶和后叶,右肺分为前叶、中叶、后叶和副叶,心切迹位于第四肋骨的腹侧。

胸壁的肌肉从内向外依次为肋间肌、肋间外肌、腹侧锯肌、背阔肌。辅助呼吸肌包括腹直肌、腹外侧斜肌、腹内侧斜肌、腹横肌等。

【器 械】 一般胸外科手术器械及骨科器械、气管插管、呼吸机和麻醉机。

【保定与麻醉】 根据开胸的不同路径可选择侧卧、半仰卧和仰卧位保定,全身麻醉,开胸时使用正压间歇通气。

【手术方法】

1. 侧胸切开 病獒侧卧保定。前胸手术部位在第二、第三肋间;心脏和肺门区手术部位在第四、第五肋间;后部食管和膈手术部位在第八肋间。

术部常规剃毛、消毒,切开皮肤,并依次切开各层肌肉,平行肋骨切开背阔肌,尽量不要破坏背阔肌的功能。再切开胸腹侧锯肌和斜方肌,尽量靠近肋骨前缘,分离切开肋间肌,避免损伤肋间的血管和神经,肋间内肌分离切开时,不要损伤胸膜。最后在胸膜上做 2～3 毫米小切口,空气进入胸腔,肺萎缩后离开胸腔壁,不用担心在胸膜切口时损伤肺脏。如果切口偏下时,要注意避开胸内动、静脉,或做好结扎。安置扩创牵引器,扩大切口。

2. 胸壁切口缝合 首先将切口两侧肋骨拉紧,胸膜和肋间肌用可吸收缝合线做连续或间断缝合,其他各层肌肉做间断结节缝合,皮肤常规缝合。

3. 肋骨切除术 侧胸切开是通过肋骨切除,使胸壁创口扩大的一种侧壁切开术。

术部常规剃毛、消毒,在肋骨表面切开皮肤、皮下组织和肌肉,在肋骨表面切开骨膜,在骨膜上形成"工"字形骨膜切口,用骨膜剥离器剥离骨膜,使整个骨膜与肋骨分离。骨膜分离后,切断肋骨两端,挫平断端。

切开肌肉、胸膜进入胸腔。

4. 胸腔闭合 首先间断结节缝合胸膜、骨膜,然后缝合各层肌肉和皮肤。

【术后治疗与护理】 术后全身给予抗生素治疗 1 周,防止伤口感染;术后严密观察藏獒的呼吸情况,必要时进行呼吸检测,对于呼吸困难的藏獒,必须用 X 线检查有无气胸。血液的血气分析有助于评价患病藏獒的换气是否充分。将患病藏獒置于氧气充分的环境中进行供氧并给予止痛治疗。禁止剧烈运动,给予含蛋白质丰富的饲料。术后 10～15 天拆线。

膈壁疝手术

【适应症】 适用于膈壁破裂,裂口使腹腔器官脱出而进入胸腔时的治疗。

【术部解剖特点】 手术通路可采用胸腔和腹腔通路,本节主要介绍腹腔通路,术部解剖详见剖腹术。

【器　械】 一般外科手术器械、呼吸机和麻醉机。

【保定与麻醉】 手术台仰卧保定，全身麻醉。

【手术方法】 术部大面积皮肤剃毛、消毒，覆盖创巾。根据 X 线检查确定腹壁左侧或右侧皮肤切口，切口在肋骨弓后 2 厘米，切口开始在腹中线沿肋骨弓切开左侧或右侧腹腔。筋膜和肌肉组织（腹直肌和腹斜肌）在同一方向切开，然后切开横筋膜、腹腔。首先看到脱出至胸腔的腹腔器官，术者手能触及膈的裂口，裂口通常位于膈的背侧，如果裂口向后延伸，腹部切口需要向后扩大。腹腔切开后，助手使用扩创器扩大切口，提高肋骨弓，术者还纳胸腔内肠管，胃和肝从裂口拉回腹腔，有时脱出器官相当多，这些器官还纳腹腔后适应困难，这时需要应用灭菌纱布卷做腹腔填塞隔离，以保持膈破裂口清楚，便于缝合。腹腔器官不再进入胸腔时，检查膈的破裂口，应用粗的丝线从裂口的最深处开始间断缝合裂口。有时裂口涉及胸壁膈的附着肌肉，因此膈的边缘缝合要直接缝到肋间肌上。

在还纳器官和缝合膈时要注意观察呼吸运动，膈松弛时肺要膨胀，只有在这时缝合比较容易。在最后缝合打结之前，肺完全膨胀，从胸腔内排出所有空气。膈一定要保持密封，在呼吸时不能听到有口哨声。腹腔撒布青霉素粉，防止粘连。缝合腹腔各层及皮肤。

【术后治疗与护理】 术后严密观察藏獒的呼吸情况，必要时进行呼吸检测和吸氧治疗。严防由术后快速肺扩张而引起肺水肿的发生。术后给予必要的止痛药物，全身给予抗生素治疗 1 周，防止感染。纠正全身水、电解质紊乱和酸碱平衡，保持病獒安静，减少活动。饲喂上要做到少量多次，提供蛋白质、维生素含量丰富的饲料。7～10 天后拆除皮肤缝合线。

腹腔穿刺术

【适应症】 腹腔内有渗出液、漏出液或血液时，可行穿刺术排出内容物。

【器　械】　套管针或注射针。

【保定与麻醉】　手术台上横卧保定，不必麻醉。

【手术方法】　穿刺部位为腹部中线，在脐与耻骨前缘的中点处。穿刺部位剪毛、消毒，用套管针或注射针垂直刺入腹腔内，即有液体流出。

【术后治疗与护理】　常规护理，主要观察穿刺部位有无感染，如有感染要进行消炎治疗。

剖 腹 术

【应适症】　用于腹腔疾病的探查和各种腹腔器官的手术通路。

【术部解剖特点】　腹壁由外向内由皮肤、皮下组织、腹皮肌、腹外斜肌、腹内斜肌、腹直肌、腹横肌、腹膜组成。腹肌的神经主要是最后胸神经、第一、第二和第三腰神经的腹侧支分布在腹肌上。

【器　械】　一般外科手术器械。

【保定与麻醉】　手术台仰卧或侧卧保定，全身麻醉或腰旁麻醉。

【手术方法】

1. 手术部位　对不同的脏器，手术部位也不同，多数手术是在白线两侧切开，肾脏和上部输尿管的手术部位是在腹部肋骨弓后缘；雄性犬膀胱切开术、隐睾手术的手术部位是在腹正中线侧方阴茎旁。

2. 切开腹壁的方法

（1）锐性切开法　用电动剪毛剪为术部剪毛，吸尘器吸取残余的毛发，消毒后，在腹白线上用手术刀切开皮肤、肌肉层后，用镊子或止血钳夹住腹膜稍向上方提起，将腹膜切一小孔，然后用食指和中指插入小孔中，沿着指间切开或剪开腹膜扩大创口，则腹腔即被切开。

（2）钝性分离法　术部剪毛、消毒后，用手术刀切开皮肤及皮肌，按腹外斜肌的肌纤维方向用止血钳插入肌纤维中钝性分离。用此方法依次钝性分离开腹内斜肌和腹横肌。切开腹膜，则腹腔即被切开。

3.闭合腹腔　整复清理创缘，以生理盐水清洗创口，除去异物。用连续缝合法缝合腹膜，再以结节缝合法缝合肌肉和皮肤。

【术后治疗与护理】　术后禁食48小时，静脉补充营养物质。48小时后喂食流质高营养食物，饲喂坚持少量多次的原则。2～3天后，逐渐改为饲喂半流食和正常食物。术后给予抗生素治疗5～7天，局部按一般创伤治疗。术后戴项圈，防止病獒啃咬缝合部位。每隔2天检查伤口是否发红、肿胀，或有无渗出物，3～5天时，注意伤口有无开裂情况，如开裂及时进行伤口的重新缝合。

胃切开术

【适应症】　用于取出胃内异物、切除肿瘤，急性胃扩张、胃扭转、胃溃疡、胃病的探查，以及胃部坏死组织的切除等。

【术部解剖特点】　藏獒为单胃动物，其胃属于单室腺型胃，胃内充满食物时呈梨状囊，在空虚时常呈圆筒状。胃的前端与贲门、食道相连，贲门宽大，胃的后端以幽门和十二指肠相连，胃的贲门与幽门沿2个面构成了胃小弯和胃大弯，胃小弯和胃大弯构成胃的血液供应系统。胃短动脉起源于脾动脉，供应胃大弯的血液。胃小弯以小网膜连接肝脏，胃小弯的急转处为角切迹，从角切迹到贲门为胃体。胃的左端膨大，位于左季肋部，最高点为第十一至第十二肋骨锥骨端，幽门区位于右季肋部。胃壁面主要与肝脏贴近，脏面与小肠、左肾、胰脏、大网膜相邻。胃通过胃底与膈和贲门与膈之间的胃隔韧带、胃小弯和肝脏之间的小网膜、胃大弯和脾脏之间的大网膜与邻近的器官相连。

【器　械】　一般外科手术器械、肠钳、腹壁牵引器。

【保定与麻醉】　仰卧保定,全身麻醉。

【手术方法】　术部在剑状软骨和脐之间正中线上。术部剃毛、消毒后,切开皮肤和肌层,充分止血,切开腹膜。用腹部牵引器充分扩大腹壁创口,以暴露胃肠道,创口部敷以温生理盐水纱布。将胃拉至创口或创口外,在胃的下部垫以消毒塑料布或浸有青霉素生理盐水的创巾,防止胃内容物流入腹腔,污染腹腔内其他脏器组织。在胃大弯部装置艾氏钳,避开大血管将胃切开,打开艾氏钳,用创巾钳固定胃的创口,取出胃内异物或切除肿瘤,然后用生理盐水冲洗胃的创口,洗净后用艾氏钳将胃切口固定,胃壁用可吸收缝合线进行内翻缝合。用生理盐水冲洗胃创口后将胃还纳腹腔。依次缝合腹膜、腹肌各层和皮肤。缝合腹部时做腹腔引流,碘酊消毒术部。

【术后治疗与护理】　术后静脉补充营养物质,48 小时后饲喂流质食物,以后改为半流质食物,逐渐进行正常喂食。术后给予抗生素治疗 5～7 天,密切监测血液电解质情况,尤其是钾,及时纠正电解质紊乱及酸碱平衡,为缓解疼痛可使用止痛药。局部按一般创伤治疗并保持患部的清洁卫生,及时清理并更换药物和敷料。术后 4 天左右拔出引流条,术后戴项圈,防止病獒啃咬缝合部。

肠管复位、部分切除及吻合术

【适应症】　适用于小肠套叠、肠梗阻、肠扭转、肠内异物及其造成的肠管坏死的治疗。

【术部解剖特点】　藏獒的肠道约为体长的 5 倍,其中约 1/8 为小肠,小肠段分为十二指肠、空肠、回肠,十二指肠起于幽门至正中线的右端,并延伸至十二指肠结肠韧带的前十二指肠的曲面处后转。十二指肠分为十二指肠前部、下行部、后曲和上行部 4 部分。空肠形成许多肠袢,以肠系膜固定在腰下;大部分位于腹腔底部。空肠起始于肠系膜根部左侧,与右转的十二指肠上行部相连。回肠位于肠系膜的游离部,长约 15 厘米,由腹腔的左后部移至右前方,开口于盲肠和结肠的交接处。盲肠长约 10～18 厘米,呈螺旋状,起于盲肠和结肠的交接处,止于盲端。盲肠位于体中线与右髂部之间,在十二指肠与胰脏的腹侧,盲肠尖向后,系膜与回肠相连。结肠以短的肠系膜连接在腰的下方,沿十二指肠的内侧前行构成右侧结肠,又称为升结肠,至胃的幽门部和幽门部后部的小肠袢与前肠系膜动脉之间向左侧弯曲,构成横结肠,再弯向后方沿左侧的肾脏内侧后行,称为左侧结肠,又称为降结肠。位于骨盆腔生殖器、膀胱和尿道背侧的肠道为直肠,直肠后部有壶腹状宽大部,向后移行为肛管。

【器　械】　一般外科手术器械、肠钳 2 把。

【保定与麻醉】　手术台横卧保定,全身麻醉。

【手术方法】　按剖腹术方法打开腹腔。雌性藏獒手术部位在腹正中线白线切口;雄性藏獒在白线旁 3 厘米处切口。依次切开腹壁的皮肤、肌肉、腹膜,寻找病变部位,把病变部位拉出创口外,检查发病原因,对不同的病因及病变做出不同的处理。

1. 肠套叠、肠绞窄　拉出套叠部位的肠管,将套叠的肠管复原;绞窄的肠管因不易拉出腹腔,应在腹腔内查找绞窄的原因,将肠管复位。肠管变性坏死的要进行切除并结扎肠系膜血管,同时切除所属的肠系膜。按剖腹术方法闭合腹腔。

若肠套叠、肠绞窄等导致肠管坏死,应将肠管坏死部分切除,做肠吻合术。拉出坏死段肠管,并用灭菌纱布进行保护隔离,评价肠管的活力,并考虑应切除的肠段,双重结扎肠系膜上大的血管,挤压预处理肠管中的内容物,夹住肠管的两端,防止食糜泄漏污染。将坏死的肠管及其系膜切除,将肠的两个断端用生理盐水冲洗干净,再用肠钳固定,先做肠管全层连续缝合,再做浆层、肌层内翻缝合。缝合完成后用生理盐水冲洗,还纳于腹腔,按剖腹术方法闭合腹腔。

2. 小肠内异物 拉出异物段肠管,由助手将有异物的肠管两端用食指和中指呈剪刀状夹住肠管,在肠管的游离端侧方切开肠管,取出异物,用温生理盐水冲洗肠管切口,将切口对齐,用肠钳固定,先做肠管全层连续缝合,再做浆层、肌层内翻缝合。缝合完成后用生理盐水冲洗,还纳于腹腔,按剖腹术方法闭合腹腔。

【术后治疗与护理】 术后要继续纠正酸碱平衡和电解质代谢紊乱及补充营养物质,并给予止痛药物,术后 12 小时可饮水,48 小时后饲喂流质食物,以后改为半流质食物,逐渐恢复正常喂食。对于呕吐和严重厌食的患病藏獒用肠造口术插入食糜管进行营养的供给。术后给予抗生素治疗 5～7 天,局部按一般创伤治疗。术后戴项圈,防止病獒啃咬缝合部。

脾脏摘除术

【适应症】 适用于脾脏破裂、肿瘤及巨脾症等的治疗。

【术部解剖特点】 脾脏位于腹腔左侧前的 1/4 处,与胃大弯面平行。胃收缩时,脾脏通常位于肋骨弓处,如胃扩张时,脾脏位于腹腔的后部。脾脏通常呈扁平的带状,表面由结缔组织和平滑肌构成,脾脏的实质分为白髓和红髓。供应脾脏血液的血管是腹腔动脉的分支,脾脏动脉的直径大于 2 毫米,穿行于大网膜时有 3～5 个分支,第一分支供应胰脏、左侧器官的血液。第二分支通往脾脏的中部,并在脾脏器官附近有 20 多个分支进入脾脏实质,有些分支在胃脾韧带处进入胃大弯形成胃短动脉和胃网膜左动脉。其他动脉供应脾结肠韧带和大网膜的血液。静脉血经脾静脉进入胃脾脏静脉,最后汇入门静脉。

【器　械】 一般外科手术器械、肠钳 2 把。

【保定与麻醉】 手术台横卧保定,全身麻醉。

【手术方法】 术部在腹正中线,于脐前方 4～5 厘米处切开腹

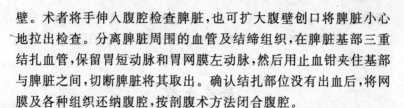

壁。术者将手伸入腹腔检查脾脏,也可扩大腹壁创口将脾脏小心地拉出检查。分离脾脏周围的血管及结缔组织,在脾脏基部三重结扎血管,保留胃短动脉和胃网膜左动脉,然后用止血钳夹住基部与脾脏之间,切断脾脏将其取出。确认结扎部位没有出血后,将网膜及各种组织还纳腹腔,按剖腹术方法闭合腹腔。

【术后治疗与护理】 术后 24 小时对患病藏獒进行密切的监护,观察手术后有无出血。在患病藏獒情况稳定之前,要每隔数小时进行血液红细胞压积的检查,贫血时要进行输血治疗。恢复自主饮水前要进行静脉输液治疗,纠正酸碱平衡和电解质代谢紊乱。给予抗生素治疗 5~7 天,局部按一般创伤治疗。术后戴项圈,防止病獒啃咬缝合部。

外伤性腹壁疝修补术

【适应症】 适用于外伤性腹壁疝的治疗。

【术部解剖特点】 腹壁按层次由外向内依次为皮肤、腹黄筋膜、腹外斜肌、腹内斜肌、腹直肌、腹横肌、腹膜外脂肪和腹膜。腹壁疝内容物多为肠管(小肠),并经常与相近的腹膜或皮肤粘连,尤其是在伤后急性炎症阶段更为多见。

【器 械】 一般外科手术器械。

【保定与麻醉】 病变部位朝上,于手术台上横卧保定,全身麻醉。

【手术方法】 术部为病变部位。沿着病变部位纵行切开皮肤 5~8 厘米,钝性分离皮下组织至疝囊。切开疝囊,仔细检查疝内容物中的内脏情况,切除周围的坏死组织,将疝囊内容物送还腹腔。用可吸收缝合线缝合破裂的腹膜,如腹膜的破损较大,要用人工网膜进行修补。结节缝合肌肉层及皮肤。

【术后治疗与护理】 术后给予抗生素治疗 5~7 天,局部按一般创伤治疗。术后要减少饲喂量,饲喂八成饱左右,2~3 天后逐渐恢复正常饲喂量。术后 7 天后拆除缝合线。为防止藏獒术后啃咬伤口，应佩戴颈枷。术后疼痛明显的藏獒，要肌内注射或口服止痛药物。

脐疝手术

【适应症】 适用于脐疝的治疗。

【术部解剖特点】 腹壁按层次由外向内依次为皮肤、腹黄筋膜、腹外斜肌、腹内斜肌、腹直肌、腹横肌、腹膜外脂肪和腹膜。脐疝主要是由于先天性胚胎发育不良造成的，在胎儿期间脐静脉、卵黄管、尿囊柄穿过脐孔，胎儿出生后不久脐孔闭合则形成一个圆形的肚脐疤痕，若脐孔过大，或出生后没有闭合或闭合不全则会引起脐疝。

【器　械】 一般外科手术器械。

【保定与麻醉】 手术台上仰卧保定，全身麻醉。

【手术方法】 术前先用手还纳疝囊内容物，确定是嵌闭性还是非嵌闭性脐疝。

1. 嵌闭性脐疝 在疝囊基部做半圆形切开皮肤（约疝囊基部的一半），钝性分离皮肤与疝囊，先找到疝囊与内容物没有粘连的部位切开疝囊，然后钝性分离疝囊与内容物粘连的部位，分离后将内容物还纳于腹腔，如疝内容物不能还纳，则切开疝环，将内容物还纳。发生嵌闭的则需切开腹腔，在闭合时注意肠管是否畅通。用褥式缝合法闭合疝环，切除多余的皮肤，以结节法缝合皮肤。

2. 非嵌闭性脐疝 先将疝囊内容物还纳于腹腔，切开皮肤、疝囊，疝内容物如果是脂肪和大网膜，直接结扎疝的柄部，然后切除疝囊和内容物。用褥式缝合法闭合疝环，切除多余的皮肤，以结节法缝合皮肤。

【术后治疗与护理】 术后给予抗生素治疗 5～7 天，局部按一般创伤治疗。术后减少饲喂量，饲喂八成饱左右，2～3 天后逐渐恢复正常饲喂量。术后护理主要是观察伤口有无裂开、感染，并密切注意体温检测和食欲状态，如有呕吐、高热和白细胞总数增加的情况，表示可能继发腹膜炎。脐疝的手术预后大多良好，并且不易复发。

腹股沟疝手术

【适应症】　适用于先天性和后天性腹股沟疝的治疗。

【术部解剖特点】　腹股沟管是在腹壁壁后侧上的一条裂口，生殖股神经的生殖分支、腹壁前浅动脉和浅静脉、阴部外动脉和外静脉以及精索均从此处通过。腹股沟管在腹股沟内、外环之间，腹股沟的内环是由腹内斜肌的后缘、腹直肌和腹股沟韧带的侧壁及后面组成，腹股沟外环则由腹外斜肌肌膜上的一个纵向裂口组成。

【器　　械】　一般外科手术器械。

【保定与麻醉】　手术台上仰卧保定，后躯抬高，全身麻醉。

【手术方法】　公獒术部在腹股沟部，先触知腹股沟外环，纵向切开皮肤 4～8 厘米，钝性分离皮下组织与疝囊至腹股沟管皮下环，将疝囊内容物还纳于腹腔，切开皮下环，用褥式缝合法缝合腹股沟管皮下环。若保留睾丸，用结节缝合法缝合皮肤。如果不保留睾丸，在闭合腹股沟管皮下环后，在睾丸上方将精索结扎，在结扎下部切断，连同睾丸一并摘除，然后结节缝合皮肤，并在创部涂以碘酊。

雌獒的术部切口位于腹中线至骨盆前缘，切口深度经皮下组织到腹直肌的腹侧，从底部钝性分离乳房组织以暴露疝囊，找到疝囊后扭转或挤压疝囊使疝内容物还纳于腹腔。如疝内容物不能还纳，要进行疝囊的切开，摸到疝囊环后，在疝囊环切口以扩大疝囊环，将疝囊内容物还纳于腹腔后，切除疝囊，用简单连续水平褥式缝合法缝合疝囊，用可吸收缝合线间断缝合腹股沟。

【术后治疗与护理】　术后给予抗生素治疗 5～7 天，局部按一般创伤治疗。术后注意切口处有无肿胀、感染,一般不要每天进行引流。术后几周限制藏獒的活动,给藏獒佩戴颈枷以控制其舔舐伤口。术后要注意睾丸是否肿胀,注意血管和淋巴是否受到损伤,并采取相应的措施对症治疗。术后减少饲喂量,饲喂八成饱左右,2~3天后逐渐恢复正常饲喂量。

会阴疝手术

【适应症】 适用于会阴疝的治疗。

【术部解剖特点】 会阴是从肛门至股内侧下方。在会阴部的骨盆腔后口部皮下有密集的会阴筋膜,会阴筋膜与臀部、后腹筋膜相连接,与荐结节韧带一并进入骨盆外底部。前部表面有肛门括约肌,它们与会阴筋膜共同支持着骨盆腔外口。当这些组织老化,起不到应有作用时就发生会阴疝。

【器　械】 一般外科手术器械。

【保定与麻醉】 手术台伏卧保定,在下腹部放置沙袋使后躯抬高。全身麻醉。

【手术方法】 术前24小时禁食,手术当时排净粪、尿,并在肛门打上纱布绷带,以防止手术中排便。臀部和会阴部剃毛、消毒,铺设消毒的创巾并用巾钳固定。从疝的中心部切开皮肤,创口扩大后可见浅部臀肌和股二头肌,暴露疝囊,不要损伤会阴筋膜。钝性分离疝周围组织,充分暴露疝囊及内容物。疝的内容物若为脂肪组织,则可结扎切除;疝的内容物若为内脏器官,则可还纳回腹腔。首先缝合会阴筋膜,然后从上部依次缝合肛门外括约肌、尾骨肌形成肌膜瓣,再缝合荐结节韧带。修整并结节缝合皮肤,在创部涂以碘酊。

【术后治疗与护理】 术后给予抗生素治疗1~2周,局部按一般创伤治疗。獒舍要保持干燥,防止伤口污染。使用粪便软化剂1~2个月,并供给高纤维、高水分的食物。术后给予必要的止痛药以防止直肠脱出。

直肠脱出整复术

【适应症】 适用于单纯性直肠脱出的治疗。

【保定与麻醉】 站立保定，无须麻醉。

【手术方法】 先用温水洗净脱出的直肠黏膜，如果脱出的直肠水肿严重，则用10%浓盐水或20%明矾溶液冲洗，然后用消毒纱布覆盖在肠黏膜表面。术者左手按住纱布，右手在肛门处隔着纱布缓慢向肛门内挤压肠管，将脱出的直肠整复到肛门内。在肛门处做荷包缝合（以能排出粪便为宜）并打活结。

【术后治疗与护理】 术后减少饲喂量，每餐进食八成饱左右，并吃一些通肠软便的低纤维食物，2～3天后逐渐恢复正常饲喂量。经常检查活节的松紧，以粪便顺利排出为宜，5～7天后拆线。按需要在术后2～3周内给予粪便软化剂，消除引起脱出的病因，防止再次复发。给予全身性镇痛药物。

直肠切除术

【适应症】 适用于直肠顽固性脱出和直肠黏膜变性坏死时的治疗。

【器　　械】 一般外科手术器械，长钢针2支。

【保定与麻醉】 手术台横卧保定，后躯抬高，全身麻醉。

【手术方法】 术前24小时禁食，排净肠内宿便，用0.1%高锰酸钾溶液清洗、消毒肠黏膜。在距肛门2～3厘米的健康黏膜处，用钢针垂直于肠黏膜表面刺入并穿透几层肠管，2支钢针呈十字交叉状固定。在距钢针1～2厘米处切断脱出的肠管，注意要切净变性坏死的肠管及黏膜。止血后用可吸收缝合线连续缝合浆膜层-肌层，肌层-黏膜层。用碘甘油涂抹缝合部，去除钢针，将直肠还纳于肛门内。

【术后治疗与护理】 术后减少饲喂量,每餐进食八成饱左右,并吃一些通肠软便的食物,2～3 天后逐渐恢复正常饲喂量。每天用 0.1％高锰酸钾溶液清洗、消毒肠黏膜,洗后涂碘甘油。术后给予抗生素治疗 5～7 天。为防止藏獒舔舐伤口,可用木枷或伊丽莎白项圈进行固定。

锁肛重造术

【适应症】 适用于肛门畸形或先天性无肛门的治疗。

【器　械】 一般外科手术器械。

【保定与麻醉】 手术台横卧或俯卧保定,后躯抬高,全身麻醉。

【手术方法】 在正常的肛门部可触知膨隆部,在该部剪毛、消毒,以膨隆部正中为中心弧形切开皮肤,切口应略大于肛门孔。钝性分离皮下组织,显露直肠盲端,在盲端顶部有一膜状隔为肛膜。用丝线将肛膜两端固定,钝性分离肛膜直肠末端的周围组织,将内部粪便向直肠内推送,用止血钳夹住肛膜,将其切开,排出内部粪便,用生理盐水清洗干净,再用青霉素溶液清洗直肠末端和肛膜切口部。将肛膜和皮肤的切口修整成圆形,剪除多余的皮下组织,然后将肛膜和皮肤的切口对应缝合在一起,做成人工肛门。

【术后治疗与护理】 每天用消毒液清洗人工肛门,洗后涂抹碘甘油。术后给予低脂肪食物,3 天后逐步恢复正常的饮食,体质衰弱的患病藏獒需要静脉输入完全胃肠外营养或饲喂完全胃肠内营养食物。对术后出现的里急后重、排血便和排便失禁等症状,一般在拆除缝合线后即会消失,对其他并发症的治疗,可通过不同的手术方法进行直肠的切除。

肛门囊切除术

【适应症】 适用于肛门囊瘘、肛门囊脓肿、慢性肛门囊炎的治疗。

【术部解剖特点】 犬的肛门囊位于肛门外括约肌和肛门提肌之间,呈球形,左、右各 1 个。相当于 4 时和 8 时的位置,有长约 1 厘米的排泄管,开口于肛门内侧黏膜。

【器　械】 一般外科手术器械。

【保定与麻醉】 手术台横卧保定,尾部向上抬起固定,暴露出肛门部。全身麻醉。

【手术方法】 术前 24 小时禁食,手术前排净肠内的宿便,防止污染术部。对肛门周围清洗、消毒。先将肛门囊内容物挤压排出,用消毒液清洗肛门囊内。用探针插入肛门囊内,作为标记,沿着探针切开肛门囊,用止血钳夹住囊壁,将肛门囊与其他组织分开,注意分离周围组织时对直肠后神经的保护,同时要注意不可结扎阴部内动脉、静脉。结扎血管,分离排泄管并将其和肛门囊全部摘除。用可吸收缝合线将其空腔进行 2~3 针埋没缝合,结节缝合皮肤。碘酊消毒。用同样方法摘除对侧肛门囊。

【术后治疗与护理】 术后用普鲁卡因青霉素进行创口周围封闭治疗。保持肛门周围的清洁,佩戴项圈,防止病獒啃咬伤口。如术后 8~12 小时不出现呕吐,可给予水和食物,在食物中加入粪便软化剂,连用 2~3 周。注意手术部位有无感染或泄漏症状,术后 7 天拆线。检查患病藏獒直肠和肛周组织是否有狭窄发生。

膀胱切开术

【适应症】 适用于膀胱结石、膀胱积尿、膀胱肿瘤等的治疗。

【术部解剖特点】 膀胱的位置决定于膀胱中贮存尿液的多少,一般膀胱空虚时位于骨盆腔内。膀胱分为膀胱体和膀胱颈,膀胱充满尿液时呈现梨状,两端钝圆的为膀胱顶,后端逐渐变细形成膀胱颈,膀胱颈连接尿道与膀胱体。公獒的膀胱位于直肠、前列腺和生殖褶的腹侧;母獒的膀胱位于子宫的后部及阴道的腹侧。膀胱的血液供应主要通过膀胱前、后2条动脉,膀胱前动脉是脐动脉的分支,膀胱后动脉是生殖动脉的分支。

【器　械】　一般外科手术器械、导尿管。

【保定与麻醉】　手术台仰卧保定。全身麻醉。

【手术方法】　母獒的手术部位在耻骨前方的白线上,公獒的手术部位在耻骨前缘3~5厘米的阴茎侧方处。术部剪毛、消毒,从耻骨前缘向脐的方向切开皮肤8~10厘米,止血后钝性分离皮下组织,按切开皮肤的方向切开腹直肌,直至腹膜。打开腹腔后,用扩创钩拉开创缘。用手指伸入腹腔探查,将膀胱拉至创口处或创口外。膀胱涨满时用注射器抽出尿液,使其缩小。

当发生膀胱结石时,将膀胱拉至创口外,用组织钳固定膀胱顶部,在其顶部附近避开血管,切开膀胱3~5厘米,取出结石;当发生膀胱肿瘤时,将膀胱拉至创口外,在肿瘤生长部位附近切开膀胱壁5~8厘米,将膀胱黏膜翻转,切除肿瘤。

膀胱壁第一层全层连续缝合,第二层浆膜内翻缝合,用灭菌生理盐水清洗后还纳回腹腔,依次缝合腹膜、腹肌、皮肤,术部用碘酊消毒。

【术后治疗与护理】　术后给予抗生素治疗1~2周。让病獒充分休息,不做剧烈运动。术后密切监护患病藏獒,防止尿路阻塞和尿漏,定期检查尿常规和尿液的 pH 值。对发生膀胱结石的病例,要根据结石性质选择不同的预防和治疗措施,以防止复发。对膀胱肿瘤的病獒,术后要检查有无肾功能损伤和感染,在饮食中应加入 0.5~3 克碳酸氢钠,每天 2 次,有助于缓解高氯血症和代谢性酸中毒。

尿道切开术

【适应症】　适用于尿道结石的治疗。

【术部解剖特点】　尿道起于膀胱颈,以尿道外口通于体外。

公獒位于骨盆腔内的尿道为尿生殖道盆部,经坐骨弓转入阴茎腹面构成尿生殖道阴茎部。母獒的尿道起于膀胱颈,沿阴道的腹侧底壁向后延伸至外阴,尿道口开口于阴道前庭的小凸起旁。

【器　械】　一般外科手术器械、导尿管、小锐匙等。

【保定与麻醉】　手术台仰卧保定,全身麻醉。

【手术方法】　首先使用导尿管、X 线检查以确定结石阻塞的位置,根据阻塞的位置决定手术的通路。公獒结石经常发生于阴茎骨的后方,多采用阴囊前尿道切开术。

用生理盐水清洗阴茎包皮及阴茎头部,消毒。术者左手握住阴茎头部,右手将导尿管插入阴茎中至结石部位。在阴茎腹侧部剪毛、消毒,在阴茎腹侧正中线上切开皮肤,分离皮下组织,暴露阴茎退缩肌并移向侧方。用手术刀切开尿道海绵体并用镊子夹取结石。然后用导尿管插入尿道,检查尿道是否畅通。闭合尿道,以细铬制肠线连续缝合尿道黏膜,再结节缝合尿道海绵体。常规缝合阴茎退缩肌、皮肤,留置导尿管。

【术后治疗与护理】　术后给予抗生素治疗 5～7 天,留置导尿管 2～3 天后拔除;注意排尿情况,如果再次出现排尿困难或闭尿时,立即拆除缝合线,仔细检查尿道有无结石嵌留。根据结石性质选择不同的预防和治疗措施,防止复发。由于青霉胺会延缓伤口的愈合,故应在术后 2 周以后使用。值得注意的是,尿道肿瘤多为恶性,手术仅能提高患病藏獒的生活质量,延缓其生命周期,所以根据肿瘤的性质采取多种治疗手段有助于提高患病藏獒的存活期。

尿道造口术

【适应症】　适用于尿道上部结石的治疗。

【术部解剖特点】　尿道是膀胱内尿液向外排出的通道,其内口接膀胱颈,外口通于外界。公獒尿道包括骨盆部和阴茎部。在前列腺部的骨盆尿道背侧壁,有向管腔内突出的尿道嵴,尿道嵴的中部有圆丘状的精阜,精阜两侧有左、右输精管的开口。在尿道嵴的两侧有许多前列腺管的开口。

阴茎包括根、体、头3个部分。犬的阴茎内有阴茎骨,几乎全部位于阴茎头内。后部膨大、粗糙,附着于阴茎海绵体白膜的远端。骨基部和腹侧面有尿道沟,包裹尿道海绵体和尿道的背侧与两侧。骨的前端是纤维性软骨,其腹侧有尿道的开口。阴茎头的近端有头球,围绕在阴茎骨的近端,为可膨胀的血管组织。阴茎头部的血管不与尿道海绵体相通。

【器　械】　一般外科手术器械、导尿管。

【保定与麻醉】　仰卧保定,两后肢向前方固定,暴露出会阴部。全身麻醉。

【手术方法】　术前禁食24小时,用肥皂水灌肠,除去直肠宿粪,防止污染。

术部在会阴部正中线距肛门3～5厘米处,剪毛、消毒,用生理盐水清洗包皮及阴茎头部,将导尿管插入尿道内至术部。

在术部切开皮肤3～4厘米,止血后,分离皮下组织,暴露阴茎退缩肌并移向侧方。纵向切开尿道海绵体和尿道,充分暴露尿道腔,用镊子在切口处取出结石,导尿管从创口向尿道深部插入,检查是否畅通。然后将尿道黏膜与皮肤对合,连续缝合。术部用碘酊消毒。

【术后治疗与护理】　术后用普鲁卡因青霉素做创围封闭治疗5～7天,10天左右拆线。术后密切监护患病藏獒,防止尿路阻塞和尿漏,定期检查尿常规和尿液的pH值。

公獒去势术

【适应症】　适用于公獒绝育以及前列腺疾病的辅助治疗等。

【术部解剖特点】　睾丸位于阴囊内,左、右各1个,呈白色卵圆状,其长轴呈水平状,与阴囊的外侧壁接触面稍隆凸,与阴囊中隔的内侧面较为平坦,背侧缘附着附睾,腹侧缘为游离缘,前端有血管和神经出入的为睾丸头。附睾尾以睾丸固有韧带与睾丸尾端相连,与阴囊韧带、鞘膜的壁层相连,并与鞘膜的脏层形成附睾系膜。附睾尾的韧带与睾丸鞘膜、精索筋膜、附睾下相连接,输精管环绕输尿管,从腹股沟环穿行进入前列腺的背侧,在尿道前列腺部终止。精索起于腹股沟环,腹股沟环中有睾丸动脉、睾丸静脉、输精管、淋巴管、睾丸神经、睾丸鞘膜脏壁和平滑肌。阴囊壁的结构同腹壁相似,从外向内依次为阴囊皮肤、肉膜、精索外筋膜、提睾肌和鞘膜。阴囊位于肛门和腹股沟之间。

【器　械】　一般外科手术器械、导尿管。

【保定与麻醉】　仰卧保定,两后肢向前方固定,暴露出会阴部。全身麻醉。

【手术方法】　后大腿部至腹中部剪毛,阴囊部剃毛,清洗、消毒,术部覆盖创巾与其他部位隔离。术者左手沿着阴囊茎部握住睾丸,将其压向阴囊靠阴茎腹侧部,使两个睾丸正好位于阴茎腹侧阴囊缝际的两侧,固定睾丸。在阴囊缝际处做长3~4厘米的皮肤切口,再在皮下将左侧或右侧阴囊壁切开,将睾丸挤出。不要切开白膜,用止血钳夹住连接附睾的睾丸鞘膜,用手指从鞘膜上分离附睾尾,分别结扎输精管和血管,环形结扎精索。在睾丸上方4厘米处贯穿结扎精索,结扎要确实,防止出血。在结扎线下方1~2厘米处切断精索,除去睾丸,精索断端用碘酊消毒后还纳阴囊内。用同样方法取出另一睾丸,闭合阴茎每一边的厚筋膜,闭合采用连续缝合和间断缝合,连续缝合皮下组织,结节缝合阴囊皮肤,创口用碘酊消毒。

【术后治疗与护理】　术后观察阴囊有无肿大、出血现象,如有出血,应及时将藏獒全身麻醉,拆除缝合线,重新结扎止血。在拆线以前,要限制去势藏獒的活动,通常手术8小时后给予适量饮水,24 小时后给予少量食物。对疼痛敏感的藏獒,可给予止痛剂。对术后感染的藏獒应给予抗生素治疗,使用伊丽莎白项圈或桶状颈圈,以保护手术部位,避免自残。

卵巢摘除术

【适应症】 适用于卵巢囊肿、卵巢肿瘤、卵巢炎等的手术治疗,也是母獒的绝育术。

【术部解剖特点】 獒的卵巢位于最后肋骨与髋结节中间,第三至第四腰椎下方,两侧肾脏的后方。卵巢被腹膜的一部分构成卵巢囊,其内侧有一细长裂隙状小孔称为卵巢门,露于囊外。幼獒的卵巢囊薄,可以透视卵巢,大多数成年獒因脂肪沉积不能透视。卵巢的一端由短韧带与子宫角相连,另一端以卵巢系膜的皱襞在肾脏的侧方和腹壁相连。

【器　械】 一般外科手术器械、小钝钩 1 支。

【保定与麻醉】 手术台上仰卧、四肢牵张保定,全身麻醉。

【手术方法】 术前禁食 12～24 小时。术部在脐后 3～4 厘米的白线侧方腹壁上。术部剪毛、消毒,铺消毒创巾,并用 4 把创巾钳固定创巾。在脐后白线侧方切开皮肤 2～4 厘米,切开筋膜、肌层,剪开腹膜,打开腹腔。术者将手伸入腹腔内探查子宫角,找到子宫角后,沿着子宫角向前寻找卵巢,在腹壁向后延伸至距离肾脏 3 厘米左右处,将子宫角、圆韧带或阔韧带拉出腹腔。找到卵巢后,将卵巢用手指钩到创口外,用手术刀在阔韧带上划一小口,用 2 把止血钳夹住卵巢蒂的近端,在夹住的卵巢近端处做一个"8"字形的结扎,集束结扎卵巢动、静脉,再结扎卵巢系膜及子宫动脉的分支,然后剪断卵巢悬韧带及周围组织,摘除卵巢。

用同样的方法摘除另一侧卵巢,撤除止血钳和镊子,将子宫还纳于腹腔,按剖腹术方法闭合腹腔。

【术后治疗与护理】 术后给予抗生素治疗 3～5 天,防止感染。手术 8 小时后给予适量饮水,24 小时后给予少量食物。对疼痛敏感的藏獒,可给予止痛剂。对术后感染的藏獒应给予抗生素治疗,使用伊丽莎白项圈或桶状颈圈,以保护手术部位,避免自残。

剖宫产术

【适应症】 适用于子宫捻转、子宫破裂和各种原因引起的难产的治疗。

【术部解剖特点】 子宫位于腹腔和骨盆腔内,以子宫阔韧带附着于盆腔前部的侧壁上。犬子宫属双角子宫,子宫的背侧靠近直肠,侧壁为小肠和膀胱。子宫体和子宫颈位于骨盆腔内。子宫角位于腹腔内,左右各一,其背侧与小肠相接。子宫的血液供应主要来自于卵巢动脉、子宫动脉和阴道动脉的分支,子宫的血液主要通过卵巢静脉的子宫支回收。

【器 械】 一般腹部外科手术器械。

【保定与麻醉】 手术台横卧或仰卧保定,全身麻醉。母体衰竭时应进行局部麻醉。

【手术方法】 术部在左肷部下切口或脐后腹中线切口。

术部剃毛、消毒,在术部切开皮肤 10 厘米左右,切开筋膜、腹肌和腹膜,打开腹腔。将腹腔内器官移至前方,暴露出子宫。将妊娠子宫轻轻拉出创口外,在胎儿数多的一侧,靠近子宫体近处,避开血管纵行切开子宫大弯部,切口长 5～8 厘米(或与胎儿等长),露出胎膜,切开胎膜取出胎儿,同时将胎膜取出,依次取出子宫内的胎儿,每个胎儿在取出时要夹住脐带,以免羊水污染腹腔或者术部。由助手给每个胎儿消毒。胎盘一般随新生仔獒一起排出,个别胎盘未从子宫膜上分离的,要人工剥离。剥离时要小心,不可强行从子宫壁上撕离而造成严重的出血。再通过切口取出另一侧的胎儿和胎膜。确定两侧子宫内的胎儿和胎膜全部取出后,用温生理盐水冲洗子宫角内腔,排出冲洗液及其内容物。再向子宫角内撒布青霉素粉剂，以防感染。去除污染的创巾和纱布、器械、手套。严密检查子宫血管有无撕裂出血、腹腔脏器有无发生污染或子宫内容物溢出，如有上述问题要及时进行止血和腹腔冲洗。

以连续缝合法全层缝合子宫壁，再以包埋缝合法缝合浆膜和肌层。

子宫缝合后，用温生理盐水清洗，还纳于腹腔内。按剖腹术的方法缝合腹壁各层，术部碘酊消毒，7～10天后拆线。

【术后治疗与护理】 术后全身给予抗生素治疗5～7天。手术8小时后给予适量饮水，24小时后给予少量食物。对疼痛敏感的藏獒，可给予止痛剂。对术后感染的藏獒应给予抗生素治疗，使用伊丽莎白项圈或桶状颈圈，以保护手术部位，避免自残。术前和术后应纠正血液酸碱度和电解质的紊乱，并在手术后一段时间内，检测这些指标并进行治疗。仔獒的哺乳要定时、定量，并由专人护理，避免仔獒因哺乳时的钻挖效应而使母獒伤口污染。

子宫切除术

【适应症】 适用于子宫肿瘤、子宫蓄脓、子宫变性坏死等的治疗。

【术部解剖特点】 见剖宫产术。

【器　械】 一般外科手术器械、肠钳2把。

【保定与麻醉】 手术台横卧或仰卧保定，全身麻醉，母体衰竭时应进行局部麻醉。

【手术方法】 术部在脐与耻骨前缘之间的腹正中线。

术部剪毛、消毒，切开皮肤7～10厘米，按剖宫产手术的方法切开腹部筋膜、腹肌、腹膜，打开腹腔。

术者以手指伸入腹腔内，用创巾或灭菌纱布将子宫和腹内其他器官隔开。应注意的是，此时若子宫扭转千万不要校正，以免子宫破裂或释放细菌和毒素。小心地将子宫提起至创口或创口外。

将子宫阔韧带上的子宫中动脉分别用可吸收缝合线进行双重结扎并逐一从中切断,然后再双重集束结扎子宫阔韧带及卵巢动脉,再切断,使一侧的子宫和卵巢与腹壁分离,用同样的方法使另一侧的子宫和卵巢与腹壁分离。将离断的子宫角和子宫体拉出创口,在子宫体与子宫颈交界处,用可吸收缝合线集束结扎,在其后方2～3厘米处再结扎1次,在其中间切断,取出子宫及卵巢。将阴道断端用生理盐水冲洗干净,检查结扎确实后将其还纳腹腔。移除创巾、纱布及器械。

闭合腹腔,按剖腹术的方法依次缝合腹膜、腹肌、筋膜及皮肤,术部用碘酊消毒。

【术后治疗与护理】　术后全身使用抗生素治疗1周左右,并根据血液检查纠正电解质紊乱和酸碱平衡,严重的低蛋白血症和贫血的藏獒给予蛋白质制剂或血液。术后48小时严密监测病獒表现。局部按创伤处理。手术8小时后给予适量饮水,24小时后给予少量食物。对疼痛敏感的藏獒,可给予止痛剂。对术后感染的藏獒应给予抗生素治疗,一般以低肾毒性抗生素为主,慎用氨基糖苷类药物,输液治疗至术后藏獒自行采食和饮水为止。使用伊丽莎白项圈或桶状颈圈,以保护手术部位,避免自残。

膀胱破裂修补术

【适应症】　适用于膀胱破裂的治疗。

【术部解剖特点】　见膀胱切开术。

【器　械】　一般外科手术器械。

【保定与麻醉】　手术台横卧或仰卧保定,全身麻醉。

【手术方法】　术部在耻骨前缘至脐部。母獒在白线侧方1～2厘米处,公獒在阴茎侧方2～3厘米,距耻骨前缘5厘米左右处。术部剪毛、消毒,在耻骨前缘向脐部切开皮肤8～10厘米,依次切开筋膜、腹肌、腹膜。打开腹腔后,先将腹腔内的尿液和内液吸出,然后找到膀胱,检查破口并根据情况修整。用可吸收缝合线以连续缝合法全层缝合膀胱,再以包埋缝合法缝合浆膜和肌层。在缝合部位涂以灭菌凡士林油,以防粘连,将膀胱送还腹腔。

用大量生理盐水清洗腹腔脏器,洗后将清洗液全部吸出,反复清洗几次,再用青霉素生理盐水清洗1~2次,将溶液全部吸出后,腹腔内撒布青霉素粉剂,以防感染。

按剖腹术闭合腹腔,术后10~12天拆线。

【术后治疗与护理】 术后全身用抗生素治疗1~2周,为降低尿道括约肌的张力,可以用肌肉松弛药物地西泮,每千克体重0.2毫克,口服,每天2次。局部按创伤处理。10天后拔出膀胱尿道插管。病犬术后要进行适当的牵遛,以免器官之间粘连。使用伊丽莎白项圈或桶状颈圈,以保护手术部位,避免自残。

乳腺肿瘤切除术

【适应症】 适用于乳腺肿瘤及肿物的治疗。

【术部解剖特点】 藏獒的乳房位于前胸部至腹股沟,一般有5对乳房,乳腺是复合管泡状、顶部分泌的腺体,第一、第二乳房的血液供应为肋间血管的腹侧及外侧分支,第三乳房为前腹壁前血管分支,第四、第五乳房为后腹壁浅动脉血管分支。后腹壁浅动脉血管源于靠近浅表的腹股沟淋巴结的阴部外动脉。前胸部乳房由第四、第五、第六腹外侧表皮血管及腋下胸外侧血管进行营养供应。胸后部乳房由第六、第七腹外侧表皮血管和前胸壁浅血管进行营养供应。后腹壁浅血管与前腹壁血管动脉相连接,前腹壁血管同时对腹部乳房和腹直肌上的皮肤进行血液供应。

【器　械】 一般外科手术器械。

【保定与麻醉】 手术台仰卧保定,并将患病藏獒的两前肢向头部牵拉固定,两后肢向尾部牵拉固定。全身麻醉。

【手术方法】 术前禁食12小时,术部剪毛,清洗、消毒。局限性肿瘤在肿瘤部中央纵行切开皮肤,钝性分离皮下组织和肿瘤,露出大血管时进行双重结扎并从中切断。切除后部第四至第五乳腺的乳房肿瘤时,应注意在腹股沟外环处有外阴动脉的分支后腹壁浅动脉血管的分支,应进行双重结扎并从中切断,充分止血。将整个肿瘤分离后切除。除净周围组织,必要时摘除相应的淋巴结,以防转移。

肿瘤摘除后,向创面撒布抗生素粉剂,缝合皮下组织,并用步履式缝合法进行创缘皮肤的缝合,防止出现死腔。以压迫绷带包扎,2~3天后拆除绷带,7~10天拆线。

【术后治疗与护理】 术后在乳腺周围进行普鲁卡因青霉素封闭疗法,根据需要给予必要的止痛剂。术后可使用腹带支撑伤口,压迫死腔,吸收液体。术后每2天更换1次绷带,7天后拆除缝合线。使用伊丽莎白项圈或桶状颈圈,以保护手术部位,避免自残。

本病的预后主要由肿瘤的性质、浸润的程度、核分化的程度、摘除肿瘤之前有无淋巴结的转移等因素决定。

膝盖骨脱位整复术

【适应症】 适用于犬膝盖骨内侧脱位的整复治疗。

【术部解剖特点】 膝关节主要包括股胫关节、股髌关节及近端的胫腓关节。此外,还包括股骨与腓肠肌起始部的一对籽骨间的关节和膝窝腱内的籽骨间的关节。上述关节有一共同的关节囊。膝关节为单轴复关节。股髌关节由股骨远端滑车关节面与髌骨的关节面组成,关节囊上面有伸入股四头肌下面的滑膜盲囊。股髌关节有1条髌直韧带和内、外侧副韧带,髌直韧带连接髌骨的远端和胫骨隆起之间的韧带,内、外侧副韧带起于髌骨软骨,止于股骨。股四头肌肌群的韧带附着在髌骨上,主要为维持股四头肌的收缩稳定性起着重要作用。

【器　械】　弯刀1把。

【保定与麻醉】　患肢位于上侧横卧保定,全身麻醉。

【手术方法】　膝关节前方及内侧剃毛、消毒。以股胫关节的角顶做一条1/2的线为假想线,以假想线的水平线和膝盖骨内侧垂线相交点为术部。术部局部麻醉,用弯刀刺入皮肤和筋膜,刀刃向内刺入到达膝盖骨内侧直韧带下方,将刀刃转向上方,切断紧张的膝盖骨内侧直韧带,关节即可整复。皮肤结节缝合2～3针,用碘酊消毒。皮肤创口进行包扎,术后5～7天拆线。

【术后治疗与护理】　防止创口污染,无须治疗。术后6周限制患病藏獒运动,以后根据恢复情况,逐步增加运动量。使用伊丽莎白项圈或桶状颈圈,以保护手术部位,避免自残。

髋关节脱位整复术

【适应症】　适用于股骨头与髋臼脱位的整复治疗。

【术部解剖特点】　髋关节是由髋臼和股骨头组成的多轴关节,髋臼边缘由纤维软骨组织形成关节盂缘,在髋臼切迹处有髋臼横韧带,在髋臼切迹和股骨头凹间有一条圆韧带。关节囊松大,内侧薄,外侧厚。关节囊的纤维起于髋臼的边缘,止于股骨颈部。起固定作用的肌肉主要有阔筋膜张肌、髂腰肌、臀浅肌、臀深肌、臀中肌、臀股二头肌、半腱肌、半膜肌、股方肌等。

【保定与麻醉】　手术台仰卧保定,全身麻醉。

【手术方法】　由助手将患肢牵拉,以便于关节整复。根据关节脱位的方向,用不同整复方法矫正。

前背侧方脱位时,助手将患肢用力向下方牵拉,术者一手抓住跗关节附近,一手用力外旋患肢,同时向腹侧牵拉股骨头至髋臼附近,将股骨头用力向内侧方内旋,压迫整复,使股骨头还纳于臼窝内。

前腹侧方脱位时,助手将患肢用力向前下方牵拉,术者一手抓住跗关节附近,在牵拉患肢的同时将腿外展,使股骨头被拉过髋臼的内侧缘,立即将股骨头用力向后方压迫整复,使股骨头还纳于臼窝内。

整复后,后肢各关节保持成屈曲状态,用"8"字形绷带包扎固定。

【**术后治疗与护理**】　本病的护理主要以整复后休息为主,疼痛时给予适量的止痛药物。在疾病初期,主要以强制休息为主,即使患病藏獒看起来想锻炼也必须强制其休息,通常强制休息 15天。在强制休息期间,可辅助物理疗法,如红外线理疗等。热敷对关节的恢复非常有利。强制休息后,可根据患病藏獒的恢复情况进行功能性恢复锻炼,最初小范围活动,以后逐步加大运动量。饲喂以低蛋白质、低脂肪食物为主,每周的锻炼可使藏獒保持在合适的体重范围,对髋关节的恢复是有益的。止痛药可选择非激素类抗炎药物,有胃肠刺激症状的可使用胃肠黏膜保护剂。此外,关节软骨素等药物也对本病的恢复有帮助作用。

肘肿切除术

【**适应症**】　适用于肘部黏液囊水肿、化脓性或纤维素性黏液囊炎以及黏液囊肿瘤的治疗。

【**术部解剖特点**】　皮肤切口定位的标志为外侧肱骨髁、髁嵴和桡骨近端,桡神经深支在腕桡侧伸肌的前缘。桡神经的浅支位于肱三头肌外侧和臂肌之间。内侧切口的标志是内侧髁、髁嵴和尺骨近端,正中神经和臂动脉、臂静脉经过内侧髁的前方,尺神经经过内侧髁的后方,越过肘肌。

【**器　械**】　一般外科手术器械。

【**保定与麻醉**】　手术台横卧保定,全身麻醉或局部麻醉。

【**手术方法**】　肘部剃毛、消毒,沿肘部纵行切开皮肤,切口长度比肘肿部稍长些。钝性分离皮肤与肿胀部的结缔组织,分离直

藏獒疾病防治与护理

至肘肿的基部，注意止血。沿其基部将肘肿全部切除。充分止血后，清理创缘，将多余的皮肤剪去，以结节法缝合皮肤，术部用碘酊消毒。

【术后治疗与护理】　术后在伤口周围进行普鲁卡因青霉素封闭治疗，每天1次，连用3～5天，以防止伤口污染。使用伊丽莎白项圈或桶状颈圈，以保护手术部位，避免自残。术后3天限制病犬运动。

截 肢 术

【适应症】　适用于四肢受到严重损伤或由创伤继发严重细菌感染，发生坏死、坏疽等的治疗。

【器　械】　一般外科手术器械和骨科器械。

【保定与麻醉】　患肢在上横卧保定，全身麻醉。

【手术方法】　截肢部位由损伤部位及损伤程度而定。一般于损伤部位的上部切断关节，若是肱骨或股骨下端损伤，可以从骨的中部切断。术部剃毛、消毒。在切断部位上方3～5厘米处，进行环形局部麻醉。术者持刀沿患肢在术部环形切开皮肤一周，钝性分离皮下组织，剥开上方皮肤，充分止血，在切皮部上方4～5厘米处切断肌肉，切断肌肉时对大血管进行结扎止血。将肌肉断端稍向上牵拉，暴露骨骼，用骨膜剥离器剥离骨膜，剥开后用骨锯将骨锯断，用骨锉修理骨茬，用灭菌生理盐水清洗，牵拉骨膜包住骨端，将骨膜用荷包缝合法缝合。拉下上方的肌肉，整理包在骨断端，施行褥式缝合。皮肤包围断端，施行结节缝合。术部用碘酊消毒，用纱布绷带包扎，10天后拆线。

若要在关节部切断，则先切开关节周围皮肤，分离皮下组织，再切开关节囊，将其关节切断，用皮肤包围关节断端，施行结节缝合。术部用碘酊消毒，包扎纱布绷带，10天后拆线。

【术后治疗与护理】　术后全身进行抗生素治疗5～7天，防止感染。实行截肢术后的藏獒要观察手术部位有无肿胀、潮红或渗血，如有渗血可用绷带进行压迫止血。术后要鼓励藏獒学会用剩余的3条腿走路。在一般情况下，患病藏獒约用4周时间即可学会走路。术后的护理包括引流物的去除（通常在手术后1～2天）和应用绷带固定患肢，以控制术后引起的肿胀。术后4周要限制病犬运动，但不能禁止运动，以免造成肢体萎缩。术后佩戴桶状颈圈或伊丽莎白项圈，以防止患病藏獒啃咬患部。

参考文献

[1] 叶俊华. 犬病诊疗技术[M]. 北京:中国农业出版社, 2004.

[2] 高得仪. 犬猫疾病学[M]. 北京:科学出版社,2001.

[3] 汪明. 兽医寄生虫学[M]. 北京:中国农业出版社,2003.

[4] 陈玉明. 犬猫内科病[M]. 北京:中国农业出版社,2006.

[5] 白景煌. 养犬与疾病[M]. 长春:吉林科学技术出版社, 1994.

[6] 黄有德. 动物中毒与营养代谢病[M]. 兰州:甘肃科学技术出版社,2001.

[7] 韦旭斌. 大型名犬试验与疾病[M]. 长春:吉林科学技术出版社,2002.

[8] 崔泰保. 藏獒饲养管理与疾病防治[M]. 北京:金盾出版社,2009.

[9] 郭宪,崔泰保. 藏獒的保护与开发利用[J]. 甘肃畜牧兽医,2008,38:43-46.

[10] 周桂兰. 犬猫疾病实验室检验与诊断手册[M]. 北京:中国农业出版社,2010.

[11] 邝贺玲. 内科疾病鉴别诊断学[M]. 北京:人民卫生出版社,1983.

[12] 王力光,董君艳. 新编犬病临床指南[M]. 长春:吉林科学技术出版社,2001.

金盾版图书,科学实用,
通俗易懂,物美价廉,欢迎选购

香蕉贮运保鲜及深加工技术	6.00	常用农业机械使用与维修技术问答	22.00
炒货制品加工技术	14.00	农业机械田间作业实用技术手册	6.50
中国名优茶加工技术	9.00	农业机械故障排除 500 例	25.00
禽肉蛋实用加工技术	8.00	农机具选型及使用与维修	18.00
蜂蜜蜂王浆加工技术	9.00	饲料加工机械选型与使用	19.00
兔产品实用加工技术	11.00	农机维修技术 100 题	8.00
毛皮加工及质量鉴定(第 2 版)	12.00	谷物联合收割机使用与维护技术	17.00
畜牧饲养机械使用与维修	18.00	草业机械选型与使用	24.00
农用运输工程机械使用与维修	29.00	农机耕播作业技术问答	10.00
农产品加工机械使用与维修	8.00	秸秆生物反应堆制作及使用	8.00
农用运输车使用与检修技术问答	28.00	节能砖瓦小立窑实用技术问答	19.00
农村常用电动机维修入门与技巧	19.00	农村能源实用技术	16.00
农村常用摩托车使用与维修	26.00	太阳能利用技术	29.00
微型客车使用与维修	42.00	农家沼气实用技术(修订版)	22.00
大中型拖拉机机手自学读本	23.00	农村户用沼气系统维护管理技术手册	8.00
大中型拖拉机使用维修指南	17.00	农村土地流转与征收	14.00
		农产品市场营销	13.00
农用动力机械选型及使用与维修	19.00	农民致富金点子	8.00
		农民创业投资指南	15.00
常用农业机械使用与维修	23.00	进城务工指南	22.00
		农民进城务工指导教材	8.00

以上图书由全国各地新华书店经销。凡向本社邮购图书或音像制品,可通过邮局汇款,在汇单"附言"栏填写所购书目,邮购图书均可享受 9 折优惠。购书 30 元(按打折后实款计算)以上的免收邮挂费,购书不足 30 元的按邮局资费标准收取 3 元挂号费,邮寄费由我社承担。邮购地址:北京市丰台区晓月中路 29 号,邮政编码:100072,联系人:金友,电话:(010)83210681、83210682、83219215、83219217(传真)。